Klimafreundlich bauen und sanieren

Nachhaltige Bauweisen und Techniken für mein Haus

Unser Service für Sie

Wenn neue Gesetze und Verordnungen in Kraft treten oder sich zum Beispiel Förderbedingungen oder Leistungen ändern, finden Sie die wichtigsten Fakten in unserem Aktualisierungsservice zusammengefasst. Mit dem Klick auf www.ratgeber-verbraucherzentrale.de/aktualisierungsservice sind Sie dann ergänzend zu dieser Auflage des Buchs auf dem neuesten Stand. Diesen Service bieten wir so lange, bis eine Neuauflage des Ratgebers erscheint, in der die Aktualisierungen bereits eingearbeitet sind. Wir empfehlen, Entscheidungen stets auf Grundlage aktueller Auflagen zu treffen. Die lieferbaren aktuellen Titel finden Sie in unserem Shop: www.ratgeber-verbraucherzentrale.de

Klimafreundlich bauen und sanieren

Nachhaltige Bauweisen und Techniken für mein Haus

ANNE RAUPACH
EVA RIKS
JOHANNES SPRUTH

verbraucherzentrale

Inhalt

Zu diesem Buch

Sie planen einen Neubau oder wollen ein bestehendes Gebäude sanieren? Und Sie wollen den Bau oder die Sanierung möglichst klimafreundlich und umweltschonend umsetzen? Dieser Ratgeber begleitet Sie von Anfang an in den wichtigen Fragen zu zentralen Themen rund um das klimafreundliche Bauen und Sanieren, zur klimagerechten Heiztechnik und Stromerzeugung und stellt schließlich mehrere ausgewählte nachhaltige Bauprojekte vor.

Klimaschutz beginnt bereits bei Ihrer individuellen Entscheidung, ob Sie lieber ein altes erhaltungswürdiges Haus sanieren oder aber neu bauen. Auch haben Sie die Wahl, ob Sie mit anderen zusammen in einer Baugemeinschaft z. B. eine gemeinschaftliche, generationenübergreifende Wohnform finden, was sehr viel klimafreundlicher ist, als ein Haus allein zu bewohnen. Die Empfehlungen in diesem Ratgeber richten sich daher nicht ausschließlich an Baufamilien von Ein- und Zweifamilienhäusern, sondern genauso an Sanierungs- und Umbauwillige, an Eigentümer von größeren Stadthäusern und Eigentumswohnungen sowie an Baugemeinschaften.

Baukonstruktionen und Baustoffe

Im ersten Teil des Ratgebers erhalten Sie detaillierte Informationen über Baukonstruktionen und Baustoffe, deren Einfluss auf das Klima und das nachhaltige Bauen. Schließlich geht es beim klimafreundlichen Bauen und Sanieren darum, möglichst viele natürliche Bau- und Dämmstoffe und weniger Beton und Kunststoff zu verwenden, weil diese weniger kreislauffähig sind.

Befinden wir uns damit auf dem Rückschritt in die Bauweisen unserer Vorfahren? Ganz sicher nicht, denn all die technischen Innovationen bei den Konstruktionen und Baustoffen haben uns über Jahrhunderte Wege zu einem modernen und behaglichen Wohnen aufgezeigt. Aber die fortschreitende industrielle Fertigung hat uns auch gelehrt: Nicht alle Baustoffe sind zuträglich für unsere Umwelt, für unseren Ressourcenverbrauch und für unsere Gesundheit. Und die strikte Reduzierung von Flächen- und Materialverbrauch, von ständigem Konsum, von unbeschränkter Ausbeutung globaler Ressourcen und Arbeitskraft ist ein Gebot der Zukunft der Menschheit.

Wenn wir heute klimafreundlich bauen und sanieren mit Materialien aus der Natur, die traditionell auch schon genutzt wurden, so tun wir das unter dem Aspekt einer modernen Bauarchitektur, einem zeitgemäßen Lebenskomfort und einer hohen Wohnbehaglichkeit. Für **Neubauten** sind Holz- oder Stroh-Lehm-Gebäude die nachhaltigste Lösung, da sie langlebig, energieeffizient, klimafreundlich, wohngesund und ohne zukünftigen Abfall hergestellt werden. Wer hingegen im **Bestand** saniert, wird voraussichtlich mit großen Mengen an Bauabfall aus Umbauten konfrontiert sein. Aber danach kann die Sanierung, vorrangig mit Materialien aus der Natur, modern und individuell erfolgen. So wird Ihr Gebäude zu einem unverwechselbaren Kleinod unter nachhaltigen, klimafreundlichen und energieeffizienten Aspekten.

Prinzipiell ist es so, dass der Neubau von Ein- und Zweifamilienhäusern den Kriterien von Nachhaltigkeit und Klimaschutz entgegensteht, weil hierbei immer neue Flächen versiegelt werden. Und wenn es um hohe Brandschutz- und Schallschutzanforderungen geht, gilt: Auch diese können im Holzbau und mit Naturfaserdämmstoffen umgesetzt werden – das zeigen zahlreiche Beispiele von Mehrfamilienhäusern, etwa Mietwohnungen, Genossenschaften, Eigentumswohnungen oder Baugemeinschaften.

Haustechnik

Im zweiten Teil dreht sich alles um die klimagerechte Haustechnik. Jedes Wohngebäude benötigt Strom, Wärme und Warmwasser. Wie kann dies möglichst klimaneutral geschehen? Wenn Sie einen Neubau planen, haben Sie die meisten Möglichkeiten. Aber auch bei der Altbausanierung ist mehr machbar, als Sie denken.

Grundsätzlich sollten Sie die Energie für die Haustechnik sparsam einsetzen. Weniger **Strom** benötigen Sie mit energieeffizienten Haushaltsgeräten und dem sparsamen Einsatz dieser Geräte. Vielleicht können Sie sogar auf das eine oder andere Gerät verzichten? Wie viel **Wärmebedarf** Sie haben, hängt nicht zuletzt auch mit dem baulichen Wärmeschutz (→ Seite 80) zusammen. Und falls Sie sich doch für einen Neubau entscheiden, planen Sie am besten ein Passivhaus (→ Seite 54). Bei einer Altbausanierung sollten Sie sich ebenso an den Passivhaus-Werten des baulichen Wärmeschutzes orientieren. Beim **Warmwasser** kommt es auf sparsame Armaturen an und natürlich auch darauf, wie oft und wie viel Sie duschen oder baden (→ Seite 137).

Für Ihren verbleibenden Energiebedarf setzen Sie am besten auf klimaneutral gewonnene Energien wie Sonne (→ Seiten 98, 140, 147), Wind (→ Seite 102), Umweltwärme (→ Seite 127) oder Abwärme (→ Seite 122). Die dazu einsetzbaren Techniken finden Sie in den Kapiteln 6 und 7 kurz dargestellt. Es gibt Checklisten und Sie können sich über Vor- und Nachteile der jeweiligen Energieerzeugung informieren. Wenn Sie mehr dazu wissen wollen: Die Ratgeber „Strom und Wärme“ und „Ratgeber Heizung“, „Ratgeber Wärmepumpe“ und „Ratgeber Photovoltaik“ der Verbraucherzentrale bieten vertiefte Informationen.

Natürlich stellt sich immer auch die Frage nach der Wirtschaftlichkeit: Die Preise für Energiesparmaßnahmen und die Haustechnik sowie die Energiepreise selbst ändern sich sehr schnell. Daher finden Sie in diesem Buch keine Preisangaben. Sie können jedoch selbst anhand der Angebote, die Sie einholen, einen Wirtschaftlichkeitsvergleich erstellen (→ Seite 108). Bei der Auswahl klimagerechter Maßnahmen kommt es insbesondere auf die CO_2-Einsparung an.

Sanierung und Neubau: erfolgreiche Projekte

Im dritten Teil stellen wir Ihnen fünf herausragende Projekte vor, die Pionierarbeit geleistet haben und neue Wege im Sinne des Klimaschutzes beschreiten. Diese Projekte sollen Sie inspirieren und Anstöße geben, auch ungewöhnlichere Wege zu gehen. Denn klimafreundliches Bauen hat viele Gesichter und braucht Visionen.

Dies sind die Beispiele:

- Die Sanierung eines Fachwerkhauses mit Naturmaterialien (→ Seite 166),
- die Umnutzung und bauliche Erweiterung eines lange brach liegenden Umspannwerks durch eine Baugemeinschaft (→ Seite 183),
- die Sanierung und Erweiterung eines Einfamilienhauses aus den 1960er-Jahren (→ Seite 193),
- der Neubau eines Holz-Mehrfamilienhauses als Baugemeinschaftshaus (→ Seite 204),
- und der Neubau eines Strohballenhauses in den Schweizer Bergen (→ Seite 218).

Gerade im Fall von Sanierungen sind Vorstellungskraft, Mut und Erfahrung notwendig und lassen aus mancher unscheinbaren Hütte ein fantastisches Projekt entstehen. Klimafreundliches Bauen heißt auch, seit Jahrzehnten eingefahrene Wege zu verlassen und auf umweltverträgliche Baustoffe zurückzugreifen, die zum Teil seit Jahrhunderten genutzt werden, jedoch in Vergessenheit geraten waren. Dabei sind einige Hürden aus Richtlinien, Regelwerken und Gewohnheiten geschickt zu umschiffen.

Im Projektteil werden zudem verschiedene technische Aspekte wie Brandschutz, Klimafolgenanpassung und Schadstoffe von Experten mit Erfahrungen aus der Praxis beleuchtet und Themen wie Baugemeinschaften, Fachwerksanierung, Strohbau und Lehmbau näher erläutert. Sie sehen: Klimafreundliches Bauen und Sanieren hat viele Aspekte. Mit dem Wissen und den Ideen aus diesem Ratgeber sind Sie gut gerüstet, um in Ihre individuelle Planung für eine Wohnform einzusteigen, die zu Ihnen passt und das Klima schützt. Dabei wünschen wir Ihnen viel Erfolg.

Die wichtigsten Fragen und Antworten

Aus unserer Beratungspraxis

→ Jährlich beantworten wir in unseren bundesweit rund 200 Beratungsstellen Hunderttausende von Fragen und helfen Verbraucherinnen und Verbrauchern bei der Lösung von Problemen. Aus dieser täglichen Praxis wissen wir am besten, wie konkrete Unterstützung aussehen muss. Diese Erfahrungen sind Grundlage unserer Ratgeber: mit präzisen, verbraucherorientierten Informationen, zahlreichen Tipps und Hintergrundinformationen zum besseren Verständnis.
Bei individuellen Fragen hilft Ihnen unsere Beratung gern weiter. Eine Übersicht über unser umfassendes Angebot finden Sie unter: www.verbraucherzentrale.de

Entsprechen Holzgebäude und Naturfaserdämmstoffe überhaupt dem Stand der Technik?

Ein modernes Gebäude aus Holz mit Naturfaserdämmstoffen erfüllt alle Wünsche an ein zukunftsfähiges Bauen. Ein Holzgebäude ist energetisch optimierbar (bis zum Passivhausstandard), in der Regel wohngesund und in der Gestaltung flexibel. Auch mehrgeschossige Gebäude, Altbausanierungen (auch bei Betonaltbauten), Aufstockungen und Anbauten sind heute kein Problem mehr. Wichtig in energetischer Hinsicht ist auch der Innenausbau, der mit so vielen Naturmaterialien wie möglich erfolgen sollte. Schlussendlich stehen Holzgebäude in ihrer Dauerhaftigkeit einem Gebäude aus mineralischen Baustoffen in nichts nach. Und: Wer einen Holzbau von Anfang an plant, muss auch nicht mit einer großen Kostensteigerung im Baupreis rechnen.
→ Seiten 64, 165, 204, 218

Fördert eine Dämmung die Schimmelbildung in meiner Wohnung?

Nein, eine Wärmedämmung kann keine Schimmelbildung verursachen. Schimmel entsteht immer nur dort, wo sich Feuchte als Kondenswasser absetzen kann. In der Wohnung oder im Haus erleben wir dies, wenn feuchte Raumluft auf niedrig temperierten Flächen z. B. an Wänden, Decken, Fenstern, Dachklappen, Bodenaufgängen usw. kondensiert. Daher sollte die Wärmedämmfähigkeit aller Bauteile aufeinander abgestimmt sein. So darf es weder an der Dämmung noch an Fenstern, Türen oder Klappen etwaige Fehlstellen geben, durch die warme (und damit feuchtere) Raumluft in kältere Bereiche dringen kann. Häufig entsteht Schimmel im Zusammenhang mit feuchten Wänden, Fußböden oder synthetischen Dämmstoffen, denn deren Wärmedämmfähigkeit lässt durch Feuchte rapide nach. → Seite 33

Ist ein moderner Neubau nicht wirtschaftlich und energetisch besser als eine Altbausanierung?

Natürlich kann ein moderner Neubau energetisch und wirtschaftlich besser sein als eine Altbausanierung, besonders wenn der Neubau im Passivhausstandard errichtet wird. Die Betonung liegt hier aber auf „kann“. Eine Altbausanierung kann aber in Bezug auf die Nutzungsenergie auf genauso hohem Niveau erfolgen, die Sanierungskosten sind in der Regel geringer und die Herstellungsenergie (Baumaterial und Bauleistung) bleibt zu großen Teilen im Altbau erhalten. Auch die Beständigkeit und Behaglichkeit eines gut sanierten Altbaus kann einem Neubau gleichgesetzt werden. Betrachtet man den gesamten Lebenszyklus eines Gebäudes, so schneidet eine Altbausanierung umwelt- und klimatechnisch deutlich besser ab, es fällt erheblich weniger Abfall an, der Energieaufwand für die Baustoffproduktion wird geringer, der Flächenverbrauch und der Erschließungsaufwand werden minimiert. Aus diesem Grund wurden auch die Fördermöglichkeiten in der Altbausanierung gestärkt, Neubauten sind nur unter bestimmten Voraussetzungen förderfähig.

⇢ Seiten 12, 18, 28

Was bedeutet „gesundes Wohnen“?

Fast jeder Mensch hält sich den überwiegenden Teil des Tages in geschlossenen Räumen auf. Daher ist es entscheidend, ob diese Räume unserer Gesundheit zuträglich sind. Zu den Aspekten des „gesunden Wohnens“ gehören eine optimale Raumluftfeuchte mit schadstofffreier Raumluft, die Zugluftfreiheit, ein bestmögliches Heizsystem, der Schutz vor sommerlicher Hitze, ein korrekter Schallschutz sowie eine ideale Belichtung durch Fenster und künstliche Lichtquellen.

⇢ Seite 20, Interview Seite 216

Gibt es einfache, kostengünstige Energiesparmaßnahmen?

Sie haben viele Möglichkeiten: Um Energie zu sparen, können Sie Geräte abschalten oder austauschen, sparsam heizen und lüften und Warmwasser sparsam einsetzen durch geänderte Duschgewohnheiten, sparsame Armaturen nutzen und Ihre Warmwasserversorgung optimieren. Darüber hinaus gibt es kostengünstige Wärmedämmmaßnahmen für Fenster und Türen (Rollladenkästen, Heizkörpernischen dämmen, Fenster und Türen abdichten) oder die Dämmung der Kellerdecke von unten. Optimieren Sie die vorhandene Heizungsanlage, indem Sie Thermostatventile austauschen, Rohre dämmen, die Heizungsregelung neu einstellen, die Umwälzpumpe erneuern und/oder einen hydraulischen Abgleich durchführen. Viele Maßnahmen sind preiswert, werden zudem vom Staat gefördert und rechnen sich in kurzer Zeit.

⇢ Seiten 80, 84, 92, 110, 137

Welche Vorteile hat eine Lüftungsanlage?

In den meisten Fällen wird noch mit dem Fenster gelüftet. Da gibt es einiges zu beachten, um Bauschäden durch Feuchtigkeit und Schimmel zu vermeiden und trotzdem nicht zu viel Wärmeenergie zu benötigen. Einfacher und sicherer ist dies mit einer Lüftungsanlage – im einfachsten Fall einer reinen Abluftanlage. Aus hygienischen Gründen sollten Sie bei einem Neubau oder einer grundlegenden Sanierung mindestens eine Abluftanlage einplanen. Sie können außerdem einen Teil der weggelüfteten Wärme zurückgewinnen. Dieses Konzept liegt dem Passivhaus zugrunde, das deswegen ohne Heizungsanlage auskommt.

⇢ Seiten 54, 161 f.

Ist eine Sanierung in Eigenregie sinnvoll?

Ob eine Sanierung in Eigenregie gelingt, ist von den handwerklichen Kenntnissen der Baufamilie abhängig. Wenn Sie über handwerkliches Geschick und bautechnische Kenntnisse verfügen, können Sie mit Ihrem Handwerksbetrieb vereinbaren, welche Leistungen Sie erbringen können und wollen. Aber: Arbeiten am Elektrosystem dürfen nur von Fachfirmen ausgeführt und abgenommen werden. Auch bei Abdichtungs-, Heizungs-, Lüftungs- und Sanitärinstallationen sind Fachkenntnisse Voraussetzung.
Ihren Kraft- und Zeitaufwand als Baufamilie sollten Sie nicht unterschätzen. In vielen Fällen und auch fördertechnisch ist es günstiger, eine Fachfirma mit der Ausführung von Handwerkerleistungen zu betrauen. Sie können zudem eine baufachliche und bauzeitliche Gewährleistung einfordern. Bei Eigenleistungen sind nur die Materialkosten förderfähig. Es müssen dafür fachgerechte Rechnungen vorliegen, die per Überweisung bezahlt wurden.

→ Seite 26 f.

Worauf sollten bei der Vielfalt von Bau- und Dämmstoffen geachtet werden?

Jede Baufamilie ist mit einer Fülle von Baumaterialien konfrontiert. Aus klimaschutztechnischer Sicht sollten Sie so viele natürliche Baumaterialien einsetzen wie möglich und mit energetisch aufwendigen Materialien, wie Zement, Beton, Ziegeln oder Metallen so sparsam wie nötig umgehen. Auch Kunststoffe sind unserer Umwelt, dem Primärrohstoffverbrauch und der Wohngesundheit wenig zuträglich. Ebenso hat die Baukonstruktion Einfluss auf die Auswahl der Baumaterialien und Dämmstoffe. Orientierung bieten dazu entsprechende Labels.

→ Seiten 37, 41, 62 f.

Eignet sich ein Altbau überhaupt für eine Wärmepumpe?

Eine Wärmepumpe ist eine klimafreundliche Heiztechnik, die auch im Altbau sinnvoll ist. Die allgemein verbreitete Meinung, eine Wärmepumpe brauche unbedingt eine Fußbodenheizung, gilt heute nicht mehr. Entscheidend ist nur eine niedrige Vorlauftemperatur. In manchen Altbauten ist es deswegen nötig, zuerst den baulichen Wärmeschutz zu verbessern und/oder einzelne Heizkörper zu ersetzen. Eine Wärmepumpe arbeitet zwischen zwei Temperaturen. Für einen geringen Stromverbrauch sollte die Wärmequelle (Grundwasser, Erdreich oder Luft) ganzjährig möglichst warm und das Heizsystem mit einer möglichst geringen Temperatur auskommen – optimal ist hier eine Flächenheizung. Aber auch mit herkömmlichen Heizkörpern können Sie ein befriedigendes Ergebnis erzielen, wie zahlreiche Studien und Feldtests zeigen.

→ Seiten 127, 132

Was ist sinnvoller: eine thermische Solaranlage oder eine Photovoltaikanlage?

Beide Techniken haben ihre Berechtigung: Die thermische Solaranlage holt die Wärme direkt vom Dach, dagegen ist der Strom der Photovoltaikanlage die wertvollere Energie. Geht es um die Wassererwärmung, so ist ab einem Vierpersonenhaushalt meistens die thermische Solaranlage vorzuziehen. Auch das Sonnenhauskonzept benötigt eine große thermische Solaranlage. Bei einem kleineren Haushalt oder wenn Sie eine Wärmepumpe betreiben wollen und sich mit eigenem Strom versorgen möchten, ist eine Photovoltaikanlage längerfristig die beste Lösung, auch da die Preise enorm gesunken sind. Haben Sie genug Platz auf dem Dach? Thermische Solaranlage, Photovoltaikanlage und Wärmepumpe können sich sehr gut ergänzen.

→ Seiten 98, 140, 147, 149, 154, 157

1 Warum klimafreundlich bauen?

Nachhaltiges Handeln ist für unsere Zukunft entscheidend: Um dem Klimawandel zu begegnen, sollte vor der Sanierung oder beim Neubau von Ein- und Mehrfamilienhäusern einiges bedacht werden. Sowohl die Wahl der Wohnform als auch die geeigneten Materialien sind dabei Schlüssel für ein zukunftsfähiges Wohnen.

1.1 Klimaschutz im Bausektor

Unsere gebaute Umwelt in Städten und Dörfern ist über Jahrhunderte entstanden. Die vielen Gebäude werden zum Wohnen und Arbeiten, für Kultur, Freizeitaktivitäten oder Konsum genutzt. Aber: Gebäude und Straßen müssen regelmäßig saniert, erweitert oder neu errichtet werden. Insgesamt ist der Bausektor weltweit eine erhebliche Wirtschaftskraft. In der aktuellen Situation der massiven Klimaerwärmung stellt sich die Frage, **wie und womit** wir in Zukunft bauen wollen, ohne unser Klima weiter zu belasten.

Gerade im Bausektor nimmt der Klimaschutz eine Schlüsselrolle ein, denn unsere Klimaerwärmung ist eng mit der Emission von CO_2 (dem wichtigsten Treibhausgas) verbunden. Durch Rohstoffgewinnung, Baustoffherstellung, Gebäudeerrichtung und Modernisierung sowie durch die Nutzung und den Betrieb von Wohn- und Nichtwohngebäuden einschließlich aller vor- und nachgelagerten Prozesse entfallen in Deutschland rund 40 % der Treibhausgasemissionen auf den Bereich der Wohn- und Nichtwohngebäude. Das ist ein erheblicher Anteil (Abb. 1).

TREIBHAUSGAS-EMISSIONEN IN DEUTSCHLAND

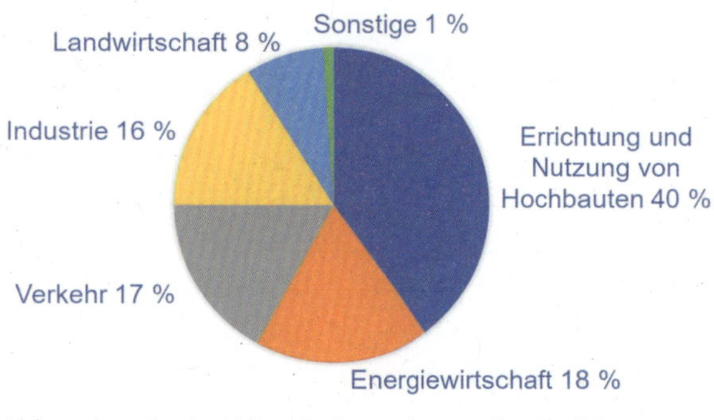

Abb. 1: Anteile der Wirtschaftszweige an den Treibhausgasemissionen Deutschlands im Jahr 2019

Davon wiederum werden 75 % an Treibhausgasemissionen durch die Nutzung der Gebäude verursacht, während 25 % auf die vorgelagerten Lieferketten der Herstellung, Errichtung und Modernisierung von Wohn- und Nichtwohngebäuden und durch die direkten Emissionen der Bauwirtschaft (Hochbau) entfallen. Innerhalb dieser Herstellungs- und Errichtungsphase verursachen die Herstellung von Zement, Kalk und Gips mit 21 % und die Kohle-Stromproduktion mit 15 % die größten Anteile der Treibhausgasemissionen. Beim energieeffizienten Neubau kehren sich die Verhältnisse um, es werden 75 % der Treibhausgase für die Errichtung und 25 % in der Nutzungsphase emittiert.

Auf unsere Umwelt wirken sich aber noch andere Faktoren negativ aus: die hohe Luftbelastung mit Feinstaub, die Eutrophierung, also die durch Menschen bedingte Belastung von Gewässern, die Süßwassernutzung und die Biodiversitätsverluste bei Tieren, Pflanzen und Mikroorganismen.

Dies geschieht nicht nur durch die Nutzung von Gebäuden, sondern in erheblichem Maße schon durch den Bau, also die Rohstoffbereitstellung, die Baumaterialherstellung, die Gebäudeerrichtung und die Zulieferketten einschließlich der Transporte.

Gut zu wissen

Eutrophierung (oder „Überdüngung") bezeichnet die Anreicherung von Nährstoffen in einem See oder langsam fließenden Gewässer. Vor allem Nitrat und Phosphor gelangen in großen Mengen in die Gewässer. Dadurch verändert sich der Sauerstoffgehalt in den betroffenen Gewässern und raubt vielen Lebewesen ihre Lebensgrundlage.
www.umweltbundesamt.de

Klimaschutz ist eine Teamaufgabe

Der Klimaschutz ist die unbestritten wichtigste Aufgabe unserer Zeit, denn er ist gleichzeitig der Schutz unseres Lebens auf der Erde. Besonders die Industrieländer sind zum Handeln aufgefordert.

In Deutschland werden etwa dreimal so viel natürliche Ressourcen verbraucht und umweltbelastende Stoffe emittiert, wie uns aufgrund der Bevölkerungszahl zu Verfügung stehen (Ökologischer Fußabdruck).

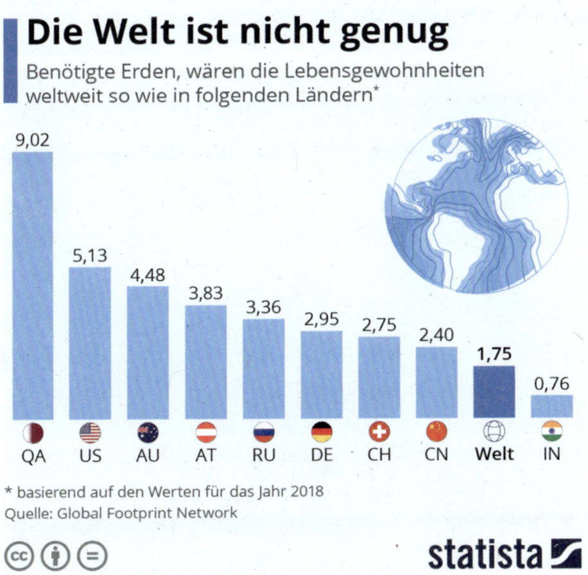

Abb. 2: Verbrauch natürlicher Ressourcen weltweit

Die Bundesregierung betont, dass Klimaschutz eine Teamaufgabe ist:

„Nur wenn möglichst viele Staaten, Unternehmen und Menschen mitmachen, wird es gelingen, den weltweiten Temperaturanstieg rechtzeitig zu begrenzen – auf einen Anstieg von deutlich unter 2 Grad, möglichst unter 1,5 Grad gegenüber dem vorindustriellen Niveau. Europa soll bis 2050 der erste Kontinent werden, der nur noch unvermeidbare Treibhausgase ausstößt und diese wenigen Emissionen vollständig ausgleicht."

Treibhauseffekt und Treibhauspotenzial

Der **Treibhauseffekt** ist ein natürliches Phänomen: Sonnenstrahlung, eine kurzwellige Strahlung, fällt durch die Atmosphäre auf die Erde und erwärmt die Oberfläche. Das ist ein erwünschter Effekt. Die Wärme, eine langwellige Strahlung, ermöglicht das Leben auf der Erde und wird zu einem Teil zurück in den Weltraum reflektiert.

Entscheidend für die Menge der Reflexion der Wärmestrahlung sind die Gase in der Erdatmosphäre: Je mehr sogenannte Treibhausgase in der Atmosphäre sind, umso weniger Wärmestrahlung kann reflektiert werden. Die Wärme wird auf der Erde gespeichert wie in einem Treibhaus. Durch menschliche Aktivitäten gelangen immer mehr dieser Treibhausgase in die Atmosphäre, was zu einer kontinuierlichen Erderwärmung führt, die begleitet wird von Trockenperioden und Unwettern.

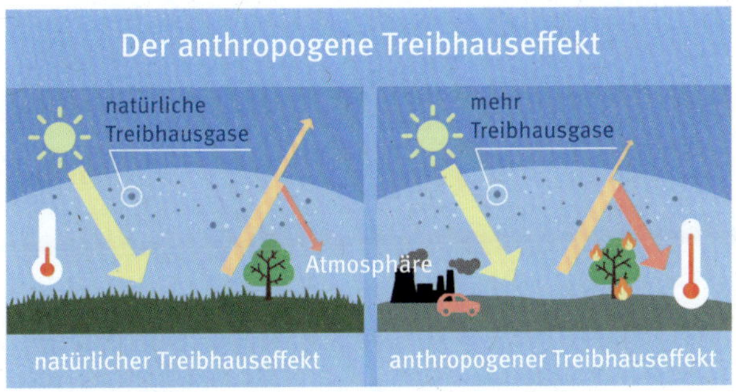

Abb. 3: Natürlicher und von Menschen verursachter Treibhauseffekt

Die klimaschädlichen Treibhausgase werden vor allem durch unsere industriellen Prozesse der Energieerzeugung, Produktherstellung und Transporte verursacht, vor allem, wenn fossile Rohstoffe verwendet werden. Die wichtigsten Treibhausgase sind, gemessen an der Gesamtemission:

- Kohlendioxid (CO_2) mit 70 %
- Methan mit 20 %
- Wasserdampf, Lachgas und fluorierte Kohlenwasserstoffe mit bis zu 10 %

Nur durch eine massive Reduzierung der Treibhausgasemissionen kann die weitere Erwärmung der Erdoberfläche gebremst werden. Die Verbrennung von fossilen Rohstoffen muss eingedämmt, industrielle Produktionsprozesse müssen verändert werden. Dazu gehört, künstliche Kühlmittel zu vermeiden, sowie Renaturierungen mit CO_2-speichernden Pflanzen zu fördern. Nicht zuletzt unterstützt auch das klimafreundliche Bauen die Bemühungen, das angestrebte maximale 1,5-Grad-Ziel der Erderwärmung zu erreichen. Aktuelle wissenschaftliche Nachweise prognostizieren eine deutlich höhere Erwärmung, umso mehr müssen die Einsparungen an Treibhausgas forciert werden.

Als **Treibhauspotenzial** oder **Global Warming Potential (GWP)** wird der potenzielle Beitrag eines Stoffes zur Erwärmung der bodennahen Luftschichten, also sein Potenzial zur Verstärkung des Treibhauseffekts, bezeichnet. Um das Treibhauspotenzial zu ermitteln, werden die Auswirkungen verschiedener Treibhausgase analysiert und vergleichend als CO_2-Äquivalent angegeben. Es zeigt, wievielmal stärker jedes einzelne Treibhausgas in den nächsten 100 Jahren im Vergleich zur Wirkung von CO_2 zur globalen Erwärmung beiträgt. Danach ist Methan 24-fach stärker wirksam als CO_2. Das bedeutet, dass ein Kilogramm Methan innerhalb der ersten 100 Jahre nach Freisetzung 24-mal so stark zum Treibhauseffekt beiträgt wie ein Kilogramm CO_2. Methan entsteht in Deutschland vor allem durch die landwirtschaftliche Tierhaltung und im Abfallbereich. Die Wirkung von Lachgas ist beispielsweise 298-fach höher als bei CO_2. Es entsteht vor allem bei der Herstellung und Anwendung von künstlichen Düngern und in der chemischen Industrie. Fluorierte Treibhausgase (F-Gase) haben zwar nur einen sehr geringen Anteil an den Gesamtemissionen, sind aber zum Teil extrem treibhauswirksam. Das CO_2-Äquivalent von Schwefelhexafluorid (SF_6), ehemals eine beliebte Industriechemikalie, liegt z. B. bei 22.800. F-Gase werden unter anderem als Kühl- und Löschmittel, als Treibgas (z. B. in Schäumen und Dämmstoffen) oder in Lösemitteln eingesetzt.

Was ist eigentlich Nachhaltigkeit?

Der Begriff Nachhaltigkeit ist allen bekannt, aber die Auslegung des Begriffs ist sehr verschieden: Einige verstehen darunter nur die ökologische Seite der Produktion, andere das Müllaufkommen oder das Preis-Leistungs-Verhältnis.

Was also ist nachhaltig? Die Nachhaltigkeit hat drei Dimensionen und lässt sich am besten im Nachhaltigkeitsdreieck veranschaulichen. Wird eine dieser Dimensionen vernachlässigt, gerät das Dreieck aus den Fugen, sprich, das Produkt oder der Baustoff entspricht nicht mehr den Nachhaltigkeitskriterien.

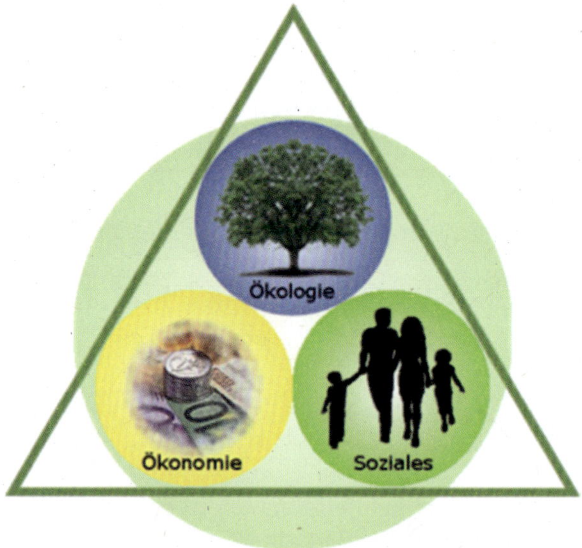

Abb. 4: Die verschiedenen Dimensionen der Nachhaltigkeit

Im Hinblick auf klimabewusstes Bauen und insbesondere das Dämmen bedeutet das:

Ökologische Dimension

Nachhaltige Eindämmung des Treibhauseffektes durch

- die Wahl von Bau- und Dämmmaterialien mit ressourcen-, umwelt- und klimaschonender Herkunft,

- eine CO_2-sparende Materialherstellung und Gebäudenutzung,
- die Kreislaufwirtschaft von Baumaterialien und Bauteilen,
- eine Flächenverbrauchsoptimierung,
- intensive Stadtbegrünung,
- Schadstoffvermeidung.

Gleichzeitig sollte eine energieeffiziente Heiztechnik eingesetzt werden, die auf erneuerbaren Energien basiert und fossile Energieträger vermeidet, dazu optimal gedämmte Warmwasserleitungssysteme und Lüftungssysteme mit Wärmerückgewinnung.

Ökonomische Dimension

- Energieeffizientes Bauen und Sanieren mit langfristiger Standzeit,
- Nutzung, Umnutzung und Verdichtung bestehender Baugebiete,
- geringer Bau-Wartungsaufwand,
- Flächenoptimierung (Flexibilität, Vermeidung von überflüssigen Flächen).

In der Haustechnik sollten Produkte mit hoher Qualität eingesetzt werden, um frühzeitigen Austausch zu vermeiden, zusammen mit einem qualitätsgerechten Einbau und einer energieeffizienten Geräteeinstellung.

Soziale Dimension

- bezahlbares Wohnen,
- sinnvolle Wohnungszuschnitte,
- Schaffung und Erhaltung eines sozialen und generationsübergreifenden Wohnumfelds,
- akustischer Komfort,
- hohe thermische Behaglichkeit,
- hohe Belichtungsqualität,
- wohngesundes Raumklima,
- Barrierefreiheit,
- Versorgung mit hochqualitativer Informations- und Kommunikationstechnik sowie E-Ladestationen.

1.2 Abfallvermeidung

Klimaschutz geht Hand in Hand mit dem Umweltschutz. Es ist bei der Abfallvermeidung wesentlich, zum einen das Abfallaufkommen einzudämmen, zum anderen den Einsatz von Umweltgiften stark einzuschränken oder ganz auf sie zu verzichten. Dazu gehören z. B. Biozide gegen Algenbefall auf Gebäudefassaden und Herbizide in Durchwurzelungsbahnen des erdberührenden Bereichs. Das Bauwesen erzeugt über 50 % des Gesamt-Abfallaufkommens.

Der Abfallgruppe der **„Bau- und Abbruchabfälle (einschließlich Straßenaufbruch)“** kommt eine Schlüsselrolle für die geschlossene Kreislaufwirtschaft zu. Sie machte im Jahr 2020 mit rund 229,4 Mio. Tonnen den Großteil (55,4 %) des Brutto-Abfallaufkommens des gesamten Abfalls in Deutschland aus. Den größten Anteil an dieser Abfallgruppe hatte der Bodenaushub, der mit 85 % überwiegend verwertet wurde. Auch die restlichen mineralischen Bauabfälle wurden zu einem erheblichen Teil verwertet. Trotzdem ist das Abfallaufkommen von nicht verwertbaren Baumaterialien (einschließlich Baumischabfällen und Schadstoffen) immer noch riesig.

Hier muss betont werden, dass eine „Verwertung“ von Bauabfällen derzeit immer eine minderwertige Verwendung bedeutet und es sich dabei keinesfalls um eine Kreislaufwirtschaft handelt (⇢ „Kreislaufwirtschaft“, Seite 19).

1.3 Primärenergiebedarf und graue Energie im Gebäudebau

Der **Primärenergiebedarf** eines Gebäudes ist die Energiemenge, die für den Gebäudebedarf benötigt wird, in der Errichtungsphase ebenso wie in der Nutzungsphase. Dabei werden alle vorgelagerten Prozesse wie Gewinnung, Umwandlung und Verteilung des Energieträgers berücksichtigt.

Wenn der Primärenergiebedarf bekannt ist, lässt er sich als Beurteilungsgröße für ökologische Kriterien, wie z. B. die CO_2-Emission, verwenden, da der gesamte Energieaufwand zur Energiebereitstellung mit einbezogen wird.

Gut zu wissen

Die sogenannte **graue Energie** im Bauen und Sanieren bezeichnet den nicht-erneuerbaren Primärenergiebedarf eines Gebäudes und der Baustoffe über die gesamte Lebensdauer, also alles, was für die Herstellung (von der Rohstoffgewinnung bis zum Produkt), alle Transportprozesse sowie den Betrieb, die Instandhaltung und die Entsorgung eines Gebäudes aufgewendet werden muss.

Da jeder nicht-erneuerbare Energieverbrauch mit einer CO_2-Emission einhergeht, hat die graue Energie beim Bauen und Sanieren erheblichen Einfluss auf den Treibhauseffekt unseres Klimas.

Bisher wurden Gebäude vorrangig nach ihrem Energieverbrauch in der Nutzungsphase beurteilt. Die graue Energie hingegen berücksichtigt die gesamte Lebensdauer, auch einschließlich einer Wiederverwendung von Baustoffen und Bauteilen oder des Rückbaus mit Recycling oder auch einer Abfallentsorgung.

Es ist unbestritten, dass der Wärmeenergieverbrauch vieler Altbauten noch wesentlich zu hoch ist. Aber die aufzuwendende Energie für die Errichtung eines konventionellen Neubaus mit allen Materialien, dem Bauaufwand und der Erschließung ist so erheblich, dass eine Bestandssanierung meistens deutlich klimaschonender ist.

Gut zu wissen

Die **Energieeffizienz** eines Gebäudes wird am notwendigen Energieeinsatz zur Bereitstellung von Wärme- und Elektroenergie bemessen, der eine sinnvolle Nutzung ermöglicht. Je weniger Energie für die Gebäudenutzung eingesetzt werden muss, umso energieeffizienter ist das Gebäude.

Bei der Entscheidung zwischen Abriss und Neubau oder Sanierung sollten Sie bedenken: Ein relativ geringer Energieaufwand im Betrieb verliert an Bedeutung gegenüber dem Aufwand, der in den Phasen der Errichtung einschließlich Materialeinsatz sowie des Rückbaus entsteht. Erst wenn ein Gebäude eine lange Lebensdauer aufweist oder ein Altbau saniert wird, schlägt sich die Energieeffizienz des Gebäudes in der Nutzung positiv nieder.

2 Wege zum klimafreundlichen und nachhaltigen Bauen

Für ein nachhaltiges und klimafreundliches Bauen werden traditionelle handwerkliche Erfahrung mit modernster Verarbeitungs- und Baustellentechnik verknüpft. Auch aktuelle materialwissenschaftliche und technische Erkenntnisse fließen in die Vorfertigung von Baustoffen und Bauteilen sowie die technische Ausstattung für zukunftsfähige Gebäude ein.

2.1 Zukunftsfähiges Bauen

Unsere derzeitigen, konventionellen Bautechnologien erfordern ein Umdenken hin zu umweltgerechten und energieeffizienten Materialien, Bauweisen und sinnvoller Technik. Das setzt Wissen voraus, um intelligent planen und vorfertigen zu können. Die Baustoffindustrie steht vor einem tiefgreifenden Wandel: Noch fehlen in Bezug auf mineralische Baustoffe wie Beton und künstliche Mauerwerkstoffe massentaugliche Lösungen für klimaneutrale Materialien. Der Holzbau ist da bereits auf einem guten Weg. Der hohe Vorfertigungsgrad ermöglicht eine sehr effiziente und auch massentaugliche Bauweise. Auch in der Sanierung werden Materialien aus Holz und natürlichen Fasern für Ausbau- und Dämmzwecke angeboten.

Die wichtigsten Eckpfeiler für ein zukunftsfähiges Bauen sind heute:

- Ausbau, Umbau, Erweiterung und Umnutzung von Gebäuden unter Wiederverwendung von Baumaterialien und Bauteilen
- sparsamster Bauland- und Wohnflächenverbrauch
- Bauen in hoher Qualität mit geplanten zukünftigen Umnutzungsmöglichkeiten
- energieeffizientes Bauen unter vorrangigem Einsatz von Bau- und Dämmstoffen aus nachwachsenden Rohstoffen. Beispielsweise sollten sowohl Beton als auch künstliche Baustoffe und Kleber nur dort eingesetzt werden, wo sie unbedingt notwendig sind.
- Planung des sommerlichen Hitzeschutzes (Materialeinsatz mit hoher spezifischer Wärmekapazität, Sonnenschutz außen, einbruchsichere Nachtlüftung, Umfeld-Begrünung, großer Dachüberstand, „Glaspaläste“ vermeiden)
- Gebäude- und Dachbegrünung, vor allem im urbanen Raum
- Einsatz energieeffizienter und langlebiger Heizungs-, Lüftungs- und Sanitärtechnik, möglichst ohne Nutzung fossiler Rohstoffe

Gut zu wissen

Der Trend aus der Sicht vieler Baufamilien geht zu „Low-Tech“, also einer automatisierten Technik in Haus oder Wohnung, die von den Nutzenden intuitiv und verständlich bedienbar ist.

Low-Tech-Gebäude sind energieeffizient, ressourcenschonend und wirtschaftlich. Sie sind robust und auf eine lange Lebensdauer ausgelegt. Die noch notwendige, reduziert eingesetzte Gebäudetechnik ist einfach in Bedienung und Instandhaltung.

Nachhaltiger Ressourcen- und Flächenverbrauch

Die größte Ressource an Wohnraum liegt im Baubestand. Laut Statistik sind ausreichend Wohnungen vorhanden, die mit durchschnittlich 47,4 Quadratmetern pro Bewohner auch ausreichend Wohnraum bieten. Aber der Wohnraum ist ungleichmäßig verteilt und der Trend zum eigenen Einfamilienhaus hält an.

Wenn wir klimafreundlich bauen wollen, bedeutet das, deutlich weniger Fläche zu versiegeln, denn unser Boden ist wertvoll und endlich. Hinzu kommt: Landwirtschaftliche Fläche ist nicht einfach ersetzbar und kann auch nicht unendlich reduziert werden.

Es gibt verschiedene Möglichkeiten und Wege, die Sie bedenken sollten, wenn es darum geht, wie Sie zukünftig klimafreundlicher wohnen und leben wollen. Gerade in Zeiten steigender Grundstücks- und Baupreise wäre die Überlegung zur Gründung oder Beteiligung an einer **Baugemeinschaft** zweckmäßig.

Ein Gebäude mit vier oder mehr Wohnungen verbraucht z. B. maximal die Hälfte an versiegelter Fläche, die vier Einzelhäuser benötigen, und trotzdem lässt sich das Grundstück als Garten gestalten und nutzen. In der Phase des Kennenlernens und der Vorplanung bleibt Ihnen auch genug Gelegenheit zu prüfen, ob das eine geeignete Wohnform für Sie ist.

Gemeinschaftliches Wohnen hat viele soziale Vorteile, und bietet die Möglichkeit gemeinschaftlicher Räume (Werkstätten, Fitness, Spielen, Gästezimmer und ähnliches), die Ihnen bisher vielleicht nicht bewusst waren. Für erfolgreiche Baugemeinschaften gibt es überall zahlreiche Beispiele, wie unter anderem das auf Seite 204 vorgestellte Beispiel „Walden 48". Dort kommen im urbanen Raum auch die Vorteile der gemeinschaftlichen Räume, einer großen und grünen Freifläche, der idealen Verkehrsanbindung und der kurzen Wege zum Tragen.

Wenn Sie ihr Einfamilienhaus nur noch allein oder zu zweit bewohnen, sind andere Wohnformen auch sehr überlegenswert. Das kann sich für Sie mit weniger Arbeitsaufwand für Haus und Garten, kurzen Wegen für Einkäufe, Kultur und medizinische Versorgung sowie mit Barrierefreiheit und sozialen Kontakten auszahlen. Es gibt sehr viele Einfamilienhäuser, die nicht mehr von Familien bewohnt werden, und es wäre ein großer Gewinn, wenn genügend generationsübergreifende und seniorengerechte Wohnformen, idealerweise stadtnah und mit Grünfläche, entstehen würden. So könnten die bestehenden Einfamilienhäuser wieder dem Wohnungsmarkt für Familien zur Verfügung gestellt werden.

Materialeinsatz

Für das klimafreundliche Bauen spielt die Art des Bau- und Dämmmaterials eine entscheidende Rolle, denn die Herstellung von Material verbraucht mehr oder minder viel Energie. **Dabei muss der gesamte Lebenszyklus von der Rohstoffbereitstellung über Transporte, die Aufbereitung und Herstellung, den Einbau und letztlich den Rückbau und die Entsorgung betrachtet werden. Auch die Bauweise eines Gebäudes einschließlich der Dauerhaftigkeit und Umnutzbarkeit spielen eine wichtige Rolle.**

Als Maßstab für die Klimafreundlichkeit von Gebäuden wird die Ökobilanz herangezogen, die Aussagen über die Umweltwirkung für die verwendeten Baumaterialien macht. Auf dieser Grundlage kann das Treibhauspotenzial, das Versauerungspotenzial (Versauerung von Gewässern und Böden durch sauren Regen), das Eutrophierungspotenzial und die Humantoxizität für das gesamte Gebäude berechnet werden (→ auch Kapitel „Ökobilanzanalysen", Seite 29).

Kreislaufwirtschaft

Eine Kreislaufwirtschaft im Bauen, auch „zirkuläres Bauen", „Cradle to Cradle (C2C)" oder „von der Wiege zur Wiege" genannt, ist gekennzeichnet durch die **Wiederverwendung** von Baustoffen oder Bauteilen. Das bedeutet, dass diese Baustoffe oder auch Bauteile beim Rückbau bzw. Abriss direkt wiederverwendet werden können, ohne Aufbereitung oder Recycling.

In der Geschichte des Bauens wurde das häufig gemacht. Es wurden Balken (und ganze Fachwerkhäuser), Ziegel oder Lehmbestandteile ausgebaut und in einem Neubau oder zur Sanierung wiederverwendet. Im Bereich der Denkmalpflege wird das heute noch praktiziert. Allerdings ist im heutigen Neubau eine Kreislaufwirtschaft nicht so einfach: Die Baugesetze

Tipp

Grundsätzlich sollte neben einer Umnutzbarkeit von Gebäuden, wie sie z. B. mit flexiblen Wänden für Grundrissänderungen, vereinheitlichten Sanitär-Versorgungsschächten an gleicher Stelle über alle Etagen erreicht werden kann, auch die **schadensfreie Rückbaubarkeit von Bauteilen eingeplant werden. Das heißt vor allem Schrauben bzw. Dübeln** statt Kleben, kein Aufbringen von klebenden Beschichtungen auf Bauteilen, Vermeidung schadstoffbelastender Inhaltsstoffe in den Bauprodukten, keine Verwendung von Hybridbaustoffen oder Hybriddämmstoffen, denn diese sind oft mehrschichtig verklebt und in der Regel nicht trennbar.

lassen dies häufig nicht zu, da nur genormte und geprüfte Baustoffe zum Einsatz kommen dürfen.

Das zirkuläre Bauen wird im Sinne des Ressourcenverbrauchs, des Klimaschutzes und der Müllvermeidung vehement gefordert und es gibt bereits viele Modellprojekte, die in der Planung die mögliche Kreislaufwirtschaft für die Zukunft berücksichtigen.

Bei einem heutigen „normalen" Rückbau fallen im Unterschied zur Kreislaufwirtschaft große Mengen Bau- und Abbruchabfälle (einschl. Straßenbau) an, die getrennt, aufbereitet und verwertet werden. Aber: **Eine Verwertung ist keine Wiederverwendung!** Ebenso muss beachtet werden, dass viele Abbruchmaterialien aus Gebäuden und Straßen mit Schadstoffen kontaminiert sind. Damit sind sie nicht mehr nutzbar und nur unter Auflagen zu entsorgen. Beim Beispiel (Abb. 1) wird ein Parkhaus nach einer Nutzungsdauer von nur 35 Jahren abgerissen. Der Betonbruch wird bestenfalls einer untergeordneten Verwertung zugeführt, nur der Baustahl kann recycelt werden. Ein großer Teil des Abbruchs bleibt Abfall für die Deponie.

Abb. 1: Abriss eines Parkhauses nach einem Lebenszyklus von nur 35 Jahren.

2.2 Wohngesundheit

Wenn von Wohngesundheit die Rede ist, wird damit das Wohnen ohne Schadstoffbelastung, mit viel Sauerstoff in der Luft, aber auch frei von Lärm und Vibrationen, mit einem behaglichen Raumklima und ausreichend Tageslicht umschrieben. Eine Neubauplanung sollte sicherstellen, dass alle Kriterien für ein gesundes Wohnen eingehalten werden. Im Rahmen der Sanierungsplanung können Sie selbst sehr viel dazu beitragen.

Behaglichkeit

Für ein behagliches Wohnen sind viele Faktoren maßgebend. Dazu gehören eine optimale Raumluftfeuchte, Zugluftfreiheit, ein optimales Heizsystem, am besten mit Strahlungswärme einer Wandheizung, ein Schutz vor sommerlicher Hitze, eine schadstofffreie Raumluft und ausreichender Schallschutz. Wichtig ist auch das individuelle Gefühl von „warmen" Baumaterialien und geschmackvollen Einrichtungsgegenständen sowie optimal dazu passenden Fensterflächen.

Raumklima

Das Raumklima wird von der Baukonstruktion und den Baumaterialien des Gebäudes beeinflusst. Grundsätzlich sollte ein Gebäude zugluftfrei, also luftdicht, aber trotzdem diffusionsoffen sein. Diffusionsoffen bedeutet, dass die raumumschließenden Flächen Luftfeuchtigkeit aufnehmen und ableiten können. Gleichzeitig ermöglicht die Diffusionsoffenheit eine vorübergehende Feuchtepufferung der raumumschließenden Flächen. Das bedeutet, dass hohe Luftfeuchte leicht aufgenommen und bei Trockenheit wieder abgegeben werden kann, sodass eine gleichmäßige Raumluftfeuchte erreicht wird. Einige natürliche Baustoffe wie Holz, Lehm, Naturstein sind auf diffusionsoffene Beschichtungen angewiesen. Besonders diffusionshemmende Baustoffe sind synthetische Materialien wie Kunststofftapeten und -verkleidungen, Klebstoffe, Dispersions- und verschiedene Kunstharzanstriche, PVC-Decken, PVC-Fußböden und Keramikfliesen, Zementputze, Beton.

Tipp

Besonders geeignet für ein gutes Raumklima sind Lehmputze, Holz und Naturfasern als Innenausstattung. Diese Materialien können aufgrund ihrer natürlichen Struktur sehr gut mit Raumluftfeuchte umgehen. Kalkputze und Gipsputze (auch Gipskarton) sind mittelmäßig diffusionsoffen, wobei Kalkputze und -farben gleichzeitig schimmelwidrig wirken. Alle diese Naturmaterialien sollten nicht mit kunststoffhaltigen Klebern, Anstrichen oder Tapeten versiegelt werden.

Die **optimale Raumluftfeuchte** beträgt 40 bis 60 % relative Luftfeuchte. (% rel. LF) bei 20 °C Raumtemperatur. Je wärmer ein Raum ist, umso mehr Luftfeuchte kann die Raumluft aufnehmen.

Räume, in denen sich Menschen aufhalten, sollten regelmäßig zum Luftaustausch gelüftet werden. Ein optimaler Luftaustausch erfolgt durch **Stoßlüften oder Querlüften** bei geöffneten Fensterflügeln, möglichst in mehreren Räumen gleichzeitig bei offenen Türen. Für diese Stoßlüftung sind je nach Außentemperatur jeweils 5–10 Minuten mehrmals täglich völlig ausreichend.

Eine dauerhafte **Kipplüftung** der Fensterflügel sollte unbedingt vermieden werden! Sie sorgt nur für einen geringen Luftaustausch. In der kühlen Jahreszeit wird damit stundenlang viel Heizwärme nach außen transportiert. Zusätzlich kühlen die Fensterlaibungen aus, die dadurch schimmeln können. Des Weiteren wird bei Kippstellung der Fenster die feuchtereiche warme Raumluft wie durch einen Schornstein an die Außenfassade geführt und befeuchtet diese, was oft zu typischen Schadensbildern mit Schimmel und/oder Algenbefall an der Fassade führt.

Bei warmen Sommertemperaturen werden die Räume durch Kipplüftung unnötig aufgeheizt.

Abb. 2: Mehrfamilienhaus aus den 1970er-Jahren, Anfang der 2000er-Jahre mit Polystyrol gedämmt: Hier wird deutlich sichtbar, dass die Kipplüftung den mikrobiologischen Befall an der Fassade stark begünstigt.

Die sehr gute Luftdichtigkeit der aktuell gebauten Neubauten macht häufig eine **kontrollierte Wohnraumlüftung** notwendig, daher wird meist eine Lüftungsanlage eingebaut (→ Seite 161). Gerade wenn mechanisches Lüften nicht regelmäßig erfolgt oder erfolgen kann, hat die kontrollierte Wohnraumlüftung mit einem Wärmetauscher erhebliche Vorteile: gleichmäßige Sauerstoffzufuhr, Abführen der zu feuchten Raumluft, Vermeidung von Schadstoffanreicherungen in der Raumluft, Heizenergieeinsparung, Einsatz von Pollenfiltern (Allergiker), Lärmentlastung, Verringerung des Einbruchrisikos. Eine Lüftungsanlage beeinträchtigt die Behaglichkeit nicht negativ. Auch die Aussage, dass die Fenster dann nicht geöffnet werden dürfen, ist ein Mythos.

Sommerlicher Hitzeschutz

Mit der zunehmenden Klimaveränderung gewinnt der sommerliche Hitzeschutz immer mehr an Bedeutung. Neben mineralischen Baustoffen und Holzbaustoffen hat eine Wärmedämmung aus Naturfasern auch für den Hitzeschutz ein großes Potenzial. Der Hitzeschutz ist umso größer, je mehr spezifische Wärmekapazität (Wärmespeichermöglichkeit) die Konstruktion aufweist. Naturfaserdämmstoffe, auch als Einblasdämmstoffe, speichern die Hitze mehr als acht Stunden und geben diese dann nach außen wieder ab. Der Wärmestrom geht immer vom wärmeren zum kälteren Medium.

Die wichtigsten Maßnahmen zum sommerlichen Hitzeschutz sind:

- Dämmung des Daches oder der obersten Geschossdecke sowie der Außenwände durch Dämmkonstruktionen mit hoher Wärmespeicherfähigkeit
- Verschattung der Fenster durch außenliegenden Sonnenschutz
- Gründächer halten die sommerliche Hitze besonders effektiv ab.
- Geplanter Dachüberstand, der im Sommer die Fenster verschattet, oder horizontale, fest installierte Verschattungen über den Fenstern
- Nachtauskühlung durch nächtliche Luftströmungen
- Tagsüber keine längeren Lüftungsphasen oder Kippstellung der Fenster
- Die Raumaufteilung nach der Sonneneinstrahlung und inneren Wärmeeinträgen (z. B. Küche und Schlafzimmer nach Norden) planen
- Fensterflächen in der Planungsphase optimieren
- Fassaden- und/oder Dachbegrünung
- Einsatz von Kühldecken (Bauteilkühlung durch Kaltwasser) und Wand- bzw. Fußbodenheizung, die im Sommer mit Kaltwasser betrieben werden können. Hier sollte der technische Aufwand aber mit der Nutzung und Gebäudegröße abgestimmt werden. Der Kühleffekt ist geringer als bei Klimaanlagen, der Betrieb von Klimaanlagen ist jedoch energieintensiver.

Abb. 3: Das Rathaus im Stühlinger in Freiburg i. Br. ist ein Plusenergiehaus und verfügt über höchste Umwelt- und Energiestandards.

Das Rathaus im Stühlinger (Abb. 3) z. B. erzeugt als Plusenergiehaus mehr Energie über regenerative Quellen, als für Heizen, Kühlen, Lüften und Beleuchten benötigt werden. Die überschüssige Energie wird ins Netz eingespeist. Deutlich sichtbar sind die kombinierten Sonnenschutz- und Solarpaneele an der Fassade.

Auch im Einfamilienhausbau gibt es viele Beispiele für weitgehend energieautarke Gebäude. Der gezeigte

Abb. 4: Weitgehend energieautarker Einfamilienhaus-Neubau in Holzrahmenbaukonstruktion mit Anlagen zur Warmwasser- und Stromerzeugung aus Sonnenenergie

Neubau als Holzrahmenbau mit Holzfaser-Außendämmung und Lehmputz innen (Abb. 4) verfügt an der Fassade über eine Vakuum-Röhrenanlage für Solarthermie und eine Photovoltaikanlage auf dem Dach. Die vertikale solarthermische Anlage hat im Winterhalbjahr bei niedrigem Sonnenstand die höchste Effizienz, im Sommer dagegen erzeugt sie ausreichend Warmwasser für den täglichen Bedarf ohne Heizung. Die Anlage ist kombiniert mit einem 3.000-Liter-Pufferspeicher und einer Wandheizung, deren Vorlauftemperatur 27 bis 30 °C beträgt.

Schadstoffe vermeiden

In der Regel verbringen wir ca. 90 % unserer Lebenszeit in geschlossenen Räumen. In Wohn- und Büroräumen ist daher saubere Luft lebensnotwendig. In dem Zusammenhang ist viel von „VOC" **(Volatile Organic Compounds)** die Rede, das sind flüchtige organische Verbindungen, die in die Raumluft ausgasen. Die Liste dieser VOC ist lang, aber mit entsprechendem Wissen können wir viel für deren Vermeidung tun. Luftschadstoffe können durch Quellen im Raum selbst entstehen. Ausgasungen aus synthetischen Bestandteilen von Möbeln und Polstern, Lacken und Farben, Baustoffen und Kunststoffverkleidungen, aber auch aus Teppichen, Raumtextilien oder Kleidung belasten die Raumluft. Ebenso können Tabakrauch, Duftstoffe und das Abbrennen von Duftölen zu einer Verschlechterung der Luftqualität führen.

Tipp

Umgang mit Schimmel: Mehr Informationen erhalten Sie auf der Website der Verbraucherzentrale unter **www.verbraucherzentrale.nrw,** Suchwort „wohnen ohne Schimmel Broschüren"

Schimmelsporen sind erheblich gesundheitsgefährdend, auch wenn der Schimmel noch „unsichtbar" hinter Wandverkleidungen auftritt. Häufig unterschätzt wird auch die gesundheitliche Belastung mit **Feinstaub** (z. B. aus Straßenverkehr oder Zersetzung von Kunststoffen).

Tipp

Sie können viele Luftschadstoffe selbst vermeiden, indem Sie regelmäßig lüften bzw. eine kontrollierte Wohnraumlüftung einbauen lassen. Ebenso können Lehmputze oder Lehmwände sehr hilfreich sein, denn Lehm absorbiert Schadstoffe ebenso wie Schafwolle.

Naturmaterialien in der Wohnraumausstattung sind in jedem Fall zu bevorzugen. „Natürliche Materialien, die in einem Raum verbaut sind, beeinflussen die Leistungs- und Erholungsfähigkeit positiv" ist nur eines der Ergebnisse der Studie „Gesundheitliche Interaktion von HOLZ – MENSCH – RAUM" der TU München in Zusammenarbeit mit Proholz Bayern.
https://informationsdienst-holz.de/fileadmin/Publikationen/10_Verbraucherinformationen/HOMERA.pdf

Menschen mit Allergien bedürfen einer speziellen Beratung.

Ausgasungen aus leimfreiem Holz (Holzgeruch) werden bei VOC-Messungen nachgewiesen, lassen aber eine Gesundheitsgefährdung beim Menschen nicht erkennen (Quelle: www.fnr.de). Bei Holzprodukten (z. B. Holzbauplatten) sollte zusätzlich auf Gütesiegel geachtet werden.

In verschiedenen Gegenden Deutschlands ist **Radon als Schadstoff im Boden** von erheblicher Relevanz. Jeder Bauwillige sollte sich erkundigen, ob in der gewünschten Baugegend eine Radonbelastung besteht.

Lärmbelastung

Straßen- und Bahnverkehr sowie Fluglärm machen krank, weil ausreichende Ruhephasen fehlen. Sie sind nicht ausschließlich Probleme im städtischen Umfeld und auch nicht ausschließlich durch Schallschutzfenster zu lösen. Ähnlich wie beim sommerlichen Hitzeschutz gilt auch hier der Einsatz von massiven

Holz- und mineralischen Baumaterialien sowie Naturfaserdämmstoffen als sehr hilfreich. Die meisten Verkehrs-Schallarten treten in tiefer Frequenz auf und sind mit Vibrationen verbunden, die gut mit „weichen" Naturfasern gemindert werden können. Besonders gegen Verkehrslärm hat sich eine lückenlose Dachdämmung mit Unterdeckplatten aus Naturfaserdämmstoffen bewährt. Weitere Erläuterungen dazu finden Sie im Abschnitt „Dachdämmung" → Seite 83.

Ein anderes Problem im tiefen Frequenzbereich ist der **Trittschall**. In mehrgeschossigen Holzgebäuden wird im Trennbereich zwischen verschiedenen Wohnungen daher oft eine Betonschicht oder schwere Schüttung auf die Holzdecke aufgebracht. Grundsätzlich ist zu beachten, dass der Trittschall als Körperschall mit Vibrationen verbunden ist und daher einer Schallentkopplung (Trittschalldämmung) zwischen dem Bodenbelag und der Rohdecke bedarf, auch der Kontakt des Bodenbelags zur Wand ist durch eine Entkopplung zu vermeiden, um Schallübertragungen zu verhindern. Estrich, Laminat oder Holzfußböden werden „schwimmend", also unverankert, nicht verschraubt, genagelt oder verklebt, auf einer Dämmschicht verlegt, auf der dann der Bodenbelag aufgebracht wird. Schwimmende Estriche können z. B. als Zementestrich nass eingebracht oder als Trockenbausysteme, z. B. mit Holzfaserdämmplatten, eingebaut werden.

Gut zu wissen

Schall ist eine messbare Größe, Lärmempfinden ist individuell. Daher wird grundsätzlich von Schallschutz gesprochen.

Störender Schall wird in Körperschall und Luftschall unterschieden. Beim Körperschall wird festes Material, z. B. Wand oder Fußboden, direkt angeregt (vergleichbar mit Hammerschlägen, mit Gehbewegungen, mit Verkehrsvibrationen oder durch Audio-Bassboxen).

Unter Luftschall versteht man die Schallausbreitung in der Luft, z. B. durch lautes Sprechen.

Bei neu zu errichtenden Gebäuden sollte der gewünschte Schallschutz mit dem Planer besprochen werden. Bei Sanierungen sollte strikt darauf geachtet werden (Fachplaner, Fachfirma), dass die Maßnahmen den Schallschutz nicht verschlechtern, sondern eher verbessern.

Luftschall, also lautes Sprechen, laute Musik oder Audiogeräte, werden im Massivbau vorrangig über Fehlstellen, Leitungskanäle oder Versorgungsschächte übertragen.

Fensterflächen und Belichtung

Die **Fensterflächen** sollten eine gute **Tageslichtversorgung** für die Räume ermöglichen und etwa 30 bis 40 % der Außenwandflächen einnehmen. Die Fensterfläche muss mindestens 1/8 der Raumfläche entsprechen, für eine optimale Belichtung ist 1/4 der Raumfläche anzustreben. Ein „Zuviel" an Fensterflächen, wie es seit den 1970er-Jahren oft üblich war, kann jedoch die Behaglichkeit und Intimität von Räumen (gefühlt „kalte" Flächen) stören, gleichzeitig ist der sommerliche Hitzeschutz oft schwer realisierbar.

Beim Neubau sind Fenster mit Dreifach-Wärmeschutzverglasung üblich. Im Rahmen von Sanierungen kann mithilfe eines Planungs- oder Energieberatungsbüros die optimale Fenstergröße ggf. angepasst werden. Selbstverständlich müssen heutige Fenster den Anforderungen an die Energieeffizienz entsprechen. Eine Zweifach-Wärmeschutzverglasung ist dabei das Mindestmaß, eine Dreifachverglasung sollte in modernen Gebäuden, insbesondere bei großen Fensterflächen, der Maßstab sein. Die Fensterproblematik im historischen Altbau und Fachwerk wird in den Kapiteln 3 und 5 (Fenster und Türen bzw. Spezialfall Fachwerk) näher behandelt.

Zusätzlich zur Tagesbelichtung sollte eine optimale **Raumbeleuchtung** die Behaglichkeit fördern. Eine Beratung dazu bringt oft überraschende Ergebnisse, vor allem, wenn die Raumbeleuchtung auch energieeffizient und in bestimmten Räumen (z. B. Büroarbeitsplatz, Kinderschreibtisch, Küche, Bad) speziell angepasst werden soll.

2.3 Schutz bei Starkregenereignissen

In jüngster Zeit häufen sich Hochwasser und Starkregenereignisse durch die Klimaveränderungen. Das sollte bei der Bauplatzwahl und der Gestaltung des Grundstücks unbedingt berücksichtigt werden. In manchen Fällen werden Flussauen zur Bebauung freigegeben. Das mag verlockend sein, mit Blick auf Fluss oder Bach zu wohnen, aber Intensivregen können eine Flutwelle auslösen, die man bisher nicht kannte. Auch mögliche Hangrutschungen sollten berücksichtigt werden. Eine wasserundurchlässige Kellerwanne bei temporär hohem Grundwasserspiegel ist keine Garantie, im Ernstfall kann die gesamte Wanne aufgeschwemmt und die Statik des Gebäudes unwiderruflich zerstört werden.

Folgende Maßnahmen sollten im Zuge der Klimaanpassung sowohl für Neubauten als auch für Sanierungen bedacht werden:

- **Unterdeckplatten** (Holzfaserdämmplatten) auf den Sparren unter den Dachziegeln wirken sehr gut als Hitzeschutz und halten starke Stürme aus. Sie bleiben in der Regel als Notdach (3 Monate Garantie) erhalten, falls ein Sturm die Dacheindeckung weggeweht hat.
- **Kellerschachtabdeckungen** schützen bei vorübergehenden Starkregen gegen das Eindringen von Wasser im Keller. Bei Hochwassergefahr sind auch Schotten zum Verschließen von Gebäudeöffnungen sinnvoll, aber dazu ist eine umfassende fachliche Beratung erforderlich.
- Es sollten **Rückstauklappen** gegen Wasserdruck aus dem Abwasserschacht eingebaut werden.
- **Fassaden- und Dachbegrünung** bieten Hitzeschutz und sind insekten- und vogelfreundlich.
- Wenn es möglich ist, sollte eine **Regenwasserzisterne** auf dem Grundstück eingebettet werden (aber: Grundwasserstand beachten, bei generell hohem Grundwasserstand ist das nicht möglich).
- Möglichst viel **Niederschlagswasser auf dem Grundstück versickern** lassen: Folien unter Hackschnitzel- oder Rindenmulch sowie Steinschüttungen sollten unbedingt vermieden werden, sie wirken lebenszerstörend auf unsere Umwelt (Insekten, Vögel, Biodiversität). Mit der Zeit verunkrauten auch die vermeintlichen pflegeleichten Flächen und Rindenmulch ist für Gärten viel zu sauer (enthält Gerbstoffe). Die Nachfrage bei einer erfahrenen ökologischen Landschaftsgestaltungsfirma lohnt sich.
- **Terrassenflächen und Parkplätze** sollten **wasserdurchlässig** gestaltet werden.
- **Verschattungsmöglichkeiten** am Gebäude (Dachüberstand, Fensterläden) sollten eingeplant bzw. weiter genutzt werden.
- Eine **Elementarschadenversicherung** ist sehr wichtig. Meist wird sie als erweiterter Naturgefahrenschutz zur Wohngebäudeversicherung (Eigentümer) oder Hausratversicherung (Mieter) abgeschlossen. Der Schutz bezieht sich konkret auf die Schadensbeseitigung nach einem Starkregen, Hochwasser, Überschwemmung oder Rückstau. Informationen erhalten Sie unter **www.abwasser-beratung.nrw/schutz-vor-starkregen/rueckstau**

2.4 Energetische Sanierung in Eigenregie

Viele handwerklich begabte Bau- und Sanierungswillige möchten Teile der Arbeiten an Ihrem Haus selbst durchführen. Eine Förderung ist im Fall von Eigenleistungen in Höhe der Materialkosten zwar möglich, alle Bau- und Sanierungsmaßnahmen haben jedoch auch fachliche Grenzen.

Arbeiten am Elektrosystem dürfen nur von Fachfirmen ausgeführt und abgenommen werden. Auch bei Heizungs-, Lüftungs- und Sanitärinstallationen sind Fachkenntnisse Voraussetzung.

Keinesfalls darf in die Statik des Gebäudes eingegriffen werden, insbesondere in Fachwerkgebäuden, an Holzbalkendecken und im Dachgebälk. Bei Änderungen und Reparaturen in diesen Bereichen sind immer Statikbüros und Holzschutzsachkundige hinzuzuziehen. Auch hohe Lasten (z. B. massive Vorsatzschalen oder Zwischenwände, Bibliotheken) können die zulässige Deckenlast überschreiten.

Tipp

Bei Dämmmaßnahmen und insbesondere bei Innendämmungen einschließlich Putzarbeiten sollten Sie unbedingt die Luftdichtigkeit, insbesondere an Ecken sowie Wand- und Deckenanschlüssen, beachten. Auch die oberste Geschossdecke muss bis in den Randbereich gedämmt sein. Es dürfen keine Wärmebrücken entstehen! Keinesfalls sollte für Fugen PU-Montageschaum genutzt werden. Dämmtechnologisch bedingte Lücken lassen sich sehr gut mit flexiblen Mattendämmstoffen verstopfen (⟶ Innendämmung, Seite 81).

Bei der Verlegung von Holzfußböden bzw. Laminat ist die Schallentkopplung zur Wand und nach unten zu beachten. Die Dämmung darf aber keineswegs hinterlüftet sein, d. h. vorhandene Luftschichten in Holzbalkendecken sollten mit Dämmstoffen ausgeblasen oder dauerhaft zugluftdicht verschlossen werden.

Ein Architekturbüro kann wertvolle Hinweise und Ratschläge bei einer Modernisierung geben, z. B. zu Grundrissveränderungen oder Veränderungen an der Gebäudehülle.

Für jede Bau- und Sanierungsmaßnahme muss die Gesamtheit des Gebäudes betrachtet werden. Daher ist es zu empfehlen, Ihre möglichen Eigenleistungen und die Reihenfolge der Maßnahmen mit Ihrem Planer oder Handwerker zu beraten. Putz- (auch Lehmputz) und Malerarbeiten (auch Fenster), Fliesen- und Fußbodenverlegearbeiten sowie die Dämmung der Kellerdecke oder der oberen Geschossdecke sind von geübten Heimwerkern oft im Selbstbau möglich und sinnvoll. Es gibt auch entsprechende Kursangebote.

Ab 1.1.2023 treten neue Änderungen in der BEG-Förderung in Kraft. Das betrifft bei den Eigenleistungen:

!

Achtung! Bevor Sie sich als Sanierungswillige dazu entschließen, viel Eigenleistung einzubringen, sollten Sie durchdenken und durchrechnen, wie viel Zeit Ihnen zur Verfügung steht. Wer eine 40-Stunden-Arbeitswoche und eventuell noch einen längeren Arbeitsweg hat, kann schnell ans Ende der Kräfte kommen. Die Ausführung durch einen Handwerksbetrieb mag teuer erscheinen, aber Sie haben Anspruch auf eine qualitätsgerechte Leistung, eine planbare Ausführungszeit sowie eine Gewährleistung und können Förderungen in Anspruch nehmen.

Für die Planung und Baustellenkontrolle ist es sehr sinnvoll, ein baubegleitendes Planungsbüro zu beauftragen. Das zahlt sich aus, denn eine gute Planung und Baubegleitung vermeiden Planungsfehler und Baumängel und damit letztlich unvorhergesehene Kosten. Bauen ist sehr komplex und sollte nicht unterschätzt werden.

Wägen Sie also ab, ob Ihr Familieneinkommen eine längere Finanzierungsphase rechtfertigt. Ihre jahrelange körperliche Beanspruchung mit wenig Familien- und Erholungszeit stellt einen sehr großen Stressfaktor dar.

Wird die Maßnahme nicht durch ein Fachunternehmen durchgeführt (Eigenleistung), werden die direkt mit der energetischen Sanierungsmaßnahme verbundenen Materialkosten gefördert. Die fachgerechte Durchführung der Eigenleistung ist durch eine Energieeffizienz-Expertin oder einen -Experten zu bescheinigen.

!

Achtung! Die Materialkosten sind unbar auf Rechnung zu bezahlen. Die Rechnung muss genau ausweisen, welches Material (technische Angaben) für welches Objekt gekauft wurde. Die Materialkosten bei Eigenleistungen sind nur förderfähig, wenn auch die Gesamtsumme der Materialrechnungen gefördert werden kann.

2.5 Gesetzliche Grundlagen und Rahmenbedingungen

Seit November 2020 gilt das Gebäudeenergiegesetz (GEG) in Deutschland. Es fasst die bisher geltenden Gesetze wie Energieeinspargesetz (EnEG), die Energieeinsparverordnung (EnEV) und das Erneuerbare-Energien-Wärmegesetz (EEWärmeG) zusammen und legt Anforderungen für die energetische Qualität von Gebäuden sowohl bei Neubauten als auch bei Sanierungspflichten fest.

Ende August 2021 ist eine Gesetzesnovelle zum Klimaschutzgesetz in Kraft getreten. Mit der Änderung des Klimaschutzgesetzes hat die Bundesregierung die Klimaschutzvorgaben verschärft und das Ziel der Treibhausgasneutralität bis 2045 verankert. Bereits bis 2030 sollen die Emissionen um 65 % gegenüber 1990 sinken.

Wichtige Eckpunkte im GEG sind:

- Für den Neubau wurde das GEG ab 1.1.2023 konkretisiert. Heizungen mit fossilen Energien sind nicht mehr zulässig. Strom aus eigenen Solaranlagen kann bei der Ermittlung des Jahres-Primärenergiebedarfs in Abzug gebracht werden. Der Primärenergiebedarf orientiert sich am KfW55-Standard.
- Energieausweise (verbrauchs- oder bedarfsorientierte Energieausweise) sind Pflicht im Fall von Vermietung und Verkauf. Von der Ausweispflicht befreit sind Baudenkmäler sowie kleine Gebäude mit einer Nutzfläche von bis zu 50 Quadratmetern. Weitere Spezialfälle, für die Sie keinen Ausweis benötigen, werden im Gebäudeenergiegesetz (GEG) beschrieben.
- Bestehende Mehrfamilienhäuser müssen die Nachrüstverpflichtung des GEG erfüllen (Dämmung oberste Geschossdecke oder darüber liegende Dachflächen, Dämmung der Heizungs- und Warmwasserrohre und Armaturen in unbeheizten Räumen), das gilt auch für denkmalgeschützte Gebäude. Für selbst bewohnte Ein- und Zweifamilienhäuser gelten die Nachrüstverpflichtungen für die oberste Geschossdecke erst im Fall eines Eigentümerwechsels.
- Die Dämmung von heizungstechnischen Anlagen und bisher ungedämmten, zugänglichen Wärmeverteilungs- und Warmwasserleitungen gilt auch in selbstbewohnten Ein- und Zweifamilienhäusern.
- Grundsätzlich gelten die wärmetechnischen Anforderungen des GEG bei Sanierungsarbeiten an der Gebäudehülle von mehr als 10 % der Fläche.
- Alte ineffiziente Heizkessel sollten ausgetauscht werden (⟶ „Wärme für Ihr Haus“, ab Seite 109).

Regelungen zu den Anforderungen und Nachrüstverpflichtungen können im jeweils gültigen GEG nachgelesen werden.

2.6 Finanzielle Förderung

Um das klimaschonende Bauen und Sanieren zu fördern, hat die Bundesregierung seit 2021 Schritt für Schritt die Bundesförderung für effiziente Gebäude (BEG) eingeführt, die im Rahmen von Sanierungsmaßnahmen sowohl finanzielle Zuschüsse als auch Kredite mit Tilgungszuschuss anbietet. Der Förderumfang richtet sich grundsätzlich nach dem Effizienzhausstandard der Gebäude. Dabei werden Zuschüsse zu Einzelmaßnahmen über das Bundesamt für Ausfuhrkontrolle (BAFA) ausgereicht, während die Kreditvergabe bei der Kreditbank für Wiederaufbau (KfW) bleibt.

Förderfähige Neubauvorhaben sind an einen besonders hohen Energieeffizienzstandard gebunden. Es werden über eine zinsgünstige Kreditvergabe bei der KfW-Bank Tilgungszuschüsse gewährt.

Bei einer Immobilie, die mindestens zehn Jahre alt ist und selbst genutzt wird, gibt es die Möglichkeit, einen Teil der energetischen Sanierungskosten über insgesamt 3 Jahre abzusetzen. Es gilt aber: Steuervorteil oder Förderprogramm von KfW oder BAFA. Beides zusammen geht nicht.

Welche Art der Förderung oder steuerlichen Abschreibung für Sie am günstigsten ist, sollten Sie mit einem Experten, z. B. Ihrer Energieberaterin, Ihrem Finanzamt oder Ihrem Steuerberater besprechen. Auf jeden Fall brauchen Sie eine Bescheinigung des ausführenden Handwerksbetriebs über die erbrachte Leistung. BEG-Zuschüsse oder Kredite müssen vor Beauftragung der Maßnahmen beantragt werden.

Einige Bundesländer und Kommunen bieten darüber hinaus Zuschussprogramme und/oder zinsgünstige Kredite für die Modernisierung an, z. B.:

- Dorfentwicklungsprogramme der Bundesländer
- Programme zur Stadtentwicklung
- Kommunale Zuschüsse für den Einsatz nachwachsender Rohstoffe zum Bauen und Dämmen
- Zusätzliche Förderprogramme der Bundesländer zur Bau- und Sanierungsförderung
- Steuerliche Abschreibung für Denkmalgebäude (AfA)
- In Ausnahmefällen: Zuschüsse der oberen Denkmalschutzbehörde für besonders kostenintensive Maßnahmen
- Zinsfreie Darlehen

!

Achtung! Die Förderprogramme im BEG werden kontinuierlich an aktuelle Situationen angepasst. Bei Beratungsstellen zur Bau- und Sanierungsförderung, z. B. Verbraucherzentralen und Energieberater, können Sie sich dazu informieren.

Für Kredite mit Tilgungszuschüssen:
www.kfw.de/beg

Für Zuschüsse zu Einzelmaßnahmen:
www.bafa.de/beg

Fördermittelseite der Verbraucherzentrale NRW:
www.verbraucherzentrale.nrw, Suchwort „Förderprogramme“, runterscrollen bis „Zuschüsse fürs Eigenheim“

Der Bau eines „KfW 40“-Hauses ist laut Studien **maximal 7,5 % teurer** als ein „KfW 55“-Haus. Im Minimum kann der Bau sogar ohne Mehrkosten realisiert werden.

Tipp

Vor einer geplanten Bau- oder Sanierungsmaßnahme sollten Sie sich mit ihrem Planungs- und Energieberatungsbüro oder der jeweiligen Kommune beraten, welche Fördermöglichkeiten für die Maßnahmen zutreffen. Sie sollten auch vorher klären, welche Förderungen kumulierbar sind, d.h. ob verschiedene Förderungen gleichzeitig in Anspruch genommen werden dürfen.

2.7 Ökobilanzanalysen

Die Ökobilanz ist, bezogen auf den Bausektor, eine systematische Analyse und Bewertung der Umweltwirkungen von Baumaterialien, Bauteilen und ganzen Gebäuden über den gesamten Lebenszyklus, also von der Rohstoffförderung über die Produktion bis einschließlich der Entsorgung („von der Wiege bis zur Bahre", engl. „cradle-to-grave"). Es gilt dafür die DIN EN ISO 14040/14044, die auch als Lebenszyklusanalyse (englisch: Life Cycle Assessment bzw. Analysis, abgekürzt LCA) bezeichnet wird.

Die Ergebnisse von Ökobilanzen sind allgemeingültig und werden zur Prozessoptimierung für eine nachhaltige Produktion genutzt. Im Fall des klimafreundlichen und nachhaltigen Bauens dienen sie als Entscheidungsgrundlage für die Konstruktions- und Materialwahl am Bau. Konkret wird in der Regel im Bauwesen ein komplettes Gebäude über den Zeitraum von 50 Jahren betrachtet (allgemeiner Lebenszyklus) und ggf. einem Variantenvergleich verschiedener Bauarten unterworfen.

Es sind sowohl alle Stoffströme, die mit dem Gebäude verbunden sind, als auch alle relevanten potenziellen Schadwirkungen auf Boden, Luft und Wasser zu berücksichtigen. Das betrifft den Rohstoffeinsatz sowie Emissionen aus Ver- und Entsorgungsprozessen, aus der Energieerzeugung, aus allen Transporten und anderen Prozessen. Allerdings können Daten bezüglich der Errichtung von Gebäuden (einschließlich Transporte) und der Nutzung nur erhoben werden, wenn die Gebäudeplanung mit den geplanten Baumaterialien und der Standort feststehen.

Bewertungssysteme der Ökobilanz

In Deutschland allgemein üblich und auf dem Stand der Technik ist das Bewertungssystem Nachhaltiges Bauen (BNB) des Bundesministeriums für Wohnen, Stadtentwicklung und Bauwesen (BMWSB), vorrangig für nachhaltige Büro- und Verwaltungsgebäude. Parallel dazu gibt es das Bewertungssystem nach DGNB, der Deutschen Gesellschaft für Nachhaltiges Bauen – DGNB e.V., vorrangig für private Bauten.

!

Wichtig! Die Ökobilanz für Einfamilienhäuser ist aufwendig. Andererseits werden nur noch Neubauten der Effizienzhaus-Stufe 40 mit Nachhaltigkeitsklasse (EH40 NH) von der KfW gefördert. Das heißt: ein Qualitätssiegel Nachhaltiges Gebäude (QNG) ist erforderlich, das von zugelassenen Zertifizierungsstellen vergeben wird. Die Nachhaltigkeitszertifizierung (QNG) eines Neubaus EH40 NH wird von der KfW zu jeweils aktuellen Prozentsätzen gefördert.

Zusätzlich gibt es weitere registrierte Bewertungssysteme zu den Ökobilanzen nach BNB und DGNB und akkreditierte Zertifizierungsstellen, z. B. das „Qualitätssiegel Nachhaltiges Gebäude (QNG)": **www.nachhaltigesbauen.de/austausch/beg/siegelvarianten-bewertungssysteme**.

Hintergrund: ÖKOBAUDAT

Im Bauwesen sind als Grundlage für die Ökobilanz die klimaschädigenden Emittierungsdaten sehr vieler Baustoffe auf der Plattform ÖKOBAUDAT des BMWSB zusammengestellt. Mit dieser kostenfreien und öffentlichen Online-Datenbank können die umwelt- und klimarelevanten Schadstoffeinträge für einzelne Baustoffe und komplette Gebäude berechnet werden.

Die ÖKOBAUDAT unterscheidet nach DIN 15978 bzw. DIN 15804 die Phasen: **Herstellung** (einschließlich Rohstoffbereitstellung), **Errichtung**, **Nutzung**, **Entsorgung** (z. B. Gewinne bei der thermischen Entsorgung) sowie **Gutschriften und Lasten** bei der Verwertung des Produkts nach Lebensende. **www.oekobaudat.de**

Wichtige Indikatoren für Umweltwirkungen oder auch Ressourceninanspruchnahmen sind:

- **Treibhauspotenzial = Global Warming Potential (GWP)** = Beitrag eines Stoffes zur Erwärmung bodennaher Luftschichten
- **Ozonschichtabbaupotenzial** = Beitrag eines Stoffes zum Abbau der stratosphärischen Ozonschicht, dies führt zur Störung der Photosynthese oder zu Hautkrebs beim Menschen
- **Ozonbildungspotenzial** = Beitrag eines Stoffes zur Bildung bodennahen Ozons als schädliches Spurengas, das zu Vegetations- und Materialschäden führt; in hohen Konzentrationen wirkt Ozon humantoxisch
- **Versauerungspotenzial** = Beitrag eines Stoffes zur Erhöhung des Säuregehalts in Niederschlägen mit der Folge von Nährstoffauswaschungen und Waldsterben
- **Eutrophierungspotenzial** = Beitrag eines Stoffes zur überhöhten Düngung von Böden und Gewässern bzw. unkontrollierte Düngung
- **Primärenergie** nicht erneuerbar, **Primärenergie** erneuerbar

Für wen ist eine Ökobilanz wichtig?

Die Erarbeitung einer Ökobilanz ist aufwendig und muss mit entsprechender Fachkunde erfolgen. **Die Berechnung einer Ökobilanz sollte die Aufgabe speziell ausgebildeter Planerinnen und/oder Energieberater sein.** Ihnen obliegen auch die Bewertung und der Vergleich der vielfältigen ermittelten Daten für alle Materialien, der Stoffströme und der Gesamtheit des Gebäudes. Bisher wird auch nur im Einzelfall eine Kreislauffähigkeit von Baustoffen berücksichtigt (z. B. Lehm, Strohballen, bestimmte Dämmstoffe, Massivholzbauteile, Ständer und Stützen). Grundsätzlich geht man aktuell noch von einer thermischen Ent-

Beispiel 1

Die folgende Grafik verdeutlicht das **Treibhauspotenzial als kg CO_2-Äquivalent** bei der Herstellung und abschließenden Verwertung verschiedener **Platten-Dämmstoffe**. Die Bezugsgröße ist 1 m³. Ein negatives Treibhauspotenzial entsteht, wenn während der Wachstumszeit des Holzes mehr CO_2 gebunden wird, als durch die Holzernte, Transporte und Dämmstoffherstellung (Konfektionierung zum Dämmstoff) wieder emittiert wurde. Die Treibhauspotenziale beim Einbau vor Ort und die der Transporte zur Baustelle bzw. zur Verwertung sind individuell und werden daher in die Bewertung nicht mit aufgenommen.

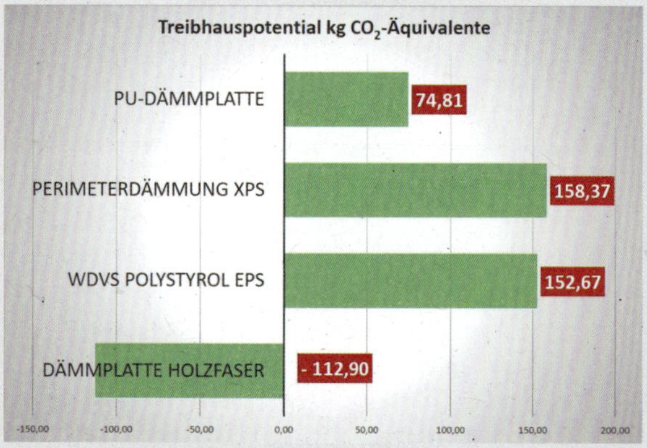

Abb. 5: Treibhauspotenzial ausgewählter Plattendämmstoffe

Verglichen werden hier:

- Holzfaserdämmstoff (Platte), hergestellt im Trockenverfahren: GUTEX Holzfaserplattenwerk H. Henselmann GmbH + Co KG
- WDVS mit EPS (Polystyrol-Hartschaum, grobporig) geklebt und gedübelt: Durchschnitt Deutschland, Fachverband WDVS
- XPS-Dämmstoff mit halogenfreien Treibmitteln (Polystyrol Hartschaum, feinporig, feuchteunempfindlich): Fachvereinigung Polystyrol-Extruderschaumstoff
- PU-Dämmstoffe: Durchschnitt EU. PU-Dämmstoffe umfassen sowohl PUR- (Polyurethan-Hartschaum) als auch PIR- (Polyisocyanat-Hartschaum) Produkte.

sorgung nach Rückbau aus, sofern das Material dafür geeignet ist.

Die Ökobaudat wird kontinuierlich aktualisiert und erweitert. Nicht in jedem Fall sind für die Materialien alle Daten verfügbar, obwohl für Ökobilanzen die Daten der Herstellung, der Entsorgung sowie die Gutschriften und Lasten bei der Verwertung des Produkts nach Lebensende enthalten sein müssen. Auch die Maßeinheiten sind an die Handelsform des Produkts gebunden und müssen für Vergleiche ggf. umgerechnet werden.

Für Bundesbauten ist die Ökobilanz verpflichtend, aber nicht immer wird die Einhaltung dieser Vorgabe auch durchgesetzt. Das Verständnis der Notwendigkeit von Ökobilanzen zugunsten des nachhaltigen Bauens hat allerdings stark zugenommen. Viele Ämter und Bauträger lassen daher eine Ökobilanz, besonders als Variantenvergleich, durchführen, bevor eine Bauentscheidung getroffen wird.

Wenn Sie die Treibhausgasgrafiken bezüglich der Dämmstoffe näher betrachten, so wird offensichtlich, wie wichtig es ist, sich mit den Treibhausgasemissionen zu befassen, wenn die gesteckten Klimaziele erreicht werden sollen.

Beispiel 2

Diese Grafik zeigt **Treibhauspotenziale in kg CO_2-Äquivalenten** bei der Herstellung und Verwertung verschiedener **Einblas- bzw. Matten-Dämmstoffe**. Die Bezugsgröße ist 1 m³. Ein negatives Treibhauspotenzial entsteht, wenn während der Wachstumszeit des Holzes mehr CO_2 gebunden wurde, als durch die Holzernte, Transporte und Dämmstoffherstellung (Konfektionierung zum Dämmstoff) wieder emittiert wird. Die Treibhauspotenziale beim Einbau vor Ort und die Transporte zur Baustelle bzw. zur Verwertung wurden nicht in die Bewertung aufgenommen.

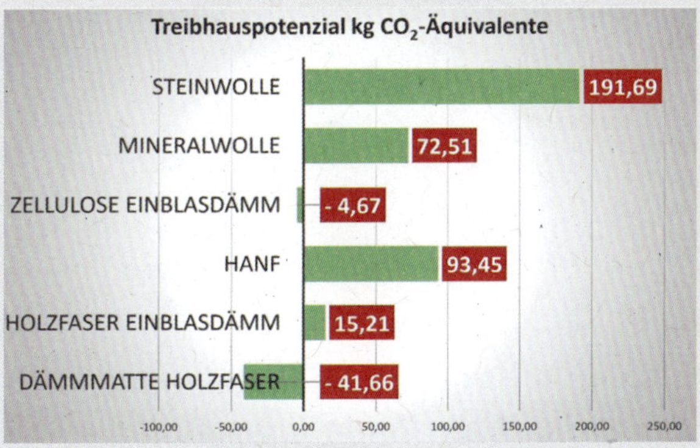

Abb. 6: Treibhauspotenzial ausgewählter Dämmstoffmatten und Einblasdämmstoffe

Es lohnt sich, bei der Dämmstoffauswahl die eigene Entscheidung genau auf den Dämmzweck und die erwünschten Eigenschaften abzustimmen. Plattendämmstoffe sind für unebene Wandoberflächen schlechter geeignet als Mattendämmstoffe. Es gibt auch andere Kriterien: Hanf wächst z. B. jährlich nach, speichert damit jährlich größere Mengen CO_2 und hat mit der natürlichen Resistenz gegen tierischen Befall besondere Eigenschaften. Die Hanfverarbeitung zum Dämmstoff benötigt aber relativ viel Energie und Wasser.

Verglichen werden hier:

- Holzfaserdämmstoff Trockenverfahren (flexible Matten): Thünen-Institut für Holzforschung, Durchschnitt Deutschland
- Holzfaser-Einblasdämmung STEICOzell: STEICO SE
- Hanfvlies: thinkstep AG, Durchschnitt Deutschland
- Zellulosefaser Einblas-Dämmstoff: thinkstep AG, Durchschnitt Deutschland
- Mineralwolle = Gemisch aus Glaswolle und Steinwolle (Fassaden-Dämmung): thinkstep AG, Durchschnitt Deutschland (ohne Anteil Gutschriften und Lasten bei der Verwertung des Produkts nach Lebensende)
- Steinwolle-Dämmstoff im hohen Rohdichtebereich: Deutsche Rockwool Mineralwoll GmbH & Co. OHG

Wie ist das Treibhauspotenzial der genannten Bau- und Dämmstoffe einzustufen?

In Deutschland werden aktuell 11,17 Tonnen CO_2-Äquivalente pro Kopf und Jahr verbraucht (Stand 2021), weltweit sind es im Durchschnitt 4,7 Tonnen CO_2-Äquivalente pro Kopf und Jahr (Stand 2020, Quelle: https://de.statista.com/).

Es ist unbedingt erforderlich, diesen Verbrauch zu senken, in allen Sektoren des täglichen Lebens. In der Diskussion ist die Senkung auf 1–2 Tonnen CO_2-Äquivalente pro Kopf und Jahr, um die Ziele zu erreichen.

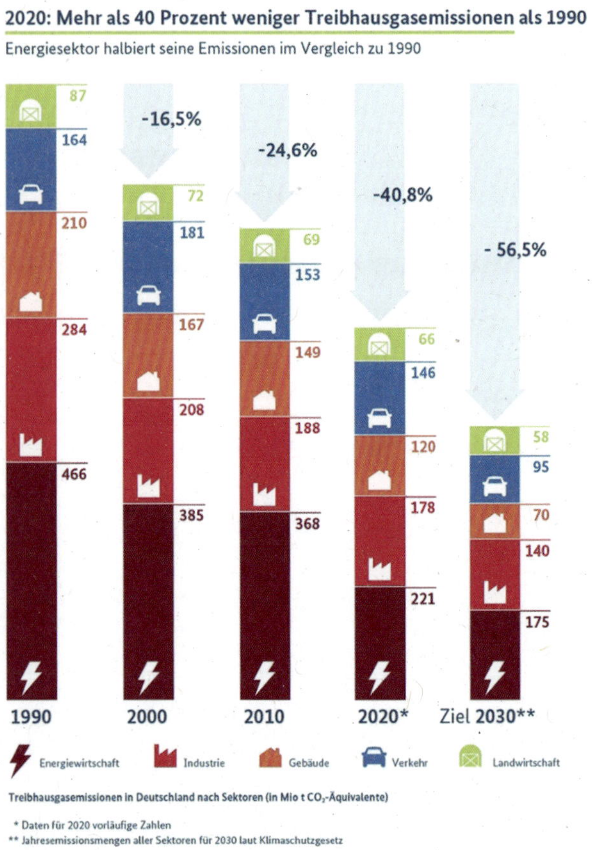

Abb. 7: Einsparziele zu den Treibhausgasemissionen in Deutschland

Die Ziele für Deutschland sind ambitioniert, aber dringend erforderlich, um das weltweite Klima nicht noch mehr anzuheizen. Sie betreffen alle Sektoren der Wirtschaft, wie die Grafik verdeutlicht.

Beispiel

Wie viel Treibhauspotenzial steckt im Neubau bzw. in der Sanierung eines Einfamilienhauses?

Betrachtet wird ein Neubau eines EFH in Quaderform, mit 8 x 10 m Grundfläche, 2 Geschosse mit insgesamt 6 m Höhe, Flachdach, abzüglich 30 % Fenster- und Türfläche:

Neubau: Für ein solch einfaches Gebäude werden allein für den Rohbau (Wände aus Porenbeton, Betonbodenplatte bewehrt, Fertigteildecken bewehrt, EPS-Dämmstoff geklebt und gedübelt – 24 cm, XPS-Dämmstoff) etwa 46 Tonnen CO_2-Äquivalente emittiert.

Ein Rohbau gleicher Kubatur aus Massivholz (gedübelt) einschließlich Holzdecken und mit Holzfaserdämmung der Außenwände (24 cm) sowie bewehrter Betonbodenplatte mit XPS-Dämmung hätte dagegen eine negative Bilanz von etwa -20 Tonnen CO_2-Äquivalenten aufgrund des im Holz gespeicherten CO_2 aus der Wachstumsphase.

In beiden Varianten sind der Ausbau, die Transport- und Errichtungsenergie sowie die Nutzungsenergie noch nicht berücksichtigt.

Sanierung: Würde die gleiche Gebäudegröße nur gedämmt, so ergibt sich mit einem WDVS-System aus EPS (24 cm) einschließlich Kunstharzputz (3 mm) und einer Holzfaserdämmung von 16 cm auf der obersten Geschossdecke eine Bilanz von etwa 6 Tonnen CO_2-Äquivalenten.

Wird die Fassade ebenfalls mit Holzfaserdämmstoff einschließlich Kalkputz (3 cm) gedämmt, werden nahezu Null CO_2-Äquivalente emittiert.

Dieses Beispiel zeigt, dass nur durch den Austausch von künstlichen hin zu natürlichen Baumaterialien eine große Einsparung an Treibhausgasen erzielt werden kann. Bei einem Verbrauchsziel von 1–2 Tonnen CO_2-Äquivalenten Treibhausgas pro Person und Jahr sind 46 Tonnen CO_2-Äquivalente für einen Neubau eine lebenslange Last.

2.8 Mythen beim Bauen und Sanieren

Im Zusammenhang mit Bau- und Sanierungsmaßnahmen halten sich einige Mythen hartnäckig. Dabei sind fast alle Ursachen für Schäden in nicht fachgerechter Ausführung zu suchen.

Mythos 1: Wände mit Wärmedämmverbundsystem können nicht atmen

Dazu grundsätzlich: Eine Wand oder auch Fußböden und Decken „atmen" nicht. Gemeint ist die Feuchtepufferung der raumumschließenden Flächen, also die Aufnahme und Ableitung bzw. Abgabe von Luftfeuchte. Auf die Diffusionsfähigkeit wurde bereits im Absatz „Raumklima" (⟶ Seite 20) eingegangen und es ist unbestritten, dass die raumumschließenden Flächen die Raumluftfeuchte puffern sollten. Dafür bedarf es diffusionsoffener Materialien, am besten aus natürlichen Baustoffen an Wänden, Decken und Fußböden. Insgesamt findet die Diffusion von Raumluftfeuchte durch Wände allerdings nur in kleinem Maße statt (3–5 %), ein „Zuviel" an Luftfeuchte muss durch Fenster oder Lüftungssysteme abgelüftet werden. Wärmedämmverbundsysteme, ob aus Kunststoff oder Naturfaserplatten, spielen daher keine Rolle für einen Feuchteaustausch durch die Wand.

Mythos 2: Wenn man dämmt, entsteht Schimmel an den Wänden

In diesem Fall ist es eher umgekehrt. Da bei einer energetischen Sanierung viel Wert auf Zugluftfreiheit (Dichtigkeit des Gebäudes) gelegt wird, muss auf eine umfassend wärmegeschützte Hülle und ausreichende Lüftung geachtet werden. Im Altbau war es normal, dass die Fenster und Türen der „Schwachpunkt" der Gebäudedichtigkeit waren. Werden im ungedämmten Haus neue Fenster mit einer hohen Dichtigkeit und Energieeffizienz eingebaut, so „wandert" der wärmetechnische Schwachpunkt an die jetzt kälteren Außenwände, insbesondere die Eckpunkte. Hintergrund ist, dass warme Luft viel mehr Raumluftfeuchte speichern kann als kalte Luft. Trifft die warme Luft auf kalte Flächen oder Punkte, wird sie schlagartig abgekühlt und muss gespeicherte Feuchtigkeit abgeben (Kondensation). Man nennt diesen Effekt „Tauwasserausfall".

Zu den „kalten" Flächen oder Punkten zählen Wandflächen, insbesondere Ecken, aber auch Fensterlaibungen sowie Decken, Fußböden oder Kellerdecken mit einem niedrigen Dämmwert. Ein Fensteraustausch sollte also möglichst gleichzeitig mit der Dämmung von Außenwandflächen, Fensterlaibungen sowie Wänden, Decken und Fußböden zu unbeheizten Räumen erfolgen. Um erhöhter Luftfeuchtigkeit und Schadstoffanreicherungen in der Wohnung zu begegnen, sollte häufiger über die Fenster gelüftet bzw. eine Lüftungsanlage eingebaut werden.

Was oft nicht berücksichtigt wird: Klappen und Türen zum unbeheizten Dach oder zu unbeheizten Räumen müssen sehr gut abgedichtet und gedämmt sein, denn Luftströme aus der warmen Raumluft führen in kürzester Zeit durch Kondenswasser zu erheblicher Schimmelbildung in den kalten Räumen, auch wenn diese vielleicht sogar eine Wärmedämmung aufweisen. Das früher übliche Erwärmen des kalten Schlafzimmers durch Öffnen der Tür zum warmen Nebenraum hat den gleichen negativen Effekt.

Ein problematisches Thema ist die Absenkung der Raumtemperatur aus Gründen der Energieersparnis in wärmetechnisch unsanierten Gebäuden. Wer also die Raumtemperatur in ungedämmten Räumen zu weit reduziert, riskiert insbesondere an kühlen Wänden, Ecken, Decken und Fußböden Schimmelbildung. Wichtig ist das Zusammenspiel von Raumtemperatur, Wandoberflächentemperatur und Raumluftfeuchte.

Schlafzimmer und Bäder sind sensible Räume bezüglich Feuchtigkeit, denn im Schlaf gibt jeder Mensch 1 bis 2 Liter Wasserdampf ab und im Bad entstehen mit jedem Duschvorgang mindestens 0,5 Liter Wasserdampf.

Tipp

Im Bad kann man die bei einem Duschvorgang entstehende Wassermenge erheblich durch das Abziehen der Duschwände mit einem Fensterwischer und/oder einen Lehmputz an den fliesenfreien Wänden reduzieren. Selbstverständlich sollte zusätzlich nach dem Duschen oder Baden eine Stoßlüftung erfolgen.

Kalkanstriche sind deutlich schimmelresistenter als Tapeten mit einem Dispersionsanstrich.

Schadensfälle bei gedämmten Gebäuden treten oft durch unsachgemäßes Anbringen von Dämmstoffen (z. B. Punktklebung, Fehlstellen, Durchdringungen, ungenügender Spritzwasserbereich) auf. Ebenso haben Durchdringungen von innen (Kabel, Rohre) durch die Dämmung oder undichte Innenverkleidungen den Effekt, dass warme Raumluft in die Dämmung eindringen und diese durchfeuchten kann. Bei einer feuchten (konventionellen) Wärmedämmung sinkt der Dämmeffekt rapide, da Wassertröpfchen am Material die Wärme ableiten. Naturfaserdämmungen transportieren Feuchtigkeit in ihren Zellzwischenräumen relativ schnell ab, daher bleibt dort die Wärmedämmung erhalten, denn das ist ein anderer bauphysikalischer Prozess.

Die folgenden Abbildungen zeigen einen typischen Baufehler mit Folgeschäden im Bad eines Einfamilienhauses: Die Innenverkleidung ist nicht luftdicht (Abb. 8, rechte Kante), die Dämmung (Mineralwolle) ist feucht und lässt die verwendeten Nägel rosten (Abb. 8, links unten). Im Bereich der seitlichen Fensterlaibung zeigt sich an der Verkleidung Schimmel in allen Fugen (Abb. 9).

Abb. 8: Typische Baufehler mit Folgeschäden, hier: Nicht luftdichte Innenverkleidung

Abb. 9: Typische Baufehler mit Folgeschäden, hier: Schimmel an der Verkleidung

Mythos 3: Lüftungsanlagen sind unnütz, laut und unhygienisch

Lüftungsanlagen haben viele Vorteile (→ „Raumklima“, Seite 20), sie sind also keineswegs unnütz. Werden Lüftungsanlagen fachgerecht geplant und eingebaut, regelmäßig gereinigt und gewartet (Filter können auch selbst gewechselt werden), sind die Anlagen weder laut noch unhygienisch. Sie sparen durch Wärmetauscher sogar Energie und schaffen ein angenehmes und schadstoffarmes Raumklima. Außerdem gibt es dezentrale Anlagen ohne lange Lüftungskanäle (mehr über Lüftungsanlagen → Seite 161).

Mythos 4: Holz brennt wie Zunder

Holz und Naturfaserdämmstoffe sind wesentlich feuerresistenter als angenommen, denn die Oberflächenverkohlung behindert eine Brandausbreitung. Holz brennt langsam, berechenbar und ohne zusätzliche Gase hochgiftiger chemischer Produkte, was die Rettung von Leben und Sachwerten erheblich erleichtert. **Nachweislich werden die meisten Brände durch Defekte an technischen Geräten und Anlagen oder durch menschliches Fehlverhalten ausgelöst.** Die Wohnungseinrichtung kann aufgrund des hohen Kunststoffgehalts erheblich zur Brandausbreitung beitragen. Rauchmelder in allen Wohn- und Schlafräumen sowie auf Rettungswegen sind daher sehr wichtig.

Hintergrund

Die Erkenntnis, dass Holz brandstabiler ist als Stahl, hat bereits in einigen Projekten zum Holzeinsatz geführt, wo es niemand vermutet: Stahlträger wurden in Holz eingehüllt, um sie vor Brandhitze zu schützen.

Unverkleidete Holzskelette bzw. Massivholzwände werden in Holzgebäuden (insbesondere in Mehrfamilien- und Hochhäusern) auf Abbrand berechnet, d. h. die Pfeiler, Träger, Decken und Wände werden dicker dimensioniert. Der Abbrand von Holz beträgt 0,7 mm pro Minute. Bei einem geforderten Feuerwiderstand von 90 Minuten muss ein Holzbauteil also allseitig ca. 6 cm dicker dimensioniert werden, als statisch im Normalfall erforderlich. Die Feuerwehr sollte in Anfahrtszeiten von ca. 10 bis 15 Minuten da sein. Ein weiterer Vorteil ist die Löschbarkeit mit Wasser. Allerdings sollte jeder noch so kleine Brand konsequent gelöscht werden, denn Holz- und Naturfasermaterialien neigen zum Glimmen.

Auch Kunststoffdämmungen enthalten grundsätzlich Entzündungshemmer, allerdings führt das Schmelzen und Abtropfen bei Polystyrol zu einer schnellen Brandausbreitung. Polyurethandämmungen halten Bränden unter Verformung stand. Zu beachten ist aber, dass bei Kunststoffbränden (auch bei „PU-Montageschaum“) sehr giftige Gase entstehen.

Abb. 10: Brandversuch an Dämmstoffproben

In einem einfachen Versuch werden verschiedene Dämmstoffproben mit einem Unkrautbrenner jeweils 1 Minute beflammt (Abb. 10). Während die natürlichen Dämmstoffe (hier Holzfaserdämmplatte, Zellulosefaser- und Hanf-Dämmmatte) nur schwarz werden und leicht glimmen, ohne zu brennen, schmelzen die künstlichen Dämmstoffe aus Glasfaser und Polystyrol. Steinwolle verglast an der Oberfläche leicht, zeigt aber sonst keine Reaktion.

Tipp

Fassadenbrände durch fahrlässiges oder absichtliches Entzünden von Mülltonnen in Hauswandnähe sind außerordentlich gefährlich. Eigentümer sollten darauf achten, dass Mülltonnen mindestens drei Meter Abstand von der Fassade haben und idealerweise eingehaust sind.

Mythos 5: Algen, Spechte, Nager und Insekten lieben Dämmstoffe

Der mikrobiologische Befall von Fassaden mit Algen und Schimmelpilzen ist an Feuchte gebunden, die sich durch Kondensation auf der Wandoberfläche absetzt. Die Kondenswasserfeuchte fördert den mikrobiologischen Ansatz, abhängig von der Häufigkeit der Taupunktunterschreitungen. Das heißt, je nach

Himmelsrichtung kühlt die Wand stärker aus als ihre Umgebung, wobei sich Wassertröpfchen aus der Luftfeuchte absetzen. Nachweislich sind Dämmstoffe mit niedrigerer Wärmeleitfähigkeit anfälliger für mikrobiologischen Befall und bestimmte Kunststoffanteile im Putz können diesen fördern. Hilfreich sind dickere mineralische Putze mit hoher Feuchtepufferung. In der Regel werden aber wiederholt biozidhaltige Anstriche aufgebracht, die sich nach und nach auswaschen und die Umwelt schädigen.

Abb. 11: Etwa 15 Jahre nach der Dämmung dieses elfgeschossigen Gebäudes mit Polystyrol zeigt sich immer deutlicher der zunehmende mikrobiologische Befall, obwohl diese Gebäudeseite nicht verschattet ist.

Ein anderes Phänomen ist nur bei Kunststoffdämmungen anzutreffen: Spechte, die naturgemäß an hohl klingenden Flächen (z. B. abgestorbenen Bäumen) Löcher hämmern, um an Insekten oder Würmer zu gelangen, versuchen dies auch an den besonders hohl klingenden Kunststoff-Wärmedämmungen. Die Schäden können fatal sein, denn neben der Ästhetik und dem Klopflärm der Spechte erhält die Wärmedämmung punktuelle Wärmebrücken, die zu Schimmel im Raum führen können.

Abb. 12/13: An einer Hotelanlage in Wald- und Seenähe haben Spechte eine Vielzahl von Löchern durch die Polystyroldämmung bis auf den Betonuntergrund gehackt. Diese Löcher werden häufig von anderen Vogelarten oder Insekten bewohnt.

Nager und Insekten nutzen vor allem flexible Dämmmatten zum Nestbau. Dabei gehört Glas- und Mineralwolle zu den bevorzugten Materialien. Naturfaserdämmstoffe enthalten Salze als Entzündungshemmer, die gleichzeitig vergällend gegen Nager und Insekten wirken (bitterer Geschmack). Trotzdem kann es in Ausnahmefällen zu einem Befall kommen, daher sollten Dämmstoffe durch Gitter gut gegen Nager und Insekten gesichert sein. Schafwolle muss zwingend mit Mottenschutzmitteln behandelt werden, daher sollten Menschen mit Allergien nachfragen.

Mythos 6: Energetische Sanierung lohnt sich nicht

Ob sich eine energetische Sanierung „rechnet", muss für jeden Fall individuell entschieden werden. Die energetische Sanierung ist aber eine erhebliche Wohnwertverbesserung und Gebäudeaufwertung. Lassen Sie sich fachkundig beraten, welche Maßnahmen sinnvoll sind. In gemeinsamer Einschätzung mit einem Planer und/oder einem Energieeffizienzexperten können Sie genau abwägen, ob die Energieeinsparung bei den aktuellen Preissteigerungen und die zukünftige hohe Behaglichkeit den Aufwand und die Kosten rechtfertigen, auch wenn die Amortisierung gegebenenfalls viele Jahre dauert.

Tipp

Energetische Sanierung: Es gibt in den meisten Fällen Fördermöglichkeiten für die energetische Sanierung, die übrigens auch für Mieter und Pächter (bei Zustimmung des Eigentümers) gilt.

Der Aufwand hängt von der Gebäudetypologie ab. Es ist keineswegs so, dass immer alles gedämmt werden muss. Einzelmaßnahmen sind ausdrücklich möglich, denkbar ist auch eine Komplettsanierung in Einzelschritten (individueller Sanierungsfahrplan – iSFP). Auch Einzelmaßnahmen werden gefördert, bezuschusst oder sind steuerlich absetzbar. Bitte beachten Sie aber, dass bei der Umsetzung von Einzelmaßnahmen keine punktuellen energetischen Schwachstellen an der Gebäudehülle entstehen dürfen (vgl. Mythos 2 „Wenn man dämmt, schimmelt es", Seite 33).

2.9 Umweltzeichen, Gütezeichen, Labels

Zahlreiche Hersteller von Bau- und Dämmstoffen lassen ihre Produkte zertifizieren und mit Umweltzeichen, Gütesiegeln, Labels oder Umweltdeklarationen versehen. Diese sind eine Richtschnur für Verbraucher, im Fall von Umweltdeklarationen auch für Hersteller in der Lieferkette, Gewerbe und Handel.

Worauf muss ich achten?

Im Dschungel der vielen Prüfsiegel und Umweltzeichen bietet dieser Ratgeber Orientierung. Wir stellen Ihnen die wichtigsten vor und zeigen Ihnen, worauf Sie bei der Auswahl und beim Einkauf von Bau- und Dämmstoffen Wert legen sollten.

Die Zertifizierung beruht auf Freiwilligkeit. Die Offenlegung sämtlicher Inhaltsstoffe seitens des Herstellers sichert die Nachprüfbarkeit der Umwelt- und Klimaverträglichkeit sowie der Schadstoffbelastung.

Tipp

Bitte achten Sie bei Umweltzeichen, Gütesiegeln oder Labeln darauf, was genau zertifiziert wurde und wie die Produkte anzuwenden sind.

Bei Aussagen, die deutlich werbend oder vergleichend sind (z. B.: „umweltfreundlich", „grüner geht´s nicht", „emissionsfrei", „100 % umweltschonend") sollten Sie vorsichtig sein und dies genau hinterfragen.

Umweltaussagen sollten der DIN EN ISO 14020 entsprechen und überprüfbar sein. Die DIN EN ISO 14021 ergänzt die allgemein gehaltene Norm DIN EN ISO 14020 durch Verfahrensregeln und klare Anforderungen an häufig gebrauchte Begriffe.

Tipp

Umwelt-Label: Auf **https://label-online.de** werden verschiedenste Umwelt-Label vorgestellt und bewertet. Die entsprechenden Verbraucherkategorien und Bewertungen können gefiltert werden.

Empfohlen wird auch die Website: „Schadstoffarmes Bauen und Renovieren per Musterleistungsbeschreibung": **www.verbraucherzentrale.nrw**, Suchwort „schadstoffarm bauen"

Umweltzeichen für Verbraucher

Im Folgenden stellen wir Ihnen die wichtigsten Umweltsiegel vor. Darüber hinaus wird über die Pflicht zur Herkunftsnachverfolgung beim Handel mit Holz informiert.

Abb. 14: Blauer-Engel-Umweltzeichen

Der **Blaue Engel** ist seit über 40 Jahren das Umweltzeichen der Bundesregierung. Als weltweit erstes und Deutschlands bekannteste Umweltsiegel kennzeichnet er umweltfreundliche Produkte und Dienstleistungen und ist somit die Orientierung beim nachhaltigen Einkauf. Der Blaue Engel ist eine unparteiische und wirtschaftlich unabhängige, freiwillige Produktkennzeichnung. Dafür stehen das Bundesumweltministerium als Zeicheninhaber, das Umweltbundesamt für die wissenschaftliche Erarbeitung der Vergabekriterien, die „Jury Umweltzeichen" als Entscheidungsgremium, und die RAL gGmbH als unabhängige Zertifizierungsstelle.

Aktuell sind mehr als 20.000 Produkte und Dienstleistungen in etwa 100 Produktgruppen von über 1.600 Unternehmen mit dem Blauen Engel ausgezeichnet.

(Weitere Informationen unter: **www.blauer-engel.de**)

Abb. 15: EU Ecolabel

Das **EU Ecolabel** kennzeichnet Produkte und Dienstleistungen, die geringere Umweltauswirkungen haben als vergleichbare Produkte. Über 89.000 Produkte und Dienstleistungen tragen das EU-Umweltzeichen, das sogenannte EU Ecolabel. Das freiwillige Zeichen gilt in allen Mitgliedstaaten der Europäischen Union, aber auch in Norwegen, Liechtenstein und Island als anerkanntes Umweltzeichen. Zeicheninhaber des EU Ecolabels ist die Europäische Kommission.

(Weitere Informationen unter: **www.eu-ecolabel.de**)

Abb. 16: natureplus-Umweltzeichen

Der **natureplus e. V.** ist ein europäischer Verband, in Deutschland als gemeinnützig anerkannt. Er wurde 2001 mit dem Ziel der Förderung des nachhaltigen Bauens und Wohnens ins Leben gerufen. Seit 2002 wird sein gleichnamiges Umweltzeichen an Bauprodukte vergeben, die zu mindestens 85 % aus nachwachsenden, mineralischen und Recycling-Rohstoffen bestehen. Produkte, die in ihrer Hauptfunktion aus Petrochemie bestehen, sind ausgeschlossen. Die

Produkte müssen zudem Anforderungen an ihre Gebrauchstauglichkeit erfüllen.

Die Kriterien und Anforderungen für die Vergabe des natureplus-Umweltzeichens sind in über 100 Vergaberichtlinien niedergelegt, in Grundlagenrichtlinien für alle Produkte und produktspezifischen Vergaberichtlinien. Die Erfüllung der Kriterien muss durch unabhängige Gutachten und Laborberichte sowie bei Vor-Ort-Begehungen nachgewiesen werden. Das genossenschaftlich organisierte natureplus Institute überwacht laufend die Einhaltung der Richtlinien.

Mit dem Umweltzeichen müssen sehr umfassende Anforderungen erfüllt sein:

- Klimaverträgliche und energieeffiziente Herstellung durch Benchmarks auf die entsprechenden Ökobilanzen
- Umwelt- und Gesundheitsverträglichkeit der Produkte
- Nachhaltige Gewinnung der verwendeten Rohstoffe

(Weitere Informationen unter: **www.natureplus.org**)

Abb. 17: Holz-von-Hier-Umweltzeichen

Holz von Hier gGmbH ist eine gemeinnützige Initiative, die durch Information und alternative Handlungsangebote dazu beiträgt, dass bei Holzprodukten Biodiversität, Klima- und Ressourcenschutz sowie echt nachhaltiges Handeln in möglichst kurzen Stoffkreisläufen zunehmend umgesetzt werden.

Produkte, die mit einem Holz-von-Hier-Umweltzeichen gekennzeichnet sind, müssen folgende Kriterien erfüllen:

- Das Holz im Produkt hat überdurchschnittlich kurze Transportwege vom Wald über alle Verarbeitungsschritte der gesamten Stoffstromkette bis zum fertigen Produkt zurückgelegt. Es ist damit besonders klima- und umweltfreundlich. Dafür ist seit Herbst 2016 ein „Umweltfootprint“ mit den klassischen Umweltbilanzdaten erhältlich.
- Das gesamte Holz muss aus nachweislich nachhaltiger Forstwirtschaft und aus legalen Quellen stammen.
- Es darf kein Holz aus Urwäldern (borealen und tropischen Primärwäldern) verwendet werden – zum Schutz von Klima und Artenvielfalt. Ebenso darf kein Holz von international gefährdeten Baumarten (Rote Liste) zum Einsatz kommen – zum Schutz der Biodiversität.

Holz von Hier ist europaweit tätig.

(Weitere Informationen unter: **www.holz-von-hier.eu**)

Abb. 18: FSC-Siegel

Abb. 19: PEFC-Siegel

FSC (Forest Stewardship Council) ist das weltweit anerkannteste Logo zur Kennzeichnung einer sozial ökologisch nachhaltigen Waldwirtschaft. Bei der Entwicklung der Standards, die zur FSC-Zertifizierung von Wäldern führen, sind Umwelt- und Sozialorganisationen sowie indigene Gruppen jeweils gleichberechtigt mit Waldbesitzenden beteiligt. In FSC-zertifizierten Betrieben werden mindestens einmal im Jahr unabhängige Kontrollen durchgeführt.

PEFC (Programme for the Endorsement of Forest Certification) wurde gemeinsam von Waldbesitzern und Vertretern der Holzwirtschaft gegründet.

Mit den beiden Warenzeichen werden Holzprodukte aus nachhaltig bewirtschafteten Wäldern gekennzeichnet, z. B. Fenster, Türen, Möbel und Papier. Beide internationalen Organisationen sind regierungsunabhängig und haben zum Ziel, eine umweltgerechte, sozial verträgliche und wirtschaftlich tragfähige Waldbewirtschaftung zu gewährleisten. Unter anderem sind Kahlschläge oder Biozide nicht erlaubt. Außerdem muss Totholz im Wald liegen bleiben und das Holz muss schonend geschlagen werden. Regelmäßige und unabhängige Kontrollen garantieren dabei eine hohe Zuverlässigkeit und Glaubwürdigkeit.

Allerdings ist ein Hinterfragen der Holzherkunft durchaus berechtigt, denn der Holzeinschlag in Urwäldern, aber auch in bestimmten Gegenden Europas und Russlands können durchaus dem Klimaschutz widersprechen (daher besser das Umweltzeichen „Holz von Hier" beachten).

Die Anforderungen an FSC und PEFC in Deutschland unterscheiden sich wesentlich von den Anforderungen anderer holzexportierender Länder.

(Weitere Informationen unter:
www.umweltbundesamt.de)

Grundsätzlich gilt für den Holzmarkt die **Holzhandelsverordnung** oder **EUTR** (engl. *European Timber Regulation*). Diese Verordnung hat die Europäische Union am 20. Oktober 2010 beschlossen, um den Handel mit Holz und Holzerzeugnissen aus illegalem Einschlag in der EU zu unterbinden. Die Verordnung trat am 3. März 2013 in allen EU-Mitgliedstaaten in Kraft.

Entsprechend der EUTR ist es verboten, Holz und Holzerzeugnisse ohne Herkunftsnachweis auf dem EU-Binnenmarkt in Verkehr zu bringen, um den gesetzlosen Holzeinschlag weltweit zu bekämpfen. Alle, die Holz oder Holzerzeugnisse erstmals auf dem EU-Binnenmarkt in Verkehr bringen, haben Sorgfaltspflichten zur Herkunftsnachverfolgung. Händler müssen die Informationen über ihre Lieferanten und Kunden aufbewahren, damit die Rückverfolgbarkeit des Holzes gewährleistet ist.

Baubiologische Siegel und Labels

Es gibt in Deutschland verschiedene namhafte Institute, die sich auf die Schadstoffanalytik von Baustoffen und Innenräumen spezialisiert haben. Dazu gehören z. B. die Prüfung auf Emissionen gefährlicher chemischer Rückstände und Fasern, leicht flüchtiger organischer Substanzen (VOC) oder Schimmelsporen, die sich in geschlossenen Räumen oder in der Bausubstanz befinden und sich negativ auf die menschliche Gesundheit auswirken können.

Die Institute arbeiten ebenfalls mit Siegeln oder Labeln. Sie bilden auch zertifizierte Beratungskräfte für Baubiologie aus (z. B. IBN) und können Ihnen entsprechende baubiologische Gutachter bzw. Labore in Ihrer Region benennen.

Unter den Stichworten „Institute Baubiologie" oder „zertifizierte Baubiologen" finden Sie im Internet zahlreiche Hinweise auf Institute oder beratende Labore.

3 Baukonstruktion und Bauteile

Die Wahl der Konstruktionsweise und die Möglichkeiten der Gestaltung von einzelnen Bauteilen sind neben der Materialauswahl die großen Stellschrauben beim klimafreundlichen Bauen. Eine gute Planung nimmt hier entscheidenden Einfluss.

3.1 Der Einfluss der Baukonstruktion auf den Klimaschutz

Sind andere Faktoren wie die Standortwahl oder das Raumprogramm oftmals schon entschieden, so haben Sie bei der Entscheidung, **wie** gebaut werden soll, einen großen Handlungsspielraum. Die Konstruktionsweise eines Gebäudes und die Art der verwendeten Baustoffe spielen für den Ausstoß an Treibhausgasemissionen (engl.: Global Warming Potential = GWP) eine erhebliche Rolle.

Doch worin bestehen die Unterschiede zwischen einer konventionellen, mineralischen Bauweise und einer Bauweise auf der Basis von nachwachsenden Rohstoffen (Holz, Naturfaser)? Dies soll am Beispiel der Wohnungsbaustudie für Berlin von Eva-Maria Friedel und Elise Pischetsrieder, weberbrunner berlin GvA mbh, hier kurz erläutert werden. Die beiden Bauweisen wurden in der Studie vergleichend an einem typischen Gebäude parallel geplant und berechnet. Das jeweilige Effizienzhaus 40 hat sieben Wohnetagen und wurde unter Brandschutz- und Schallschutzanforderungen im mehrgeschossigen Wohnungsbau konzipiert. Im Ergebnis zeigte sich, dass allein der Austausch der konventionellen Materialien durch Holz und Naturfasermaterialien 43 % der Treibhausgasemissionen für die Errichtung eines Gebäudes einspart.

Verzichtet man bei der Variante mit nachwachsenden Rohstoffen zusätzlich auf das betonierte Untergeschoss bzw. den Keller, so erreicht man eine Reduktion der Treibhausgasemissionen von 53 % im Vergleich zur Ausgangsvariante mit mineralischen Rohstoffen und mit Untergeschoss. Zum Begriff Treibhausgasemissionen ⇢ Seite 13.

Die folgende Abbildung 1 verdeutlicht noch einmal, welche erhebliche Treibhausgasemissionseinsparung, vor allem durch den Holzbau an Außenwänden, Innenwänden und Decken, erreicht werden kann. Eine weitere entscheidende Einsparung kann durch den Verzicht auf einen Keller erzielt werden.

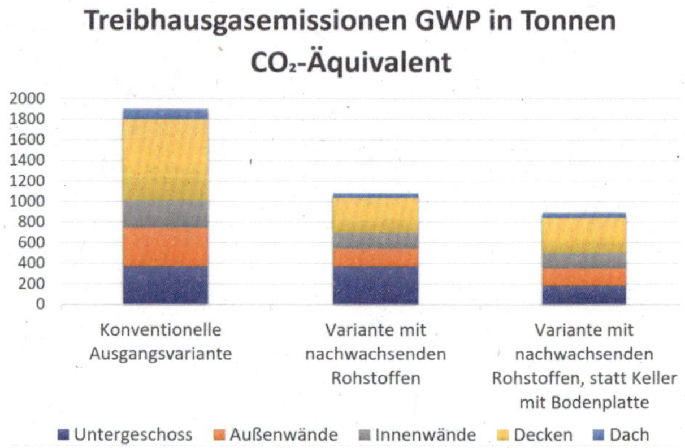

Abb. 1: Treibhausgasemissionen (GWP) in Tonnen CO_2-Äquivalente, bezogen auf die jeweiligen zusammengefassten Haupt-Bauteilgruppen

Die folgende Tabelle 1 beschreibt passend zur Abbildung 1 die verwendeten Baustoffe in den drei Konstruktionsarten Konventionelle Ausgangsvariante (1), Variante mit nachwachsenden Rohstoffen (2) und Variante mit nachwachsenden Rohstoffen ohne Keller mit Bodenplatte (3).

Die dazugehörigen Zahlen verdeutlichen den Ausstoß an Treibhausgasemissionen (in Tonnen CO_2-Äquivalente) bezogen auf die jeweilige Bauteilgruppe, also beispielsweise alle Außenwände oder alle Innenwände des Gebäudes. An diesen Zahlen wird sehr deutlich, dass die Varianten 2 und 3 bei den Außenwänden, den Innenwänden und Decken sowie im Dach annähernd die Hälfte an Treibhausgasemissionen verursachen im Vergleich zur konventionellen Bauweise.

Bauteil	Konventionelle Ausgangsvariante 1	Variante 2 mit nachwachsenden Rohstoffen	Variante 3 mit nachwachsenden Rohstoffen ohne Keller mit Bodenplatte
Außenwand Untergeschoss bzw. Keller	Stahlbeton + EPS-Dämmung	Stahlbeton + EPS-Dämmung	Stahlbetonplatte + EPS-Dämmung
Treibhausgasemissionen (GWP) in Tonnen CO_2-Äquivalente	375	375	183
Außenwand einschl. Fenster	Kalksandstein + WDVS = Wärmedämmverbundsystem (Mineralwolle)	Holzständerwand + WDVS (Mineralwolle)	Holzständerwand + WDVS (Mineralwolle)
Treibhausgasemissionen (GWP) in Tonnen CO_2-Äquivalente	371	172	172
Wohnungstrennwand	Kalksandstein	Holzständer mit Holzfaser + Schallschutztrennung + Gipsfaserplatten	Holzständer mit Holzfaser + Schallschutztrennung + Gipsfaserplatten
Tragende Innenwand	Kalksandstein	Holzständer mit Holzfaser + Gipsfaserplatten	Holzständer mit Holzfaser + Gipsfaserplatten
Nichttragende Innenwand	Metallständer (Mineralwolle) + Gipskartonplatten	Holzständer mit Holzfaser + Gipskartonplatten	Holzständer mit Holzfaser + Gipskartonplatten
Treibhausgasemissionen (GWP) in Tonnen CO_2-Äquivalente	266	153	153
Decke einschl. Balkone	Stahlbeton + Bodenaufbau mit PVC	Brettsperrholz + Bodenaufbau mit Linoleum	Brettsperrholz + Bodenaufbau mit Linoleum
Treibhausgasemissionen (GWP) in Tonnen CO_2-Äquivalente	790	338	338
Dach	Stahlbeton + EPS-Dämmung + Dachaufbau	Brettsperrholz + Steinwolle + Dachaufbau	Brettsperrholz + Steinwolle + Dachaufbau
Treibhausgasemissionen (GWP) in Tonnen CO_2-Äquivalente	94	42	42
Summe GWP in Tonnen CO_2-Äquivalent	**1896**	**1080**	**888**
Einsparung		**-43%**	**-53%**

Tabelle 1: Global-Warming-Potenziale im Vergleich: Konventionelle Gebäudekonstruktion mit Stahlbeton und Kalksandsteinmauerwerk sowie zwei Konstruktionen im Holzständerbau, Quelle: weberbrunner architekten zürich & berlin

Die folgende Abbildung 2 stellt zeichnerisch dar, wie die Außenwände in der konventionellen Ausgangsvariante (1) und der Variante mit nachwachsenden Rohstoffen (2), also in Holzständerbauweise, aufgebaut sind. Bei der dritten Variante wurde an der Außenseite der Fassade das Wärmedämmverbundsystem (WDVS) durch eine hinterlüftete Holzfassade aus Lärchenholz ersetzt. Beide Holzständerkonstruktionen sind mit Zellulosefasern, einem Naturfaserdämmstoff aus Altpapierfasern, ausgeblasen.

Diese Abbildung enthält zusätzlich noch Angaben zur Kreislauffähigkeit der verwendeten Materialien (C2C = Cradle to Cradle). Mit „Finish“ ist dabei die Außenseite der Fassade gemeint, in den Varianten 1 und 2 also der Putz. In der konventionellen Ausgangsvariante (1) ist das C2C-Symbol rot, denn keines der verwendeten Materialien ist im Fall eines Rückbaus direkt wiederverwendbar. Beim Holzständerbau (2) sind die Tragstruktur (Holz) und die Zellulosedämmung kreislauffähig, die geputzte Holzfaserdämmplatte aber nicht. Die Wiederverwendbarkeit der Baustoffe wird daher mit einem gelben C2C-Symbol gekennzeichnet. Bei der dritten Variante ohne Putz und mit Zelluloseeinblasdämmung sind praktisch alle verwendeten Baustoffe wiederverwendbar (grünes C2C-Symbol). Die Angaben zu den Treibhausgasemissionen beziehen sich auf die Rohstoffgewinnung, Produktion und Abfallbehandlung sowie auf die Gutschriften und Lasten der Treibhausgasemission bei der Verwertung des Produkts nach Lebensende, z. B. eine thermische oder andere Verwertung und/oder eine Wiederverwendung. Die Angaben beziehen sich auf 1 m² Wandfläche und einen Bilanzierungszeitraum von 50 Jahren.

Tipp

Treibhausgasemissionen einsparen: Bei kleineren Wohngebäuden, wie es etwa Ein- oder Zweifamilienhäuser sind, wären sogar größere Einsparungen an Treibhausgasemissionen möglich. Wegen der Brandschutzanforderungen im siebengeschossigen Beispiel-Wohngebäude wurden auch bei der Holzbauvariante zum Teil noch Mineralwolle- und Steinwolle als Dämmstoffe verwendet. Bei kleineren Gebäuden können in der Regel Naturfaserdämmstoffe an den Außenwänden, bei Trennwänden und im Dach zum Einsatz kommen, was die Treibhausgasemissionen weiter senkt (⇢ auch Abb. 2).

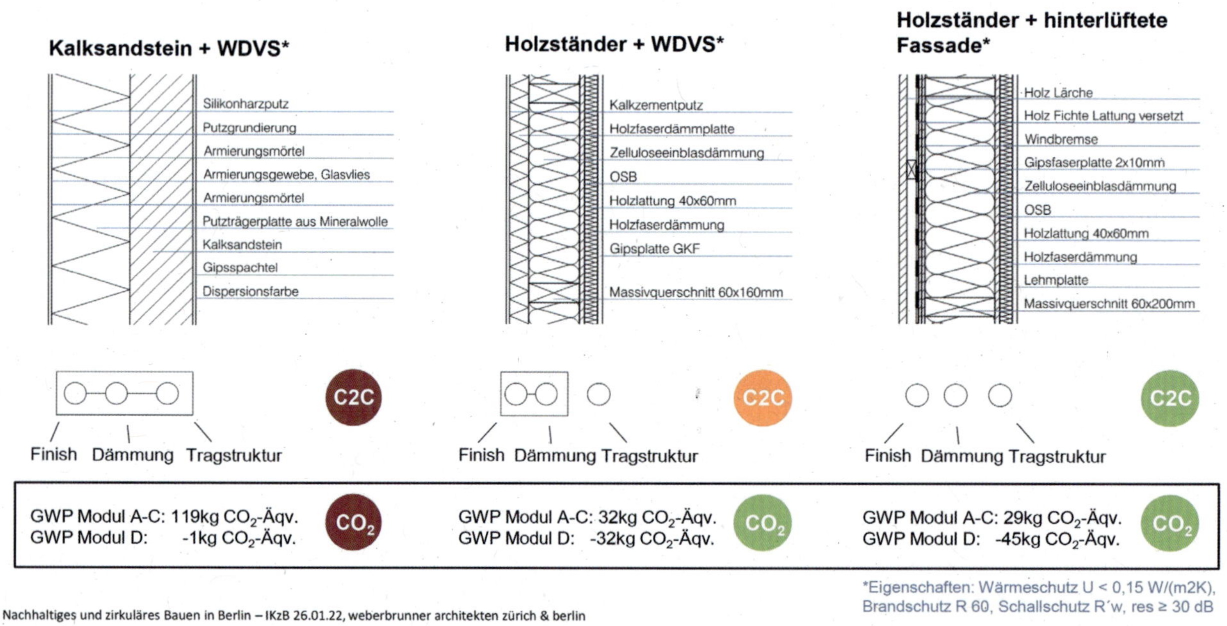

Abb. 2: Darstellung von Außenwandkonstruktionen mit Konstruktionsdetails und Angaben zum Rückbau im Kreislaufprinzip (C2C). Die Holzständerbauweise mit hinterlüfteter Fassade ist vollständig kreislauffähig. Quelle: weberbrunner architekten zürich & berlin

3.2 Übersicht über die gängigsten Bau- und Konstruktionsweisen

Im Ein- und Mehrfamilienhausbau ist der **Massivbau** in Deutschland die heute noch am häufigsten anzutreffende Bauweise. In diesem Fall erfüllen die Wände (Außen- und teilweise Innenwände) mit den Decken die tragende Funktion. Die Wände können aus klein- und mittelformatigen Steinen (Ziegeln, Lochziegeln, Kalksandsteinen, Porenbeton, Betonsteinen) gemauert sein, aber auch aus großflächigen Betonelementen bestehen. Nichttragende Innenwände werden meist als leichte Trockenbauwände errichtet. Eine Sonderform des Massivbaus ist der **Holzmassivbau**. Hier werden tragende Holzmassivbauteile aus Brettstapel- oder Brettsperrholzelementen für die Wände und Decken eingesetzt.

Abb. 3: Historisches Einfamilienhaus

Abb. 4: Betonplattenbau der 1970er-Jahre

Beim **Skelettbau** besteht das Tragwerk aus vertikalen Stützen, Unterzügen und Deckenplatten. Zur statischen Aussteifung dienen hierbei die Decken und einzelne vertikale Wände und Bauteile (z. B. das Treppenhaus). Die Skelettbauweise gibt es nicht nur in Stahlbeton- sondern auch in Stahl- oder Holzbauweise.

Vorteil: Da die Außen- und Innenwände keine statische Last abtragen müssen, bestehen geringere Anforderungen an diese Bauteile, auch hinsichtlich des Brandschutzes. Vor allem die Innenwände können flexibel eingesetzt werden, was bei Umnutzungen relativ einfache Grundrissänderungen der Nutzungsbereiche zulässt.

Abb. 5: Betonskelettbau, entkernt, aus den 1970er-Jahren, ab 2021 mit konventionellen Baustoffen saniert

Die **Schottenbauweise** ist mit einer Kombination aus Massivbau und Skelettbau vergleichbar. Die tragenden Wände werden hier in Querrichtung zur Fassade des Gebäudes angeordnet (Schotten). Es handelt sich dabei um ein Flächentragwerk, bei dem die Lasten der Geschossdecken und des Daches von den Schotten abgetragen werden und mit ihnen ein statisches Gerüst bilden. Diese Bauweise wird vor allem im Geschosswohnungsbau angewandt. Schottenbau gibt es in Stahlbeton- oder in Holzbauweise.

Vorteil: Der Raum zwischen den Schotten kann ebenso wie die Fassaden frei gestaltet werden.

Abb. 6: Schottenbau als Massivholzkonstruktion

Beim **Modulbau** (oder Systembau) wird ein Gebäude aus werkseitig vorgefertigten Raummodulen auf der Baustelle zusammengesetzt.

Vorteil: Witterungsunabhängige Vorfertigung und kurze Bauzeiten auf der Baustelle. Die Raummodule können sowohl in Beton, mit Metallrahmen oder in Holzbauweise gefertigt werden.

Abb. 7: Aufbau eines Klassenzimmers aus Holztafelbaumodulen

3.3 Bauteile

Jedes Gebäude besteht aus den Bauteilen Dach, Wände einschließlich Fenstern und Türen, Geschossdecken und Gründung:

Ein **Dach** schließt ein Gebäude nach oben ab und schützt als Bauteil die darunter liegenden Räume vor Niederschlägen, Sonneneinstrahlung, Wind und anderen äußeren Einflüssen. Das Dach prägt das gesamte Bauwerk und ist meistens typisch für den zeitlichen Baustil und die Region sowie die klimatischen Bedingungen.

Die **Außenwände** sind vertikale und flächige Bauteile, die dem Gebäudeabschluss nach außen dienen. Innenwände als flächige Bauteile ergänzen und gliedern das Gebäude zu einzelnen Räumen, sie sind zum Teil auch tragend. Außenwände können aus verschiedensten Materialien sowie mehreren Schalen und Schichten bestehen. Fenster und Außentüren sind in die Außenwände integriert und prägen, wie das Dach, die Gestaltung des Gebäudes. Weitere Erläuterungen zum Thema finden Sie im Kapitel „Baumaterialien“, Seite 56.

Die **Geschossdecken** sind in der Regel horizontale Bauteile, die die Räume nach oben zum nächsten Geschoss oder zum Dach abschließen. Auch Geschossdecken können aus verschiedensten Materialien und Schichten bestehen.

Die **Gründung** eines Gebäudes bildet das Fundament z. B. in Form einer Bodenplatte, als Streifenfundament oder Pfahlgründung mit oder ohne Kellergeschoss. Die Gründung und ein Keller benötigen mindestens eine **Abdichtung** gegen Bodenfeuchte und nichtstauende Sickerwässer sowie Spritzwasser.

Dächer

Die Vielfalt der möglichen Dächer von Gebäuden ist sehr groß. Das Dachtragwerk (auch „Dachstuhl“ oder „Dachgebälk“ genannt) besteht bei geneigten Dächern in Wohngebäuden in der Regel aus einer Holzkonstruktion.

Die Hauptdachformen in Deutschland werden eingeteilt in:

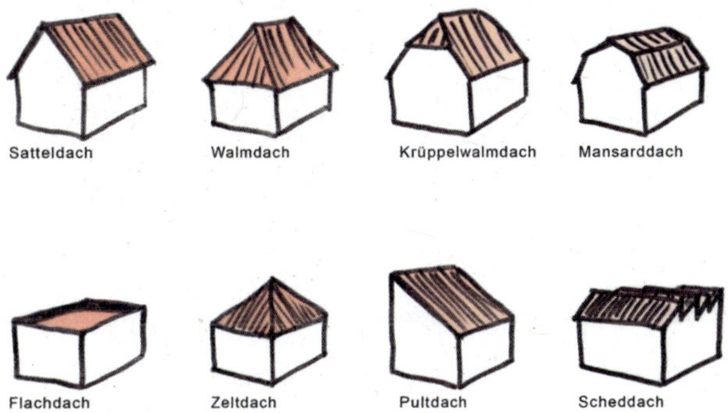

Abb. 8: Allgemein übliche Dachformen

Satteldach: Dies ist die häufigste und einfachste Dachform als „Sattel“ von Giebelseite zu Giebelseite. Die Anschaffungskosten und der Instandhaltungsaufwand sind relativ niedrig. Der Einbau von Gauben im Dachgeschossausbau ist üblich.

Walmdach: Im Vergleich zum Satteldach sind die Giebelseiten des Daches abgeschrägt. Diese Dachform ist sinnvoll, wenn das Gebäude von allen Seiten der Witterung ausgesetzt ist. Eine häufige Abwandlung ist das Krüppelwalmdach, das an den Giebelseiten verkürzte Dachschrägen hat und damit bessere Ausbaumöglichkeiten im Dach bietet. Ein Walmdach ist sehr robust und mit geringen Instandhaltungskosten verbunden.

Mansardendach: In diesem Fall ist der untere Dachteil stark ansteigend und bietet damit genug Raum für Dachausbauten. Die Anschaffungskosten sind durch die spezielle Konstruktion relativ hoch, die Instandhaltungskosten bleiben aber moderat.

Flachdach: Die Flachdachkonstruktionen im modernen Neubau haben in jüngster Zeit große Fortschritte gemacht. Die Anschaffungskosten sind am niedrigsten, aber es sollte mit einem erhöhten Wartungsaufwand für die langfristige Dichtheit gerechnet werden. Auch Flachdächer können für stehende Solarmodule, für extensive Begrünung und/oder für Dachgärten genutzt werden.

Zeltdach: Dieses Dach ist ausgehend von der Mitte in alle Richtungen meist flach geneigt. Diese, heute im Neubau von Einfamilienhäusern oft übliche mediterrane Bauweise, ist insbesondere in schneereichen Regionen weniger günstig.

Pultdach: Hier handelt es sich um eine relativ einfache Konstruktion, die einseitig flach geneigt ist. Die Instandhaltungskosten liegen etwas über denen des Satteldachs. Der Dachraum ist kaum nutzbar. Flach geneigte Pultdächer eignen sich für eine extensive Dachbegrünung, die einen sommerlichen Hitzeschutz bietet. Bei günstiger Sonneneinstrahlung bietet dieses Dach auch viel Platz für Solarmodule.

Scheddach: Diese Dachform wird vor allem für großflächige (Industrie-)Räume verwendet. Bei der Umnutzung von Industriegebäuden für Wohnzwecke ist diese Dachform durchaus relevant. Ein Scheddach ist besonders stabil und bietet moderne Gestaltungsmöglichkeiten mit lichtdurchfluteten Räumen. Allerdings ist das Dach wartungsintensiv, besonders bezüglich der Entwässerung und es bedarf eines besonderen Hitzeschutzes im Sommer.

Dacheindeckungen

So vielfältig wie die Dachformen an schräg geneigten Dächern sind auch die Dacheindeckungen. Es gibt (Ton-)Dachziegel, Betondachsteine, Dachschindeln, Eindeckungen aus Schiefer, Schilfrohr (Reetdach) oder Metall (Aluminium, Kupfer, Titanzink). Die Art und Form der Dacheindeckung an Altbauten ist überwiegend regionaltypisch. Ein Ziegeldach sollte 60 bis 80 Jahre halten, historische Ziegel sind oft sogar älter. Betondachsteine überdauern etwa 40 Jahre, Dachschindeln (Bitumenschindeln) ca. 25 bis 35 Jahre. Ein Schieferdach ist teurer, aber hochwertiger und hält mindestens 100 Jahre. Ein kostenintensives Reetdach aus Schilfrohr, was gleichzeitig Wärmedämmung und sommerlichen Hitzeschutz gewährleistet, wird auf eine Haltbarkeit von mindestens 40 Jahren geschätzt (je nach Wetterbeanspruchung). Metalldächer aus verschiedensten Materialien halten ca. 40 Jahre (Aluminium) bis 200 Jahre (Kupfer).

Die Dachziegelarten und deren Einsatz richten sich nach der Region und Witterung sowie der Dachneigung. Überwiegend werden Hohlpfannenziegel („Dachpfannen"), Biberschwänze, Doppelmuldenfalzziegel, Reformziegel, Flachdachziegel (mittlere bis flache Neigungen ab 10 Grad), Mönch und Nonne (mediterran und/oder historisch) sowie Krempziegel (historisch) eingesetzt. Ergänzend gehören auch (Dach-)Firstziegel und (Dach-)Gratziegel sowie Ziegel für Abschlüsse am Ortgang (Dachkante) dazu.

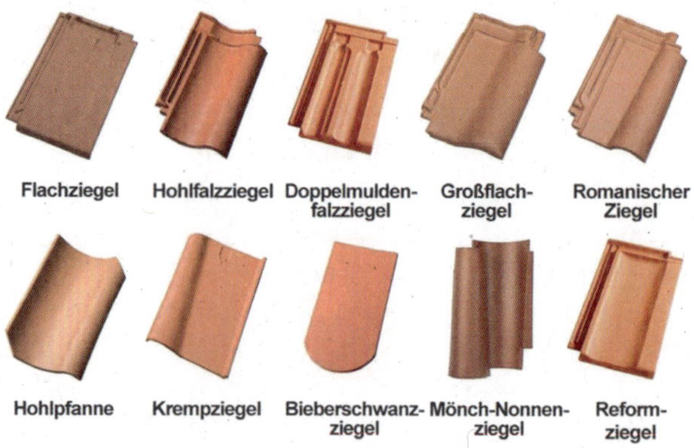

Abb. 9: Allgemein übliche Dachziegelformen

Dach„ziegel“ gibt es in allen Formen und Farben auch aus Kunststoff oder Beton, wobei die kürzere Lebensdauer dieser Dacheindeckungen und der Bauabfall nach Rückbau bei der Auswahl mit bedacht werden sollte.

Eine relativ neue Entwicklung sind **Solarziegel**, die relativ unauffällig in die Dacheindeckung integriert werden und über Photovoltaik Strom erzeugen können. Allerdings wirkt sich die Fehleranfälligkeit der Vielzahl an Kontakten im Vergleich zu üblichen Solarmodulen nachteilig aus. Solarziegel haben auch einen schlechteren Wirkungsgrad durch die fehlende Hinterlüftung.

Hintergrund: Klimafreundliches Dach

Beim Dach sollten der Herstellungsaufwand mit grauer Energie und die CO_2-Bilanz, die Langlebigkeit, die Wartungsfreundlichkeit, die Nutzung für Photovoltaik- und Solarthermieelemente (Dachneigung, Ausrichtung), die Nutzbarkeit für Dachgärten oder Dachbegrünung und schlussendlich die Abfallentsorgung nach Rückbau berücksichtigt werden. Auch die Qualität und Herkunft der Dämmstoffe spielen für die Dauerhaftigkeit, die Energieeffizienz und damit für den Klimaschutz eine entscheidende Rolle.

Bei den Dacheindeckungen verfügt Schiefer über eine sehr gute Ökobilanz, sehr lange Haltbarkeit und oft auch Wiederverwendbarkeit der Eindeckung. Tondachziegel halten in der Regel nicht so lange, wobei historische Dachziegel oft dicker bemessen sind und nicht verworfen werden sollten, sondern wiederverwendet werden können. Die Rohstoffe beider Materialien kommen in Deutschland ausreichend vor und müssen nicht importiert werden. Im Gegensatz dazu gibt es heute ein Rohstoffproblem beim Schilfrohr für Reetdächer. Die übliche Ernte ist bei den heutigen milden Wintern schwierig, daher wird das Schilfrohr über weite Wege importiert und weist häufig Qualitätsprobleme auf. Die Ökobilanz und Haltbarkeit eines Reetdachs „aus der Natur“ haben sich damit sehr verschlechtert.

Metall-Dacheindeckungen werden aus wertvollen Rohstoffen mit hohem Energieaufwand hergestellt, allerdings wird Metall fast vollständig recycelt. Hier ist zwischen Haltbarkeit, Preis und Dachform bzw. Gebäudewertigkeit (Denkmal) abzuwägen.

Gut zu wissen

Dachkonstruktionen, Dacheindeckungen und Flachdächer einschließlich Dämmschichten, Dachfenster- oder Lichtkuppeleinbau und allen Abdichtungen sollten von einer Zimmerei bzw. einem Dachdeckerfachbetrieb ausgeführt werden.

Vor einem Dachneubau oder einer Dachsanierung sollten sich Baufamilien darüber klar werden, ob Anlagen zur Nutzung von Sonnenenergie sofort oder später geplant sind, denn dies sollte beim Dachaufbau mit geplant werden.

Außenwände, Fassaden

Die **Außenwand oder Fassade** dient als äußere Schutzhülle des Gebäudes und sollte einen Schutz vor Witterung, vor winterlicher Kälte und sommerlicher Hitze bieten. Die Gestaltung der Fassadenwände ist meistens abhängig vom Baustil des Gebäudes. Im Sanierungsfall ist bei Altbauten in der Regel eine Wärmedämmung erforderlich, die im besten Fall auch als sommerlicher Hitzeschutz dient.

Die Materialien zum Aufbau von Außenwänden und der Klimawirkung werden im Kapitel „Baumaterialien“ ab Seite 56 beschrieben.

Fenster und Türen

Fenster sind in den letzten Jahren energetisch deutlich energieeffizienter geworden. Der Maßstab für die Energieeffizienz bzw. der Wärmedurchgangskoeffizient eines Bauteils ist der sogenannte **U-Wert**. Die Vorgaben für Neubauten sind gesetzlich geregelt (GEG). Ebenso gelten U-Wert-Vorgaben für die Ausreichung von Fördermitteln. Die Erläuterung zum Begriff „U-Wert“ finden Sie im Absatz „Wärmedämmstoffe“, Seite 74.

Was heißt also „energieeffizientes Fenster“? Hatten Isolierglasfenster mit Kunststoffrahmen noch U-Werte von ca. 3,0 und mit Holzrahmen ca. 2,6 $W/(m^2 \cdot K)$, so sind heute nach Gebäudeenergiegesetz (GEG) für

Fenster und Fenstertüren im Neubau U-Werte von 1,3 W/(m²·K) und für Dachflächenfenster U-Werte von 1,4 W/(m²·K) vorgegeben.

Neue Standardfenster mit einer 2-fach-Wärmeschutzverglasung haben einen U-Wert von ca. 1,1 bis 1,2 W/(m²·K). Durch hochwertige Fensterprofile und eine 3-fach-Wärmeschutzverglasung im Neubau und in der Altbausanierung werden U-Werte von 0,8 bis 0,9 W/(m²·K) und weniger erreicht. Der U-Wert eines Passivhausfensters darf höchstens 0,80 W/(m²·K) betragen (zum Passivhaus: → Seite 54).

Die energetische Qualität eines Fensters hängt zum einen vom Rahmenmaterial, zum anderen von der Art der Mehrfachverglasung ab. Die heute üblichen Rahmen bestehen aus Kunststoff, die Luftkammern aufweisen, oder aus Holz, das aus mehreren Lamellen geklebt wurde. Holz selbst enthält viel Luft in seiner Zellstruktur, dadurch entsteht ein hoher Dämmwert. Holzfenster sind stabiler und langlebiger als Kunststofffenster, besonders bei großen Scheiben und Fenstertüren. Außerdem können Holzfenster aufgearbeitet werden, was bei Kunststofffenstern schwer möglich ist. Eine Aluminiumverkleidung an der Außenseite der Holzfenster kann zusätzlich vor Witterungseinflüssen schützen.

Bei der Mehrfachverglasung sind die Zwischenräume zwischen den einzelnen Scheiben in der Regel mit isolierenden Gasen (z. B. Argon oder Krypton) gefüllt. Zusätzlich wird heute standardmäßig Low-E-Glas (Abkürzung für Low-Emissivity-Glas = niedrige Wärmeabstrahlung) genutzt. Dafür wird auf eine Isolierglasscheibe eine hauchdünne Metallschicht von etwa 100 Nanometern aufgebracht, die den Emissionsgrad reduziert, das heißt, die Wärmestrahlung in den Raum zurückreflektiert, und sowohl als Wärmeschutz- als auch Sonnenschutzschicht fungiert.

Tipp

Fenstersanierung: Weitere Informationen finden Sie unter **www.verbraucherzentrale.nrw**, Suchwort „Fenster Sanierungsfall"

Gut zu wissen

Ausdrücklich soll hier noch einmal darauf hingewiesen werden, dass der Fensteraustausch in Altbauten mit relativ dünnen Wänden (z. B. 24-er Ziegelmauerwerk) nur gleichzeitig mit einer energetischen Ertüchtigung der Wände, Decken und Fußböden erfolgen sollte. Die Belüftung der Räume z. B. durch eine Abluftanlage und Nachströmöffnungen muss ebenfalls sichergestellt sein. Bei hocheffizienten Fenstern kann sich kondensierende Raumluftfeuchte an kühleren Flächen (z. B. Wänden, Eckbereichen, Fensternischen) niederschlagen und zu einem Schimmelproblem führen.

Für Außentüren (Haustüren) gibt es ebenfalls Vorgaben im GEG: der U-Wert darf 1,8 W/(m²·K) nicht überschreiten. Das ist im Allgemeinen gut zu erreichen, vor allem durch einen wärmedämmenden mehrschichtigen Materialaufbau der Tür bzw. bei dicht schließenden massiven Holztüren. Für Glaseinsätze sollte Mehrfachverglasung mit hoher Energieeffizienz zum Einsatz kommen.

Hintergrund: Sonderfall historische Gebäude

Die historisch noch vorhandenen Holzfenster und Holztüren sollten nicht unbedacht verworfen werden, sie gehören in ihrer Form und mit den Sprossen als architektonisches Detail zum Baustil. Die Altbau-Holzrahmen aus handwerklicher Fertigung sind in der Regel aus ausgewähltem, hochqualitativem Holz, wurden ursprünglich mit Leinöl behandelt und sollten daher repariert und dicht schließend gemacht werden. Sie sind lebenslang reparabel! Historische Einfachfenster lassen sich durch eine gute Schreinerei für den winterlichen Wärmeschutz durch einen innenliegenden zweiten Rahmen (auch mit Doppelverglasung) zum Kastenfenster oder Verbundfenster aufdoppeln, was den Wärmeschutz deutlich verbessert.

Abb. 10: Im Zuge der Gebäudesanierung wurden die Einfachfenster energetisch zu Kastenfenstern ergänzt.

Abb. 11: Historisches Fenster mit nachträglicher Aufdopplung zum Verbundfenster

Glasbausteine gehörten in Altbauten der 1960er- und 1970er-Jahre zum Architekturstil und sollen daher oft erhalten bleiben. Der U-Wert von Glasbausteinen ist relativ hoch (3,5 W/(m²·K), daher empfiehlt es sich, von innen ein zusätzliches Vorsatzfenster einzubauen.

Historische Holz-Altbautüren prägen das Gebäude. Sie können handwerklich sehr gut dicht schließend gemacht oder durch einen Windfang geschützt werden.

Abb. 12: Historische Holztür erhalten – passend zum Baustil des Hauses

Geschossdecken

Der größte Teil unserer Altbauten bis in die 1950er-Jahre verfügt noch über Holzbalkendecken, deren konstruktiver Aufbau von Holzbalken zwischen tragenden Wänden bestimmt wird. Die Holzbalken liegen auf den Außen- und tragenden Innenwänden, in Ausnahmefällen auch auf hervorkragenden Wandkonstruktionen auf. Am Auflager sollten die sogenannten Balkenköpfe nach den Regeln des konstruktiven Holzschutzes gut belüftet und keiner dauerhaften Feuchte ausgesetzt sein. Keinesfalls sollten die Balkenköpfe eingepackt, mit Bauschutt bedeckt oder zugemörtelt werden.

Für den konstruktiven Aufbau von Holzbalkendecken wird zwischen den tragenden Holzbalken ein Blindboden, Fehlboden oder Einschub aus Holz eingebracht und der entstehende Hohlraum mit schalldämmendem mineralischem Schüttgut verfüllt. Im Fachwerk wurden in der Regel Lehm-Stroh-Wickel eingebaut. Den oberen und unteren Abschluss bildeten Holzverschalungen als Fußboden bzw. Decke. Altbaudecken wurden zum Putzen meist mit Schilfrohr oder Drahtgewebe als Putzträger versehen.

Hintergrund: Klimafreundlichkeit von Geschossdecken

Holzbalkendecken sollten bei der Sanierung erhalten bleiben, sie sind gut sanierbar und lassen sich ggf. auch mit natürlichen Dämmmaterialien energetisch ertüchtigen.

Massivholzdecken sind attraktiv und behaglich und haben eine sehr gute CO_2-Bilanz, da sie mehr CO_2 speichern, als in der Verarbeitung entsteht (sogenannte negative CO_2-Bilanz). Dazu gehören Holzprodukte wie Brettschichtholz, Brettsperrholz oder Furnierschichtholz (auch aus Laubholz wie BauBuche).

Betondecken sind aufgrund des Zement- und Stahlanteils mit einem hohen Treibhausgasausstoß verbunden. Sie sind, wieder ausgebaut, nicht wiederverwendbar.

Hybriddecken (Betonschicht auf Holz) werden oft zur Sicherstellung des Schallschutzes verbaut.

Seit den 1950er-Jahren wurden neben den üblichen Holzbalkendecken im Wohnungsbau zunehmend Betondecken mit schwimmenden Estrichaufbauten eingesetzt. Dazu gehören z. B. die Spannbeton-Fertigdecke (auch Spannbeton-Hohldecke) oder die Halbfertigteil-Deckenelemente.

Im Skelettbau (auch im Holzskelettbau) gehören die Beton- oder Holzdeckenelemente zum statischen System, darauf liegt der Fußbodenaufbau.

Keller und Kellerdecken

In Altbauten findet man in Kellern verschiedenste Deckenkonstruktionen vor. Historisch betrachtet überwiegt ein Kellergewölbe, mit dem man auch die Lasten des Gebäudes abträgt. In späteren Bauphasen von Wohngebäuden waren auch Holzbalkendecken weit verbreitet, was kein Problem ist, wenn der Keller trocken ist und weit genug über das Terrain hinausragt. Im 19. Jahrhundert und frühen 20. Jahrhundert dienten Kappendecken (die sogenannte „Preußische Kappe“) als Kellerdecken, aber auch als Deckenkonstruktionen in landwirtschaftlichen, gewerblichen und industriellen Bauten. Sie bilden ein statisch aussteifendes System, indem zwischen Stahlträgern gewölbte Kappen aus Ziegeln und Mörtel eingebaut wurden.

In feuchten Kellern wird häufig eine erhebliche Korrosion der Stahlträger beobachtet, der im Sanierungsfall behandelt werden muss (Korrosionsschutz, Putzen mit zementhaltigem Mörtel auf Putzträgern aus Drahtgewebe). Vorher ist zu prüfen, ob die Standfestigkeit noch gegeben ist. Die Stahlträger sind im Brandfall empfindlich bei Temperaturen über 500 °C.

Seit den 1930er-Jahren wurden die Kappendecken durch Betondecken verdrängt, zunächst durch in Stahlträger eingelegte Formsteine. Heute werden vor Ort betonierte Decken oder Fertigteildecken genutzt.

Abb. 13: Preußische Kappendecke

Abb. 14: Kappendecke aus Beton, 1930er-Jahre

Die **Erhaltung bestehender Kellerdecken** bei Sanierungen ist ein wichtiger Punkt im klimafreundlichen Bauen, da jeder Ersatz wieder Abfall erzeugt und neues, zementhaltiges Material verbraucht.

Keller müssen in der Regel speziell gegen Feuchte abgedichtet werden. Für Abdichtungen stehen leider noch keine ökologischen Baustoffe zur Verfügung. Daher müssen Kunststoff- oder Bitumenprodukte zur Abdichtung verwendet werden, um die gewünschte Dichtheit zu erreichen. Das erzeugt problematischen Abfall. Zusätzlich werden Drainagen und Perimeterdämmplatten zum Schutz der Abdichtung verlegt, wobei für die Perimeterdämmung auch Schaumglas als kreislauffähiges Produkt zur Verfügung steht.

!

Achtung! Aus Sicht der Klimafreundlichkeit stellt sich die Frage, ob mit einem **Keller** oder nur mit einer **Bodenplatte** gebaut werden sollte. Da für den Keller eines gemauerten Einfamilienhauses etwa 25 % des insgesamt verbauten Betons für die Kellerwände benötigt werden, würde ein Bau ohne Keller mit einer Bodenplatte erhebliche Mengen Beton und damit Treibhausgase und wertvolle Primärrohstoffe einsparen. Beim Rückbau insbesondere der abgedichteten Wandteile fällt viel Abfall an, der zum Teil problematisch, nicht trennbar und nicht thermisch verwertbar ist.

Fundament und Bodenplatte

Jedes Gebäude braucht ein Fundament. Für Wohngebäude unterscheidet man bei einer (normalen) Flachgründung das Streifenfundament und das Plattenfundament, das landläufig auch „Bodenplatte" genannt wird, obwohl das Fundament mehr ist als die Betonplatte.

Ein **Streifenfundament** besteht aus massiven, gegossenen Betonstreifen in der Form des Gebäudegrundrisses, die die Standfläche für die tragenden Mauern des Gebäudes bilden. Die nicht tragende Bodenplatte als Fußboden kann dann wesentlich schlanker dimensioniert werden.

Tipp

Für eine klimafreundliche Bauweise ist ein Streifenfundament zu bevorzugen. Auch weniger Grundfläche eines Gebäudes zugunsten einer Mehrgeschossigkeit spart erhebliche Mengen Beton und Dämmstoff bei einem Plattenfundament ein.

Wird unter der Bodenplatte **Schaumglasgranulat** als Dämmstoff benutzt, hat man gleichzeitig eine kapillar brechende Schicht gegen Feuchte aus dem Erdreich und eine Wärmedämmung. Schaumglas wird aus Altglas hergestellt, es ist unverrottbar und spart gleichzeitig Schichten und Folien aus erdölbasierten Kunststoffen. Es lässt sich nach einem Rückbau wiederverwenden.

Ein **Plattenfundament** (tragend) wird von einer Platte über den gesamten Grundriss des Gebäudes gebildet, wobei die Last gleichmäßig auf den Boden verteilt wird.

Diese Platten enthalten viel Beton und künstliche Dämmstoffe. Die Stärke der Betonbodenplatte wird vom Statiker entsprechend der Gebäudemasse berechnet, üblich sind ca. 30 bis 40 cm.

Hintergrund: Passivhaus

Wird der bauliche Wärmeschutz so sehr verbessert, dass die benötigte Heizwärme über passive Sonneneinstrahlung durch die Fenster und Zuheizen in der Lüftungsanlage erfolgen kann, spricht man von einem Passivhaus. Ein klassisches Heizsystem ist hier nicht mehr erforderlich.

Anforderungen an ein Passivhaus

- Heizlast höchstens 10 W/m²
- Heizwärme höchstens 15 kWh/m² jährlich
- Luftdichtheit besser als 0,6 Luftwechsel pro Stunde
- Primärenergie für Heizung, Warmwasser, Stromanwendungen höchstens 120 kWh/m² jährlich
- Nachzuweisen über die Software: Passivhaus-Projektierungs-Paket

Erfüllung der Anforderungen

- Sehr gute Wärmedämmung bis ins Detail, um Wärmebrücken zu vermeiden
- Dreifachwärmeschutzverglasung in gedämmten Fensterrahmen
- Lückenlose, luftdichte Ausführung
- Lüftungsanlage mit Wärmerückgewinnung
- Effiziente Elektrogeräte

Näheres erfahren Sie beim Passivhaus-Institut unter **www.passiv.de.**
Dort erhalten Sie auch Listen von zertifizierten Bauelementen wie z. B. Holzleichtbauwände, Fenster oder Wärmepumpen.

4 Baumaterialien

Beim Begriff „Baumaterialien“ hat man vermutlich sofort das Bild von verschiedensten Ziegeln oder Beton, also industriell hergestellten Materialien, vor Augen. Aber auch natürliche Baustoffe, wie Holz, Naturstein und Lehm zählen dazu. Und was wäre das Bauwesen ohne Stahl, Gips, Dämmstoffe und Farben?

4.1 Mauerwerkstypen – verschiedene Mauerwerke

Traditionell wurden und werden die Außen- und Innenwände sowie der Keller eines Gebäudes aus Steinmaterialien mit künstlichen oder natürlichen Steinen sowie Mörtel zusammengefügt. Aber auch Holz hat für die Wände oberhalb des erdberührenden und Spritzwasserbereichs eine große Bedeutung und Tradition, mit heute zunehmender Tendenz.

Ein **Vollmauerwerk** wird einschalig gemauert, ein **mehrschaliges Mauerwerk** weist in der Regel vertikale Luftschichten auf. Die Mauerschalen sind dann mit Ankern (querstehende Ziegel oder Stahlanker) statisch verbunden. In moderneren Bauten ist der Zwischenraum mit Dämmstoffmatten gefüllt, z. B. wird die Innenschale aus Kalksandstein gebaut, die Dämmung besteht aus Mineralwolle und die Außenschale aus Klinkern.

Grundsätzlich sollte sich im Zuge einer Sanierung jede Baufamilie Zeit nehmen, um ihr Gebäude im Vorfeld und während der Umbauarbeiten umfassend zu prüfen, am besten mit fachkundiger Hilfe. Oft sind Baumaterialien nicht auf den ersten Blick erkennbar, Umbauten verdecken die ursprüngliche Substanz und Bauart, „moderne" Baumaterialien wurden unsachgemäß verbaut und damit Mängel verdeckt oder es wurde unsachgemäß in die Statik eingegriffen.

Im folgenden Kapitel werden daher verschiedene Baumaterialien näher betrachtet, insbesondere unter dem Blickwinkel: Was sind klimaschonende, nachhaltige Bauweisen für mein Haus?

4.2 Künstliche Steine für Mauerwerke

Ziegel (Tonziegel)

Mauerwerksziegel und Dachziegel gibt es schon seit Jahrtausenden, sie bestehen aus einer Mischung der natürlichen Rohstoffe Ton, Lehm und Mergel und bis zu 15 % Sand sowie 1 % Zusätzen. Die Rohstoffmischung und die Brenntemperatur sind ausschlaggebend für die Qualität, aber auch für die Farbe des Ziegels.

Die wichtigsten Tonziegelarten für Mauerwerk sind:

- **Vollziegel** mit maximal 15 % Lochanteil, als Vormauerziegel (hart), Hintermauerungsziegel (weicher) und Klinker (sehr hart).
- **Lochziegel** sind moderne, großformatige Ziegel mit höherer Wärmeeffizienz und bis zu 55 % Lochanteil, unterschieden in Hochloch- und Langlochziegel.
- **Planziegel** (Abb. 1) werden an der Auflageseite extra geschliffen, damit sie im Dünnbettmörtel (1–3 mm) verlegt werden können, Blockziegel sind nicht geschliffen.
- Als **„Wärmedämmziegel"** (auch Hochleistungsziegel oder Passivhausziegel) werden Lochziegel bezeichnet, deren Hohlräume mit Wärmedämmstoffen verfüllt sind.

Abb. 1: Aufstockung eines Altbaus mit Hochloch-Planziegeln

Tipp

Vollziegel: Wer im Altbau saniert, sollte die Vollziegel nicht gleich verwerfen. Als Sichtmauerwerk prägen sie das Gesicht des Gebäudes, die Hintermauerungsziegel haben Schallschutz- und Wärmespeicherpotenzial. Mit Dämmung verringert man die (Transmissions-)Wärmeverluste.

Tipp

Von einer Mauerwerkssanierung aus gemischten Materialien (z. B. Kombinationen von Vollziegeln mit Lochziegeln, Kalksandstein oder Porenbeton) wird aus bauphysikalischen und statischen Gründen abgeraten.

Tipp

Vorsatzschalen (auch Gipskartonplatten!) an der Innenseite der Außenwand müssen aus feuchtetechnischen Gründen zu 100 % formschlüssig mit der Außenwand verbunden sein. Zwischen Wand und Vorsatzschale darf es keine Hohlräume geben, dafür sind z. B. Holzfaserdämmplatten oder -matten oder andere Naturfasern sehr gut geeignet. Bei Plattenbaustoffen muss vollflächig mit Mörtel oder Kleber gearbeitet werden (keine punktförmige Klebetechnik).

Kalksandstein

Kalksandsteine haben eine charakteristische helle (weiße) Farbe und bestehen, wie der Name sagt, aus Kalk (Branntkalk = CaO) und Sand sowie ggf. weiteren Zusätzen. Sie werden bei ca. 200 °C unter Wasserdampfsättigungsdruck ausgehärtet. Sie haben aufgrund ihres Gewichts ein gutes Schallschutzvermögen.

Zementgebundene Steine

Diese Steine werden durch Mischen von Zement, Sand, Kies, gebrochenem Felsgestein und Wasser in Betonwerken hergestellt.

Hohlblocksteine und **Hohlblockplatten** sind großformatige Mauersteine mit Luftkammern senkrecht zur Lagerfläche, je nach Festigkeitsklasse aus Normalbeton oder Leichtbeton. Sie sind an fünf Seiten geschlossen.

Vollsteine oder **Vollblöcke** haben keine Kammern, aber Grifflöcher bis zu 15 % des Volumens.

Bimssteine sind Beton-Vollsteine mit Naturbims als Leichtzuschlag.

Vormauersteine haben eine ebene, bruchraue oder werksteinmäßig bearbeitete Oberfläche an der Fassadenseite. Sie sind ohne Kammern hergestellt, können aber Grifflöcher aufweisen. Für den Einsatzweck müssen sie witterungsbeständig ausgeführt sein. Vormauerblöcke verfügen über abgedeckte Luftkammern und eine werksteinmäßig bearbeitete Sichtfläche.

Hüttensteine bestehen aus Kalk, Zement, granuliertem Hüttensand (Hochofenschlacke aus der Stahlerzeugung) und Wasser. Es gibt sie als Vollsteine, Lochsteine und Hohlblocksteine mit hoher Druckfestigkeit und gutem Schallschutz.

Leichtbetonsteine werden aus Zement, Wasser und porigen, mineralischen Zuschlägen hergestellt. Die Festigkeit und Wärmedämmfähigkeit ist abhängig von der Zusammensetzung. Aufgrund mangelnder Frostbeständigkeit muss das Mauerwerk vor Witterungseinflüssen geschützt werden.

Porenbetonsteine

Porenbeton, häufig auch als „Gasbeton“ bezeichnet, wird aus Branntkalk (CaO), Zement und Quarzsand als Mörtelsuspension unter Zugabe von Treibmitteln hergestellt. Die geschäumten Blöcke werden geschnitten und unter Sättigungsdampfdruck bei Temperaturen von 180 bis 200 °C gehärtet.

Porenbetonsteine sind Vollsteine. Aufgrund des hohen Porenanteils von bis zu 90 % sind sie sehr leicht und sehr gut dämmend. Porenbetonsteine werden normalerweise im Dünnbettverfahren vermauert. Es gibt verschiedenste Hersteller und Handelsnamen für Porenbeton (z. B. Ytong, Xella, Hebel, Porit, Solbet).

Tipp

Da Porenbetonsteine nicht frostbeständig sind, benötigt das Mauerwerk einen entsprechenden Witterungsschutz durch Putze oder Vormauerschalen.

Diese Steine sollten immer trocken gelagert und weder beim Transport noch beim Verbau durchnässt werden. Das hohe Porenvolumen kann sehr viel Feuchte speichern und trocknet extrem langsam, was die Wärmedämmung stark reduziert. Es können Risse oder Flecken auftreten sowie Fäulnis an anliegendem Holz.

Zur Klimafreundlichkeit künstlicher Mauerwerke sollten vor allem der Treibhausgasausstoß bei der Produktion, die bauphysikalischen Eigenschaften, die Materialbeständigkeit und das Abfallaufkommen miteinander verglichen werden. Vor der Entscheidung sollten Sie sich folgende Fragen stellen:

- Braucht mein Haus ein Mauerwerk mit zementhaltigen Produkten? Die Zementherstellung (1.450 °C) benötigt sehr viel Energie, was bei fossilen Brennstoffen einen hohen Treibhausgasausstoß bedeutet. Zement emittiert darüber hinaus während der Herstellung prozessbedingt sehr viel CO_2 (→ auch „Betonbau, Stahlbetonbau“, Seite 66).
  Bei der Ziegelherstellung erfolgt der Brand ebenso bei hohen Temperaturen von 800 bis 1.300 °C. Kalksandstein benötigt nur 200 °C zum Aushärten.
- Welche Mauerwerksmaterialien sind wiederverwendbar?
- Was passiert mit Dämmstofffüllungen in Lochziegeln im Zuge des Rückbaus? Lassen sich mit dem geplanten Mauerwerk Umbauten/Anbauten/Aufstockungen vornehmen?

Ein Holz- oder Strohgebäude wäre um Größenordnungen klimaschonender, ist solide und bietet an Langlebigkeit, Schall- und Wärmeschutz mindestens das Gleiche. Das Raumklima in einem solchen Haus ist außerdem deutlich besser.

4.3 Natürliche Steine als Mauerwerk

Natursteine wie Porphyr, Gneis, Granit, Basalt, Sandstein, Kalkstein und viele andere regionale Materialien beeindrucken durch vielfältige Farben und Strukturen. Steinsichtige Natursteingebäude wurden häufig als repräsentative Bauten errichtet und stehen seit Jahrhunderten. Sie sind wertvoll und wetterbeständig, daher wurden als Fundament bzw. Sockel auch häufig Natursteine verwendet.

Abb. 2: Bruchsteinsockel mit Werksteinecken aus Sandstein

Abb. 3: Wohnhaus mit Natursteinmauerwerk

Die meisten Natursteinarten sind sehr witterungsresistent, denn sie haben ein gutes System der Feuchtigkeitsaufnahme und -abgabe. Allerdings werden mit der Feuchteaufnahme auch gelöste Salze aufgenommen, die im Trocknungsprozess Ausblühungen mit Steinzersetzungen zur Folge haben können. Daher findet man, vor allem in Sockelbereichen, oft Zerfallserscheinungen wie z. B. Absanden oder flächige Ausbrüche (Abschelbern). Salzkristalle haben ein vielfach größeres Volumen als Salze in einer wässrigen Lösung. Die Versalzungen sind durch fehlerhafte Nutzung verursacht: Streusalz, dichte Anstriche, aber auch fäkalische Belastungen spielen dabei die Hauptrolle.

Abb. 4: Salzausblühungen und Absandungen an einem Sandsteinsockel durch Streusalzeinsatz

Natursteinmauerwerk sollte, auch als Sockel, nie mit dichtenden Materialien überstrichen oder verkleidet werden. Die Feuchte im Stein senkt die Wärmedämmfähigkeit erheblich und sucht sich andere Wege zum Abtrocknen, im schlechtesten Fall im Wohnbereich.

Abb. 5: Schäden durch dichten Anstrich auf Natursteinsockel mit Feuchteverlagerung und Schädigung des Schwellenbalkens am Fachwerk

Natürliche Steine als Mauerwerk weisen nur eine geringe Wärmedämmfähigkeit auf, dafür ist die Wärmespeicherfähigkeit gut. Regional sind diese Mauerwerke sehr dick ausgeführt (1 m Wanddicke und mehr sind keine Seltenheit). Der größte Wärmeverlust entsteht dadurch, dass die (dicke) Natursteinwand von innen aufgeheizt werden muss, damit man im Raum eine angenehme Behaglichkeit empfindet. Das Behaglichkeitsempfinden ist sowohl von der Raumtemperatur als auch von der Wandoberflächentemperatur abhängig. Bei Natursteinwänden empfehlen sich Naturfaser-Innendämmungen. Diese sind sorgfältig zu planen und auszuführen. Mithilfe von bauphysikalischen Berechnungen lassen sich schadensfrei mögliche Dämmschichtdicken genau ermitteln. Bei ausreichendem Schlagregenschutz und einer Dämmschichtdicke von maximal 8 cm inkl. Putz und Ausgleichsschicht ist ein vereinfachtes Nachweisverfahren möglich. Eine Wandheizung kann die Dämmung gut ergänzen, denn Strahlungswärme bewirkt eine höhere Behaglichkeit → Seiten 81, 132.

Hintergrund: Natursteinmauerwerk

Natursteinmauerwerk ist materialtechnisch klimaschonend, denn es ist sehr dauerhaft und lässt eine ständige Wiederverwendbarkeit zu, selbst bei oberflächig geschädigten Steinen. Mit einer entsprechenden Dämmung ist die Energieeffizienz in der Nutzungsphase sehr gut gegeben. Es ist jedoch darauf zu achten, dass der Stein aus regionalen Steinbrüchen stammt, denn lange Transportwege können den Klimavorteil schnell zunichtemachen.

Tipp

Umgang mit Salzbelastungen in Ziegel- und Natursteinmauerwerk: Wenn Ihr zu sanierendes Gebäude Salzbelastungen (Ausblühungen) aufweist, sollten Sie entsprechenden bauschadensgutachterlichen Rat einholen. Das betrifft insbesondere Stallgebäude, die umgebaut werden sollen, aber auch historische Gebäude, die als Salzlager gedient haben. Eine Salzbehandlung ist meist möglich, aber von chemischen Produkten zur Salzumwandlung, ohne genaue Kenntnis der vorhandenen Salzzusammensetzung, wird dringend abgeraten.

4.4 Lehm

Der Lehmbau nimmt eine Sonderrolle ein. Lehm ist ein natürliches Material aus Ton, Schluff und Sand in verschiedenen Mischungsverhältnissen und regional verschiedenen Farben. Lehm ist durch Ablagerung von fein zersetztem Gestein in Flussauen entstanden und wird im Tagebau gewonnen. Bis zur Industrialisierung und verstärkten Produktion von (Ton-)Ziegeln Mitte des 19. Jahrhunderts hatte fast jeder Ort eine eigene Lehmgrube.

Hintergrund: Lehm

Lehm ist besonders klimafreundlich. Die besonderen Vorteile sind seine schadstofffreie Natürlichkeit, seine Absorptionsfähigkeit von Umweltgiften (VOC) und Gerüchen. Auch seine Ausgleichsfähigkeit für die Raumluftfeuchte (immer zwischen 40 und 60 % relative Luftfeuchte) und nicht zuletzt seine Kreislauffähigkeit wirken sich positiv aus. Lehm kann immer wieder in Wasser eingeweicht und neu verarbeitet werden. Lehm als Baustoff ist einfach zu handhaben und besonders geeignet für Heimwerker.

Wird Lehm im Außenbereich eingesetzt, benötigt er Schutz vor Witterungseinflüssen durch einen großen Dachüberstand und einen hohen Sockel sowie in der Regel einen Kalkputz oder eine Verkleidung der Fassade.

Abb. 6: Lehmziegel

Lehmziegel werden zum Bauen nicht gebrannt, sondern nur getrocknet. Die Lehmaufbereitung und die Herstellung von Ziegeln sind einfache Vorgänge, die praktisch jeder selbst ausführen kann. Aber: je nach Einsatzgebiet sollten industriell hergestellte DIN-genormte Ziegel verwendet werden, z. B. für Außenwände.

Neben den Lehmziegeln gibt es noch viele Möglichkeiten zum Mauerwerksbau aus Lehm. Zum einen ergibt das **Flechtwerk** mit Lehmbewurf und -putz im Fachwerkbau ein stabiles Mauerwerk. Zum anderen waren **Massivlehm-Mauern** (z. B. Stampflehmbau, Lehmwellerbau) in Deutschland wesentlich verbreiteter als angenommen, nachweislich bis in die 1950er-Jahre.

Der moderne Lehmbau ist wegen der bereits genannten Vorteile und seiner Klimafreundlichkeit wieder sehr attraktiv geworden. Die Lehmbaufirmen, Planer und Handwerker tragen dem Rechnung mit konfektionierten Lehmprodukten, die direkt auf die Baustelle geliefert werden, sowohl als Ziegel, Sackware oder trockene bzw. erdfeuchte Masse (Big-Pack) als auch mit modernen Lkw-Fahrmischern und Pumpen. Lehm lässt sich auch im Bottich mit Rührstab bzw. Mischquirl oder mit Baustellenmischern anrühren und ist mit Mörtelpumpen spritzfähig. Inzwischen wurden erste Versuche zum 3-D-Druck von Lehmgebäuden erfolgreich durchgeführt.

Tipp

Fachliche Beratung erhalten Sie bei Ihrem regionalen Lehmbauer (meist unter „Holz- und Lehmbau") als auch beim NetzwerkLehm e. V. oder beim Dachverband Lehm e. V. Es gibt zahlreiche regionale Anbieter von weiterbildenden Lehrgängen, auch für Heimwerker.
www.netzwerklehm.de
www.dachverband-lehm.de

Die Sanierung historischer Lehmgebäude als auch der moderne Lehmbau stehen sich heute gleichwertig gegenüber.

Lehm ist ideal in der Kombination mit Holz, weil Lehm auftretende Feuchtigkeit schnell aufnimmt und an die Luft abführt. Damit wird verbautes Holz dauerhaft trocken gehalten.

4.5 Holzbau

Der Holzbau gewinnt aktuell zunehmend an Bedeutung, obwohl sich die Behauptungen von Brandgefahren und „Barackenklima“ hartnäckig halten. Das Gegenteil ist der Fall, wie in „Mythen beim Bauen und Sanieren“ ab Seite 35 bereits ausgeführt wurde. Holz zeichnet sich durch sehr gute bauphysikalische Eigenschaften aus, wirkt wärmedämmend, feuchteausgleichend und hat eine sehr gute CO_2-Bilanz, da Holz im Wachstumsprozess CO_2 bindet. Das CO_2 wird über die gesamte Lebenszeit des Gebäudes einschließlich der Dauer einer Wiederverwendung gespeichert.

Abb. 7: Errichtung einer Ausstellungshalle in Holztafelbauweise. Die Außenseite wurde mit Holzfaserdämmplatten gedämmt und hinterlüftet mit Lärchenholz verkleidet.

Holzständerbauweise

Die schon lange marktüblichen Holzbaukonstruktionen für den Fertigbau beruhen auf der **Holzständerbauweise**, einer vereinfachten Skelettbauweise mit vertikalen Ständern und horizontalen Schwellen- und Rähm-Kanthölzern. Das Holzskelett kann innen und außen geschlossen und im Zwischenraum mit Dämmstoffen gefüllt werden. Es sind aber auch Fensterelemente oder massive Holztafeln zwischen den Ständern möglich. Ein Holzskelett ermöglicht zudem große Abstände und damit ein flexibleres, offeneres Bauen. Allerdings ist der Vorfertigungsgrad beim Holzständerbau nur teilweise möglich.

Auf der Basis des Holzständerbaus wurde der **Holzrahmenbau** entwickelt. Der Holzrahmen wird im Raster (in der Regel 62,5 Zentimeter) ab Oberkante Bodenplatte bzw. Kellerdecke errichtet, beidseitig beplankt und im Inneren vollständig mit Dämmstoffen gefüllt. Meistens wird die Innenseite der Holzrahmenwand mit OSB-Platten oder Gipsfaserplatten geschlossen, die Außenwand idealerweise mit Holzfaserdämmplatten gedämmt. Die Außenfassade kann individuell gestaltet werden.

Beim **Holztafelbau** werden großformatige, vollständig gedämmte Wand- und Deckenelemente werkseitig komplett vorgefertigt. Dabei sind häufig Fenster, Türen, Installationsleitungen, beidseitige Beplankung und Dämmmaterial bereits ab Werk eingebaut. Die Montage auf der Baustelle wird dadurch enorm beschleunigt, ein Einfamilienhaus kann mit Dachabdeckung innerhalb von ein bis zwei Tagen im Rohbau erstellt werden. Der Holztafelbau ist auch im mehrgeschossigen Bauen üblich.

Holzmassivbauweise

Beim Holzmassivbau kommen massive Holzelemente zum Einsatz. Die Wand-, Dach- und Deckenelemente werden aus Brettsperrholz (BSP) oder Brettschichtholz (BSH) vorgefertigt, oft sind Fenster und Türen dabei bereits mit eingebaut. Die Holzlagen können geklebt oder leimfrei mit Drahtstiften bzw. Nägeln oder mit Holzdübeln verbunden sein. Auch für ein vorgefertigtes Holzmassiv-Gebäude gelten sehr kurze Bauzeiten auf der Baustelle.

Abb. 8: *Dieses sechsgeschossige Gebäude als Mehrgenerationenhaus wurde in Massivholzbauweise errichtet.*

Holzmodulbau

Sowohl in Holztafelbauweise als auch in Holzmassivbauweise können werkseitig ganze Raummodule vorgefertigt werden. Raummodule werden je nach Anwendungsart bzw. Bauwerk geplant und werkseitig vorbereitet, sie können auch bereits alle technischen Ausstattungen enthalten.

Ursprünglich wurde das Bausystem als „Mobispace" entwickelt, um während Grundsanierungen von Schulen den Gemeinden einen ansprechenden Ersatzbau mit hohen energetischen und räumlichen Qualitäten anzubieten. Dieser Ersatzbau ist ohne größere Probleme abbaubar und an anderen Standorten wieder aufbaubar.

Zunehmend wird der Modulbau aber auch für dauerhafte Nutzungen als Schulgebäude, Kindertagesstätten, Studierendenwohnheime, Flüchtlingsunterkünfte und ähnliche Gebäude angewandt. Dieser Gebäudebestand lässt sich für veränderte urbane Situationen umnutzen, zum Beispiel von der Kita zum Jugendclub oder zum Wohngebietszentrum.

Abb. 9: Mobispace-Klassenzimmer aus drei Modulen

Holzblockbauweise

Gebäude in Holzblockbauweise werden durch Übereinanderschichten von Rundhölzern, Halbrundhölzern oder Vierkanthölzern errichtet. Sogenannte Verkämmungen halten die Konstruktion in den Eckbereichen statisch stabil. Je nach Konstruktion werden Wärmedämmschichten zwischen zwei Holzschalen eingebracht.

!

Achtung! Blockbohlenhäuser sollten aufmerksam nach Qualitätskriterien ausgewählt werden. „Leichtblockbohlen" mit 40 bis 70 mm dicken Hölzern können zu Verwerfungen und Rissbildung führen. Auch Folien und feuchteempfindliche Dämmstoffe (künstliche Fasern und Kunststoffe) sollten nicht in die engere Wahl kommen. Silikon oder PU-Schaum (Bauschaum) als Dichtstoff zwischen Balkenlagen sind untauglich, weil sie die vom Holz abgegebene Feuchte abweisen und damit das Holz feucht halten (Fäulnisgefahr!). Naturfaserdämmstoffe, z. B. Hanf, Jute, Flachs oder Holzfasern, auch in Kombination mit Lehmbrei, leiten die Holzfeuchte ab und sind daher wesentlich besser geeignet.

Vorteile des Holzbaus

Holzgebäude werden qualitätsgerecht unter dem Aspekt des konstruktiven Holzschutzes errichtet. Das heißt, dass alle Holzbauteile außerhalb des erdberührenden und des Spritzwasserbereichs liegen. Die alltägliche Witterung ist für Holz nicht schädlich. Zum konstruktiven Holzschutz gehört auch die Auswahl der Holzart nach ihrer Dauerhaftigkeitsklasse je nach Einsatzzweck.

Diffusionsoffene Anstriche (Nachfrage im Naturbaustoffhandel) können Holz zusätzlich schützen. Beim Einsatz von (heimischen) Hölzern mit einer hohen Dauerhaftigkeitsklasse als Fassadenbekleidung sind zum Schutz des Holzes keine Anstriche erforderlich. Holz ist sehr langlebig, wenn es keiner Staunässe ausgesetzt ist. Im Gegensatz zu Beton ist Holz immer reparabel, das gilt auch für Fenster und Türen.

Hintergrund: Die großen Vorteile des Holzbaus beim klimafreundlichen Bauen

Es gibt eine **CO_2-Speicherung** über Jahrhunderte, da das Holz im Wachstum CO_2 aufgenommen hat und erst beim Verbrennen oder Verrotten wieder abgibt. Eine Wiederverwendung von Holz nach einem Rückbau ist möglich und sinnvoll. Die Ökobilanz von Holzbauteilen fällt damit sehr gut aus.

Der **Wärmeschutz** ist aufgrund der Holzstruktur sehr gut, das ermöglicht in Kombination mit Naturfaserdämmstoffen geringere Wanddicken als bei anderen Massivbaustoffen. Holz enthält im innerzellularen Gewebe einen hohen Luftanteil, daher dämmt Holz besser als vermutet, vor allem besser als jeder ungedämmte Massivbau.

Dem **Schallschutz** wird in modernen Bauten durch mehrschichtige Aufbauten und an die Anforderungen angepasste Wanddicken und -bekleidungen Rechnung getragen. Dabei ist nicht nur die Wandkonstruktion, sondern auch das Zusammenspiel zwischen Wand und Fenstern entscheidend. Vor allem aber muss der Schallübertrag von Fußböden über die Decke in die Wandkonstruktion durch eine Entkopplung („schwimmende“ Fußbodenaufbauten) beachtet werden.

Das **Raumklima** wird durch die Feuchteaufnahme und -abgabe des Holzes positiv beeinflusst. Der „Holzgeruch“ von unbehandeltem Holz wird von vielen Menschen als angenehm empfunden.

Der **Brandschutz** jeder Konstruktion muss mit der Planung nachgewiesen werden. Der Abbrand von Holz wird durch den inneren Wassergehalt und die Oberflächenverkohlung (Sauerstoffentzug) stark verlangsamt. Eine Holzkonstruktion hält einem Brand länger stand als Stahl, sodass mehr Zeit für die Rettung von Menschen und Sachwerten bleibt.

Die **Wertigkeit** eines Holzgebäudes ist sehr hoch einzuschätzen. Es altert im Prinzip nicht, ist wartungsarm und lässt sich einfach reparieren. Auch preislich müssen Differenzen zum konventionellen Bau nicht sein, eine millimetergenaue CNC-Fertigung der Holzelemente und die kurze Bauzeit sind Pluspunkte und Ersparnis. Entscheidend ist, dass die Planung von Anfang an auf Holzbau ausgerichtet wird.

BauBuche

Deutschland verfügt, entgegen aller Befürchtungen, immer noch über ausreichend Holzvorräte. Für die Umstellung der Wälder in Mischwälder mit weniger Fichten-Bauholz zeigen Forschung und Praxis neue Wege für Hochleistungswerkstoffe auf. So gibt es Beispiele für den konstruktiven Holzbau mit **BauBuche**, einem Furnierschichtholz aus Buche, das wesentlich geringer dimensioniert eingesetzt werden kann als

Abb. 10: Wohngebäude mit Ständerkonstruktion und Deckenelementen aus BauBuche

das übliche Brettschichtholz aus Fichte. Es werden vor allem Stützen, Träger und Decken aus BauBuche gefertigt, die überdies noch sehr dekorativ aussehen. Zu bemerken ist allerdings, dass BauBuche erhebliche Mengen Leim enthält und nicht im ungeschützten Außenbereich eingesetzt werden kann. Zunehmend wird auch am Einsatz weiterer Laubholzarten im Bauwesen geforscht.

Holzwerkstoffplatten

Bei den Holzwerkstoffen für nichttragende Zwecke kommen für den Gebäudebau hauptsächlich **OSB-Platten** (OSB = Oriented Strand Board) zum Einsatz. Diese Grobspanplatte aus Holzspänen ist eine Weiterentwicklung der ursprünglichen Spanplatte.

Wie der englische Name sagt, werden grobe Langspäne („Strands") in eine Richtung orientiert verpresst, wobei die Orientierung in der Mittelschicht der dreischichtigen Platte um 90 Grad gedreht ist. Als Kleber kommen, wie bei den meisten Holzplattenwerkstoffen, modifizierte Melamin-Formaldehydharze (Penolharz) und Polymeres Diphenylmethandiisocyanat (PMDI) zum Einsatz.

Der Einsatz am Bau erfolgt vorrangig als aussteifende und mittragende Beplankung für Wände, Böden, Decken und Dächer im Innenraum. Die Auswahl der Plattenqualität muss normgerecht entsprechend des Einsatzzweckes erfolgen.

Tipp

Dampfdichtheit: Da OSB-Platten nur wenig diffusionsoffen sind, werden sie häufig als Dampfbremse von innen vor einer Dämmebene eingesetzt. Stoßkanten, Ecken, Öffnungen müssen dabei mit qualitätsgerechtem Isolationsklebeband dauerhaft gedichtet werden. **Die Dampfdichtheit einer Wand sollte von innen nach außen immer abnehmen**, das heißt, die äußere Oberfläche der Außenwand wird nicht dampfdicht gestaltet und sollte einen mineralischen diffusionsoffenen Putz erhalten. Verkleidungen an Gebäuden werden daher immer hinterlüftet ausgebildet.

Da OSB-Platten besonders viele randständige Stamm-Anteile enthalten, die meist stark harzhaltig sind, ist eine Formaldehydbelastung nur schwer auszuschließen. Die natürlichen Harzanteile enthalten Terpene, die beim Trocknen in Formaldehyd und verschiedene andere Aldehyde zerfallen.

Eine Alternative sind **GFM-Platten (Glue Free Massiv)**. Das sind leimfreie, mechanisch verbundene massive Holzplatten von 30 mm Dicke, die zur Beplankung von Holzständerkonstruktionen verwendet werden. Diese Platten sind luftdicht und durch das Holz ohne Leim auch diffusionsoffen (Schwalbenschwanz-Verbindung innerhalb der Platte). Das an den Längsseiten der Plattenware eingefräste Einhängesystem enthält werkseitig eingelegtes Quellband und schafft eine dauerhaft luftdichte Verbindung der Plattenstöße.

Es gibt außerdem eine große Zahl an nichttragendem Plattenmaterial auf Holzbasis, die als Beplankung verwendet werden können:

- **Spanplatten-Flachpressplatten** (relativ kleine Holzspäne, verpresst und verklebt)
- **Mittelharte Holzfaserplatten HFM** (leimfrei im Nassverfahren verpresst)
- **Mitteldichte Holzfaserplatten MDF** (unter Leimeinsatz trocken verpresst)
- **Zementgebundene Flachpressplatten** (Portlandzementplatte mit Holzspänen, nicht brennbar)
- **Gipsgebundene Flachpressplatten** (gebrannter Gips mit Holzspänen, nicht brennbar)
- **Gipsfaserplatten** (aus Gips und Papierfasern, nicht brennbar)
- **Holzwolle-Leichtbauplatten HWL** (Holzwolle mit mineralischen Bindemitteln wie Zement oder Magnesit, Einsatz im Schallschutz und Brandschutz, nur mäßiger Wärmeschutz)

Achtung: Holzfaserplatten sind nicht zu verwechseln mit Holzfaserdämmplatten!

Gut zu wissen

Holzwerkstoffplatten mit Zement- und Gipsanteilen sind wenig klimafreundlich, denn sie sind weder recyclebar noch thermisch verwertbar.

Im Sinne der Vermeidung von Schadstoffeinträgen aus flüchtigen organischen Substanzen sollten Sie beim Kauf auf zertifizierte Spanplatten mit möglichst geringen Ausgasungen achten, z. B. mit Umweltzeichen von Blauer Engel (Kategorie: „Emissionsarme Bau- und Möbelplatten für den Innenausbau") oder natureplus.

Holzschutzmittel in Holzbauteilen

Zahlreiche wässrige chemische Holzschutzmittel wurden bis 1989 zum Schutz von Holz und zur Bekämpfung gegen Pilz- und Insektenbefall in Gebäuden nach DIN 68800 eingesetzt, bevor Gesundheits- und Umweltschutz dominierten und sich die Erkenntnis durchsetzte, dass ein konstruktiver Holzschutz in der Regel ausreichend ist. Das heißt: Holz ist konstruktiv vor dauerhafter Nässe zu schützen, die Holzauswahl nach Dauerhaftigkeitsklasse zu treffen und eine optimale Raumluftfeuchte sicherzustellen.

Insbesondere in Innenräumen sind nur in großen Ausnahmefällen chemische Holzschutzmaßnahmen erforderlich (z. B. bei Befall mit Echtem Hausschwamm).

Die früher vor allem von 1956 bis 1989 verwendeten Holzschutzmittel enthalten Lindan, Pentachlorphenol (PCP), Dichlordiphenyltrichlorethan (DDT), Dichlofluanid, Dioxine oder Teeröle. Das Spektrum der gesundheitlichen Beeinträchtigungen ist erheblich. Betroffene klagen häufig über Konzentrationsstörungen, Kopfschmerzen, Leistungsschwäche, Hautreizungen, Müdigkeit und Schlafstörungen, manche Stoffe sind krebserregend oder lösen Depressionen aus.

Auch Jahrzehnte nach dem Einsatz können die Giftstoffe noch ausdünsten, ohne dass Sie als Nutzer davon etwas sehen oder riechen können. Die Giftstoffe gelangen z. B. auch über den Hausstaub, an dem sie sich anlagern, in die Atemwege. Besonders in gut gedämmten Gebäuden können sich diese Ausdünstungen anreichern und erfordern eine besonders regelmäßige Lüftung.

Wenn es im Haus Verdachtsmomente für **Holzschutzmittelaltlasten gibt, sollten Sie das unbedingt ernst nehmen** – egal ob es sich um Dachbalken, Decken- und Wandverkleidungen, Paneele oder Holzfußböden handelt. Wer Gewissheit haben will, ob im Haus verbautes Holz früher mit giftigen Holzschutzmitteln behandelt worden ist, kann eine Holz- oder Staubprobe untersuchen lassen oder beauftragen Sie zur Untersuchung ein baubiologisches Labor.

4.6 Betonbau, Stahlbetonbau

Der Betonbau sollte aus klimaschutztechnischer Sicht weitestgehend zurückgedrängt werden. Für Beton werden Zement (meist Portlandzement), Sand, Kies und Wasser benötigt. Zement ist einer der energieaufwendigsten Baustoffe. Zement emittiert darüber hinaus während der Herstellung prozessbedingt sehr viel CO_2. Ein Drittel der anfallenden CO_2-Emissionen in der Zementherstellung (600 bis 1000 kg CO_2 pro Tonne Zement) gehen auf den Einsatz von Brennstoffen zurück. Zwei Drittel der Emissionen entstehen durch rohstoffbedingte Prozessemissionen, die beim Brennen des Zementklinkers freigesetzt werden.

Sowohl der Kalkstein als Zementgrundlage als auch Sand und Kies sind Primärrohstoffe, die nicht in ausreichendem Maße zur Verfügung stehen. In vielen Ländern ist Sand, ebenso wie Wasser, schon Mangelware. Auch Stahl, der beispielsweise für Bewehrungszwecke, für Träger und Unterzüge eingesetzt wird, benötigt für die Herstellung sehr viel Energie, ganz abgesehen davon, dass in Deutschland fast alle Rohstoffe dafür importiert werden müssen.Daher soll hier nicht ausführlich auf den Betonbau eingegangen werden.

Im Einfamilienhausbau ist Betonbau auch eher selten und wird nur für repräsentative Gebäude genutzt. Trotzdem enthält schon ein „einfaches" gemauertes Einfamilienhaus (zwei Geschosse) mit 110 m² Grundfläche durch Keller, Betondecken, Stützen, Unterzüge, Treppen und sonstige Fundamente etwa 110 m³ Beton, zum Teil mit Stahlbewehrung.

Schul-, Verwaltungs-, Klinik- und Kulturgebäude sowie große Wohngebäude werden dagegen meist noch in Beton gebaut. Vor allem dort ist ein Umdenken erforderlich und es gibt bereits gute Beispiele als reine Holzbauten oder Holzhybridbauten (also aus Holz und Beton).

Aus Klimaschutzgründen sind immer wiederkehrende Abrisse und Neubauten von Stahlbetongebäuden unbedingt zu vermeiden. Aus wirtschaftlicher Sicht wird bei Verwaltungsgebäuden oder vergleichbaren Bauten von 50 Jahren Standzeit ausgegangen.

Abb. 11: Stahlbeton-Skelettbau der 1970er-Jahre, heute sanierungsbedürftig

Das ist klimatechnisch bereits sehr kurz, aber die Praxis zeigt, dass Leerstände und Abrisse oft viel früher stattfinden.

Die Abbildung zeigt das großvolumige Gebäude „Haus der Statistik" in Berlin vom Anfang der 1970er-Jahre. Ein Abriss wurde verworfen. Nach langem Leerstand seit 2008 ist die Sanierung, Umnutzung und Ergänzung für die Nutzung als neues Rathaus und Finanzamt, für Sozialwohnungen und für gemeinnützige Zwecke der aktiv beteiligten Bürgerschaftsinitiativen geplant. Baubeginn soll 2024 sein.

Um im Betonbau **mehr Rücksicht auf den Klimaschutz** zu nehmen, wird intensiv geforscht. Ein Ansatz ist „Recyclingbeton" aus gemahlenem Altbeton, gemischt mit frischem Zement, Wasser und Sand. Andere Forschungen befassen sich mit dem Ersatz von Portlandzement. Es bleibt zu hoffen, dass die Forschung forciert wird und neue Baustoffe bald in die Praxis umgesetzt werden können.

Eine andere Einsparmöglichkeit von Beton ist der Verzicht auf einen Keller, sodass nur noch die Bodenplatte zu betonieren ist. Damit lassen sich erhebliche Mengen an Treibhausgasen einsparen → Kapitel 3, Abb. 1, Seite 42.

Auch mit der Bauweise kann neu gedacht werden. So gibt es im Stahlbeton-Skelettbau neue Ansätze zum kreislaufgerechten Bauen, indem die Stützen und Träger nicht mehr eingegossen, sondern geschraubt werden. Das ergibt lösbare Verbindungen und eine Nachnutzbarkeit von Betonbauteilen. Darüber hinaus zeigen Sanierungsbeispiele von Stahlbeton-Skelettbauten, dass Fassaden hochwärmegeschützt mit Holzbauteilen geschlossen werden können.

Die Dämmung von größeren Betongebäuden mit Holztafelbauelementen ist bereits seit über zehn Jahren eine bewährte Sanierungsmethode in Deutschland. Sie hat den besonderen Vorteil, dass die Dämmelemente vorgefertigt zur Baustelle kommen, außen aufgesetzt werden und Eingriffe in die Nutzungsbereiche des Gebäudes auf ein Minimum reduziert werden (z. B. nur zum Ausbau der Fenster im bisherigen Bau). Ein zweiter Vorteil ist, dass der Bestand energetisch saniert und nicht abgerissen und neu gebaut wird.

In den Niederlanden wird dieses „Einhüllen" mit vorgefertigten Elementen und kompletten neuen Modulen für die Wärmetechnik in der Sanierung von Einfamilien- und Reihenhäusern „Energiesprong" genannt. In Deutschland schreitet das Energiesprong-Prinzip nur langsam voran, da hier die Architektur individueller ist und die Vorfertigung damit aufwendiger und teurer wird.

Die Abbildungen 12 und 13 zeigen ein typisches städtisches Mehrfamilienhaus aus den 1950er-Jahren in Kassel, das mit Holztafelbauelementen, ausgeblasen mit Zellulose, gedämmt wurde. Das Dachgeschoss wurde in Holztafelbauweise neu errichtet, die Hofseite mit vorgesetzten Balkonen aufgewertet. Sowohl der Wärme- und sommerliche Hitzeschutz als auch der Schallschutz erweisen sich als hervorragend.

Abb. 12: Ein typisches städtisches Mehrfamilienhaus aus den 1950er-Jahren in Kassel ...

Abb. 13: ... wurde mit Holztafelbauelementen, ausgeblasen mit Zellulose, gedämmt.

4.7 Trockenbau

Als Trockenbau wird der Innenausbau mit trockenen Materialien bezeichnet. Meist werden Gipskartonplatten für Wandverkleidungen, Holzkapselungen (Brandschutz) und leichte Trennwände verbaut (Produktion in Deutschland 2021: 249 Mio. m², Quelle: https://de.statista.com). Auch Gipsfaserplatten (2021: 33 Mio. m²), OSB-Platten und andere Holzbauplatten werden im Innenausbau häufig verbaut.

Gips ist ein natürlicher Rohstoff, gleichzeitig fällt künstlicher Gips bei der Abgasreinigung in Kohlekraftwerken an (Sulfatabscheidung). Letzterer wird in Zukunft in Deutschland kaum mehr zur Verfügung stehen.

Gips ist kein klimafreundlicher Baustoff. Trotz der in großem Umfang getrennten Bereitstellung der gipshaltigen Abfallmassen haben sich das Recycling und eine Kreislaufwirtschaft bisher nur in ersten Ansätzen ausbilden können (Umweltbundesamt 2019). Die Abfallmengen ohne Verwertung bleiben erheblich, obwohl Gips nahezu vollständig recycelbar ist und dieser RC-Gips bis zu 30 % in neuen Gipskartonplatten einsetzbar wäre.

OSB- und andere Holzbauplatten sind wegen ihres Holzanteils klimafreundlich, weil Holz im Wachstum erhebliche Mengen CO_2 speichert, das in den Platten über die Lebenszeit der Platten als sogenannte „Kohlenstoffsenke“ wirkt. Allerdings enthalten die Platten auch erhebliche Mengen Klebstoffe, die spätestens bei der Abfallverbrennung wieder flüchtige organische Komponenten freisetzen.

Als Trockenbausysteme von leichten Zwischenwänden sind Metallschienen, Plattenbeplankung und meist konventionelle Dämmstoffe üblich.

Es gibt aber auch nachhaltigere Systeme mit einem besonders guten Schallschutz aus Holzlatten mit Holzbauplatten und Holzfaserdämmmatten oder Innenausbaudämmplatten aus Holzfaser mit Wellpappekern, sowohl für leichte Trennwände als auch für Wärmedämmbeplankungen.

4.8 Fugen

Für alle Mauerwerke wird Fugenmörtel verwendet, bei Plansteinen auch Dünnbettmörtel.

Fugenmörtel sollten Sie planmäßig in seiner Beständigkeit (oder Härte) so wählen, dass aufgenommene Niederschlagswässer den Fugenmörtel zuerst zersetzen. Niederschlagswässer enthalten immer gelöste Salze, die andernfalls die Ziegel oder den Naturstein durch Ausblühungen und Steinzersetzungen schädigen. Abstimmung auf das Mauerwerksmaterial heißt: Kalkmörtel bei Hintermauerungsziegeln, geringer Zementanteil bei Sichtmauerwerk und höherer Zementanteil bei Klinkern. Für die meisten Natursteinarten ist natürlicher hydraulischer Kalkmörtel (NHL-Mörtel) geeignet.

Bei verputzten Gebäuden übernimmt der Fassadenputz die Rolle des „Opfers“.

Vor einer Fugensanierung am Sichtmauerwerk ist die Fassade zu reinigen. Bei den Reinigungsverfahren, insbesondere beim Einsatz von Hochdruckreinigern, ist darauf zu achten, dass die Ziegelhaut oder der Naturstein nicht beschädigt werden. Das früher verwendete „Absäuern“ mit säurehaltigen Wässern ist wegen Materialschädigung und aus Umweltschutzgründen heute verboten.

!

Achtung! Fugen sollten immer leicht nach innen gewölbt oder maximal plan zum Mauerwerk sein, damit sie nicht als Wasserspeicher und Tropfkante bei Niederschlägen wirken. Nach außen gewölbte Fugen, wie man sie zum Teil beobachtet, sind kein Schmuck, sondern bautechnischer Unverstand.

4.9 Fassadenputze und Farben

Die Fassadenputze richten sich bei Neubauten nach der Art des Mauerwerks und der Dämmung und sollten möglichst nicht als dünnschichtiger Kunststoffputz aufgebracht werden. Zu beachten ist in jedem Fall, dass die Diffusionsfähigkeit der Bauteilschichten von innen nach außen abnehmen sollte.

Mineralische Putze sind für Fassaden eine gute und umweltfreundliche Wahl.

Abb. 14: Polystyroldämmung mit ungeeignetem Deckputz

Anstriche auf mineralischen Untergründen sollten ebenfalls auf mineralischer Basis und diffusionsoffen sein, z. B. Silikatfarbe oder Kalkfarbe.

Insbesondere **Holzanstriche** müssen diffusionsoffen sein. Leider weisen Hölzer oft noch dicke (und dichte) Anstriche mit Kunstharzfarben und -lacken auf. Durch einen ungeeigneten dichten Anstrich kann Holz (auch an Fenstern) in kurzer Zeit faulen, weil durch Mikrorisse Feuchte eindringen, aber nicht wieder austreten kann.

Abb. 15: Ungeeignete Fensterfarbe auf einem Holzfenster, Moderfäule nach 15 Jahren

Gut zu wissen

Alte Hölzer (vor dem 2. Weltkrieg, in der ehemaligen DDR auch bis in die 1980er-Jahre) wurden normalerweise mit Leinöl grundiert und mit Leinölfarben gestrichen. Auf dieser Basis halten andere Anstriche schlecht, daher wird empfohlen, weiterhin mit Leinölfarbe zu streichen. Diese Farbe muss mehrfach aufgetragen werden und trocknet langsam, dafür ist der Anstrich sehr holzverträglich, lange haltbar und sehr schön in allen Farbschattierungen. Sollten nach Jahren Farbpigmente abpudern (Sonnenseite), kann der Anstrich mit einem einfachen Nachölen wieder gefestigt werden.

4.10 Innenausstattung

Die individuelle Gestaltung im Inneren eines Hauses oder einer Wohnung lässt beim Neubau und bei Sanierungen viel Spielraum.

Entscheidend für die Nachhaltigkeit sowie den Umwelt- und Klimaschutz ist auch hier die Auswahl von Fußbodenbelägen, Decken- und Wandbekleidungen, Anstrichen und Möbeln nach den Kriterien: so viel Naturmaterialien wie möglich – so wenig Kunst- und Klebstoffe wie notwendig.

Vielen Menschen ist nicht bewusst, dass sie ausdünstende organische Substanzen selbst einbringen, die zu gesundheitlichen Beschwerden führen können. Diesbezüglich wäre es besser, sich z. B. nicht mit Kunststofftapeten, künstlichen Deckenverkleidungen, Möbelspanplatten-Einrichtungen, Kunststoff-Fußbodenbelägen, synthetischen Vorhängen, Möbelstoffen, Laminat und synthetischen Teppichen oder Raumduftzerstäubern einzurichten.

Zusätzlich führen sogenannte „preiswerte“ Materialien und Einrichtungsgegenstände meistens zu einem ständigen Wegwerfen und Neukaufen mit viel Abfall. Laminat aus Kunststoff ist z. B. nicht reparabel und nach ca. zehn Jahren erneuerungsbedürftig. Echte und qualitativ hochwertige Holzfußböden, geölt oder gewachst, halten lebenslang und können immer wieder aufgearbeitet werden. Ein Lehmputz (auch durchgefärbter Deckputz) ist jederzeit reparabel und kann mit einem Schwammbrett in großen zeitlichen Abständen wieder aufgefrischt werden.

Sparen Sie also nicht an Ihrer Innenausstattung, anfänglich erhöhte Kosten sind schlussendlich viel preiswerter, nachhaltiger und wohngesünder.

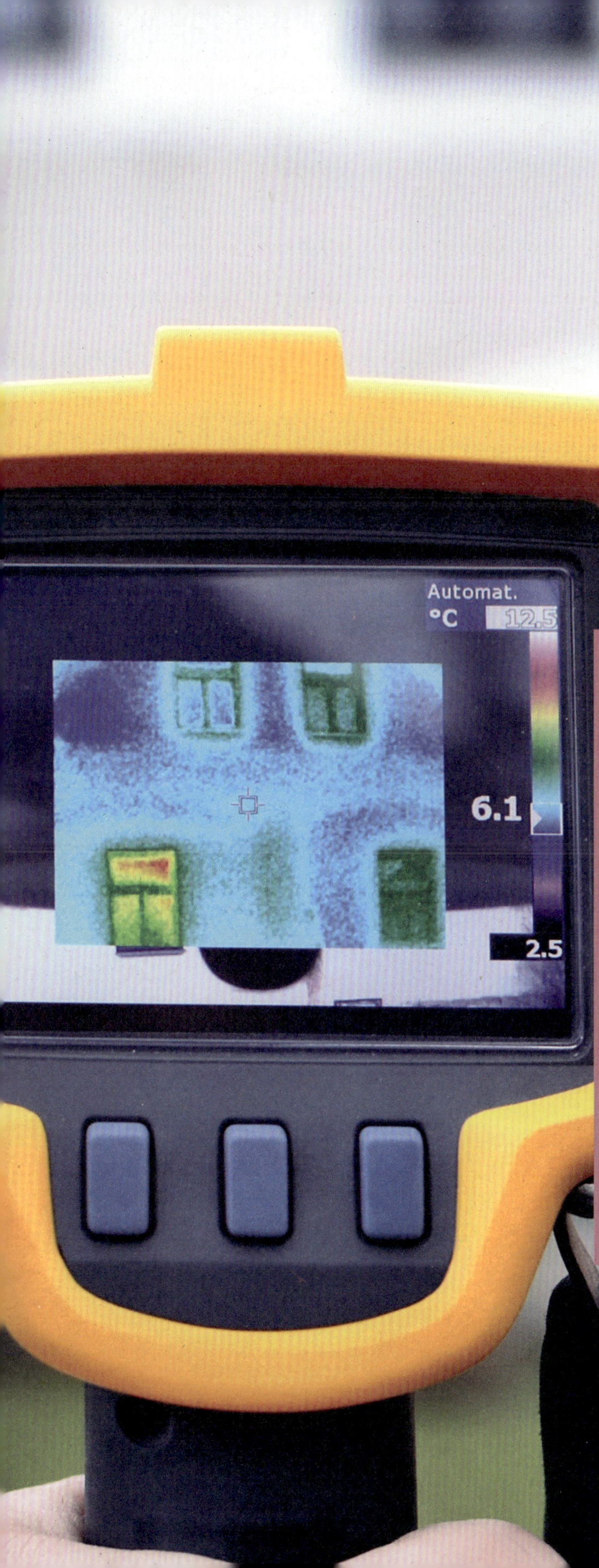

5 Wärmedämmstoffe

Wärmedämmende natürliche Materialien wurden genutzt, seit Wohngebäude in kühleren Erdteilen errichtet wurden, sei es das Grasdach auf Erdhütten, Grasschichten zwischen Lehmflechtwerk oder Schilf und Stroh auf Dächern.

Heute erhalten Wärmedämmstoffe aus Klimaschutzgründen eine zunehmende Bedeutung, denn die Bauweisen haben sich verändert. Viele Gebäude sind nicht ausreichend gegen winterliche Kälte und sommerliche Hitze geschützt, unsere Ansprüche an Behaglichkeit haben sich verändert und der Energieverbrauch in beheizten Gebäuden ist wesentlich zu hoch. Ein hoher Energieverbrauch heute noch üblicher Heizsysteme mit Öl oder Gas bedeutet einen hohen Ausstoß an Treibhausgasen, der unbedingt vermieden werden muss.

Hintergrund: Fachbegriffe zur Wärmedämmung

Einige wichtige Fachbegriffe werden hier leicht erklärt:

U-Wert = Wärmedurchgangskoeffizient (auch „Wärmedämmwert")
Der U-Wert eines Bauteils (über alle Schichten) ist das Maß und ein wichtiger Kennwert für seine Dämmeigenschaften. Dabei wird jedes Bauteil mit allen Schichten einzeln erfasst, also Außenwand, Fenster, Tür, Dach bzw. oberste Geschossdecke, Kellerdecke usw. Der U-Wert wird in W/(m²·K), also Watt pro Quadratmeter mal Kelvin, angegeben. Er gibt die Wärmemenge an, die in einer Sekunde durch einen Quadratmeter eines Bauteils von warm nach kalt transportiert wird, wenn der Temperaturunterschied zwischen Innen- und Außenluft 1 K beträgt. (Temperaturunterschiede werden wissenschaftlich in Kelvin angegeben, wobei ein Temperaturunterschied von 1 K zahlenmäßig 1 °C entspricht.)
Je kleiner der U-Wert, desto besser ist die Wärmedämmwirkung des Bauteils. Da sich z. B. komplette Fassaden aus mehreren Bauteilen zusammensetzen und manche Wände auch inhomogen sind, ist die Berechnung insgesamt kompliziert und bleibt entsprechenden Planungs- oder Energieberatungsbüros vorbehalten. Der U-Wert einer Außenwand und eines gedämmten Daches sollte nach Vorgaben des Gebäudeenergiegesetzes (GEG) beispielsweise maximal 0,24 W/(m²·K) betragen. Kleinere und damit bessere U-Werte sind bautechnisch oft möglich und in der Regel auch sinnvoll.

Lambda-Wert (λ-Wert) = Wärmeleitfähigkeit
Der Lambda-Wert W/(m·K) beschreibt die Wärmeleitfähigkeit eines einzelnen Baustoffs, er ist damit das Standardmaß für die Wärmemenge, die in einer Sekunde durch ein bestimmtes Material mit 1 m² Fläche und 1 m Dicke bei einer Temperaturdifferenz von 1 K hindurchfließt. Der λ-Wert ist einer der bauphysikalischen Werte bei der Auswahl eines Wärmedämmmaterials für den gewünschten Verwendungszweck, aber nicht der alleinige. Die üblichen Wärmeleitfähigkeitswerte von Dämmstoffen liegen zwischen 0,030 und 0,045 W/(m·K), Hochleistungswärmedämmstoffe liegen unter 0,030 W/(m·K)
Auch hier gilt: **Je kleiner die Wärmeleitfähigkeit, desto besser die Wärmedämmung.**

5.1 Dämmstoffe aus Kunststoff

Zu den Dämmstoffen aus geschäumten Kunststoffen gehören **Polystyrol-Hartschaumplatten**: EPS als expandiertes (Markenname meist Styropor) und XPS als extrudiertes Material (Markenname meist Styrodur). Rein äußerlich ist beim EPS eine Perlstruktur zu erkennen, während XPS eine gleichmäßige Schaumstruktur aufweist. XPS wird vorwiegend im erdberührenden und Spritzwasserbereich eingesetzt und meistens vom Hersteller durch Farbstoffe kenntlich gemacht.

Ein weiterer geschäumter Kunststoff-Dämmstoff ist **PUR-Hartschaum**, ein geschlossenzelliger harter Schaumkunststoff aus Polyurethan.

Weitere technische Entwicklungen führten zur nächsten Produktgeneration, dem ebenfalls geschlossen-

!

Achtung bei Sanierungen und Rückbau! Ältere Polystyrol-Schaumkunststoffe (EPS und XPS), verkauft bis Juni 2016, enthalten häufig das Flammschutzmittel Hexabromcyclododecan (HBCD). Expandiertes Polystyrol (EPS) enthält in der Regel 0,7 % und extrudiertes Polystyrol (XPS) ca. 1,5 % HBCD, der Grenzwert für gefährlichen Abfall liegt bei 3 %. Die Dämmstoffe müssen gesondert entsorgt und zwingend verbrannt werden (Zerstörung des Schadstoffs). HBCD-haltige Abfälle können in Abfallverbrennungsanlagen für Siedlungsabfälle behandelt werden. Im Zweifelsfall kann ein Schnelltest mit einer Röntgenfluoreszenzanalyse erfolgen (Empfehlung des Umweltbundesamtes).

zelligen **PIR-Hartschaum** (Polyisocyanat- oder Polyiso-Hartschaum). PUR und PIR zeichnen sich durch ein besonders gutes Wärmedämmvermögen aus und sie deformieren sich nur im Brandfall. Allerdings werden im Brandfall bzw. beim Schmelzen sehr giftige Gase frei.

Die Rohstoffbasis aller geschäumten Kunststoffdämmstoffe ist Erdöl als importierter Primärrohstoff.

Gut zu wissen: HBCD

Im Mai 2013 ist die Chemikalie Hexabromcyclododecan, kurz HBCD, unter der internationalen Stockholm-Konvention als persistenter, also in der Umwelt schwer abbaubarer, organischer Schadstoff (POP) identifiziert worden. Daraus folgt ein weltweites Handels- und Verwendungsverbot, dass nach und nach von allen beteiligten Staaten stufenweise umgesetzt wird. HBCD war lange das wirtschaftlich wichtigste Flammschutzmittel für Dämmstoffe aus Polystyrol. (Quelle: Umweltbundesamt)

Hintergrund: Wärmedämmstoffe auf Kunststoffbasis

Betrachtet man Wärmedämmstoffe auf Kunststoffbasis bezüglich der Klimafreundlichkeit, so wäre festzustellen, dass eine Dämmmaßnahme grundsätzlich Energie und damit CO_2 spart. Trotzdem sollten Sie sich dessen bewusst sein, dass Kunststoffe auf der Basis fossiler Rohstoffe mit allen Umweltbegleiterscheinungen hergestellt werden. Ein Recycling oder sogar eine Wiederverwendung werden bisher kaum praktiziert, die thermische Verwertung in Müllverbrennungsanlagen ist üblich.

Insbesondere bei festen Schaumkunststoffplatten ist auf eine sehr gute Ausführungsqualität der Dämmmaßnahme zu achten: Sie benötigen einen glatten Untergrund, damit sie auch vollflächig mit der Außenwand verbunden werden können. Das ist bei einer nachträglichen Dämmung im Sanierungsfall oft nur mit einem Vorputz zu realisieren (⇢ auch „Außendämmung“, Seite 80). Beim Einsatz von EPS-Platten über mehrere Geschosse werden Brandriegel aus nicht brennbaren Materialien benötigt. Auch Kunststoffdämmungen sollten mit mineralischen Putzen geputzt werden, um einen Algenansatz zu vermeiden. Die immer noch übliche Biozidbehandlung von Fassaden gegen Algenbefall schadet dem Grundwasser.

Insgesamt sollte für jedes Bauteil abgewogen werden, ob ein Materialwechsel hin zu Dämmstoffen aus nachwachsenden Rohstoffen und/oder zu kreislauffähigen Rohstoffen möglich und sinnvoll ist (vgl. auch die Beispiele in Kapitel 3, Tabelle 1 und Abb. 2 auf den Seiten 43 und 44 zu den Baukonstruktionsmöglichkeiten). Auch für den sommerlichen Hitzeschutz haben sich Naturfaserdämmstoffe bei der Fassaden- und Dachdämmung sehr gut bewährt.

5.2 Dämmstoffe aus künstlichen Fasern

Mineralwolle ist der Oberbegriff für künstliche Faserdämmstoffe, wobei das Mischungsverhältnis aus Glas- und Natursteinfasern unterschiedlich sein kann.

Glaswolle wird aus Altglas (bis zu 70 %), Sand, Kalkstein, Soda und Bindemittel hergestellt. Glaswolle ist nicht brennbar, schmilzt aber bei ca. 700 °C.

Steinwolle wird aus natürlichen Gesteinen wie Feldspat, Dolomit, Basalt, Diabas, Anorthosit sowie Recyclingmaterial und Bindemitteln hergestellt. Reine Steinwolle ist nicht brennbar und in der Regel bis 1.000 °C stabil.

!

Achtung bei Sanierungen und Rückbau! Der Faserstaub von Mineralwolleprodukten, die bis zum Jahr 2000 hergestellt wurden, wird durch den Gehalt an lungengängigen Fasern als „möglicherweise krebserregend" eingestuft. Das bedeutet, dass alte glasfaserhaltige Dämmstoffe genauso beseitigt werden müssen wie Asbestfasern (Entsorgungsfirma, Vollschutz, luftdicht verschlossene Säcke, Sonderdeponie).

Hintergrund: Zur Klimafreundlichkeit von Mineralfaserprodukten

Die Herstellung von Mineralfasern, ob aus Stein oder Glas, erfordert hohe Schmelztemperaturen mit entsprechendem Energieverbrauch und Treibhausgasemissionen. Die Entsorgung von Mineralwolleprodukten ist generell problematisch. Die Fasern werden in der Regel deponiert, da sie nicht thermisch verwertbar sind. Sie verrotten nicht und in Zukunft wird Abfall in großen Mengen anfallen. Ein Rücklauf zum Recycling ist nur sortenrein und ohne Anhaftungen möglich.

5.3 Mineralische Dämmplatten

Als eine nicht brennbare, schimmelresistente Dämmvariante wurden leichte Mineralschaumplatten entwickelt. Sie sind diffusionsoffen und besitzen die sehr gute Fähigkeit, Feuchte aufzunehmen, zu speichern und wieder abzugeben, was besonders bei der Innendämmung wichtig ist. Am bekanntesten und üblich sind Calcium-Silikat-Platten. Mineralschaumplatten haben eine geringere Wärme(speicher-)Kapazität, einen schlechteren Dämmwert als Naturfaserdämmstoffe und liegen in der Regel preislich höher.

Die Rohstoffe und Herstellungsverfahren ähneln denen von Porenbeton (zementhaltig). Die Entsorgung erfolgt auf Baustoffdeponien. Aus Sicht der Klimafreundlichkeit sollte deutlich abgewogen werden, wo die Mineralschaumplatte unbedingt erforderlich ist.

!

Achtung! Es gibt Varianten der mineralischen Platten mit einem Kern aus Polyurethan. Das verbessert den Wärmedurchgangskoeffizienten, aber mindert die Diffusionsfähigkeit, was sie als Innendämmung ungeeignet macht.

5.4 Sonderdämmstoffe

In den letzten Jahrzehnten wurden Vakuum-Isolations-Paneele (VIP) entwickelt. Sie bestehen aus einem Vakuumkern bzw. aus porösem Kernmaterial, umhüllt von einer luftdichten Folie. Die sehr niedrige Wärmeleitfähigkeit bei geringer Dicke eröffnet Einsatzmöglichkeiten im Spezialfall. Allerdings stehen bauphysikalische (abdichtend), baupraktische (unbedingt beschädigungsfreier Einbau) und kostenintensive Erwägungen einem großflächigen Einsatz entgegen. Auch die Fensterlaibungen bedürfen nur in seltenen Ausnahmefällen einer VIP-Dämmung, da in der Regel auch eine Holzfaserdämmung von 1 bis 2 cm ausreicht.

5.5 Wärmedämmputze

Es gibt die Möglichkeit, Gebäude mit relativ dick aufgetragenen Wärmedämmputzen energetisch zu ertüchtigen, wenn keine Außendämmung möglich oder erwünscht ist. Dabei wird ein hydraulischer Kalk- oder Kalkzementputz mit dämmenden (geblähten) Zuschlagstoffen vorgefertigt, z. B. Polyester-, Perlit oder Aerogelkügelchen. Die Zuschläge enthalten viel Luft und verringern damit die Wärmeleitfähigkeit.

!

Achtung! Bei geschmückten Fassaden (z. B. Jugendstilgebäude) verdirbt die Putzdicke den Gesamteindruck erheblich, daher sind dicke Putzschichten dort ungeeignet.

5.6 Dämmstoffe aus Naturfasern

Naturfaserdämmstoffe sind viel länger bekannt als landläufig angenommen. Ein namhafter Hersteller von Holzfaserdämmplatten blickt bereits auf eine über 100-jährige Geschichte zurück. Dämmstoffe aus einjährigen Pflanzen (Stroh, Flachs, Faserhanf, Schilf) sind noch länger bekannt.

Ein sehr wichtiger Beitrag der Naturfaserdämmstoffe zum Klima- und Umweltschutz ist das ständige Nachwachsen der Rohstoffe unter Speicherung von CO_2. Positive Umweltwirkungen sind auch durch eine Nachnutzung (Kaskadennutzung), die überwiegende Kreislauffähigkeit und schließlich die restlose thermische Verwertung oder Verrottung dieser Materialien gegeben.

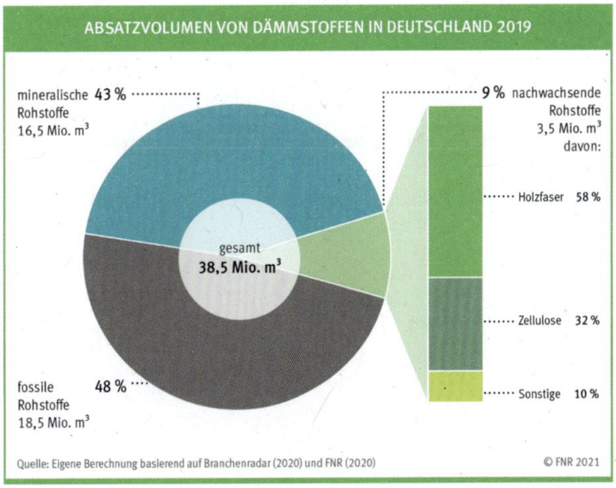

Abb. 1: Dämmstoffe in Deutschland nach Rohstoffen

Der Marktanteil ist aufgrund der großen Vielfalt der Materialien und vieler Hersteller schwer zu verifizieren, er liegt aktuell bei ca. 9 % mit steigender Tendenz.

Naturfasern haben enorme Vorteile: Sie können durch ihre Zellstruktur sehr gut mit Feuchte umgehen, sie schützen vor Winterkälte und Sommerhitze und wirken sich auch auf den Schallschutz positiv aus. Die spezifische Wärmekapazität ist sehr gut, was zu warmen Wänden führt und damit die Behaglichkeit bei Innendämmung verbessert. Die Materialien werden diffusionsoffen verbaut und benötigen in der Regel keine Dampfbremsen. Wichtig ist an Außenbauteilen eine Winddichtung und der innenseitige fugenfreie (zug-) luftdichte Verbau.

Die Naturfaserdämmstoffe sind nur in Ausnahmefällen (z. B. Stroh, Seegras) völlig frei von Zusätzen. Entflammungshemmende Substanzen sind Vorschrift und werden als nicht lösliche und nicht ausgasende Salze beigemischt. Diese Salze wirken auch vergällend gegen tierische Schädlinge. Bestimmte Verfahren der Fertigung erfordern (geringe) Anteile an Leim oder Polyethylen-Stützfasern in Dämmmatten. Schafwolle benötigt Mottenschutz.

Tipp

Dämmstoffe: Genaue Informationen und Volldeklarationen sind bei den Herstellern zu erhalten oder in der Broschüre Marktübersicht „Dämmstoffe aus nachwachsenden Rohstoffen" in der Mediathek der FNR nachzulesen. **www.fnr.de**

Naturfaserdämmstoffe werden nach ihrer Herkunft unterschieden:

Pflanzliche Fasern: Dazu gehören vor allem Holzfasern, Hanf- und Jutefasern, Stroh, Schilfrohr, Kork/Blähkork, Seegras, Flachsfasern und Wiesengras.

Abb. 2: Verschiedene Naturfaserdämmstoffe aus pflanzlichen Fasern, hier: Holzfaser, Hanffaser, Typha-Rohrkolbenschilf, Zellulosematte, Lehm-Blähkork

Recycelte Fasern: Das sind vor allem Zellulosefasern aus zerfasertem Papier, das aus Rückläufen von Druckerzeugnissen gewonnen wird.

Abb. 3: Zellulosefaserdämmstoff als Einblasdämmung

Tierische Fasern: Dazu gehört die Schafwolle. Leider kann Rohwolle nicht zum Einsatz kommen, die Schafwolle muss also aufwendig aufbereitet werden. Schafwolle hat aber besondere Einsatzgebiete, da sie Schadstoffe (VOC) absorbieren und chemisch in ungiftige Verbindungen umsetzen kann.

Abb. 4: Schafwolledämmung in verschiedenen Mattenausführungen

Unterscheidet man die Naturfaserdämmstoffe nach ihrer Anwendung, so zeigt sich relativ schnell, dass die Plattendämmstoffe (überwiegend Holzfasern) den größten Anteil ausmachen, gefolgt von Einblasdämmung (überwiegend Zellulose) und der Vielfalt von flexiblen Matten (überwiegend Holzfasern, Hanf- und Jutefasern, Schafwolle).

Damit überwiegen in der Anwendung die seit Langem eingeführten Naturfaserdämmstoffe, die auch rationell hergestellt werden und preislich am Markt mithalten können. **Es empfiehlt sich, mit bekannten, marktüblichen Naturfaserdämmstoffen zu arbeiten.**

In Zukunft wird sicher Stroh (bereits marktüblich) eine größere Rolle spielen, ob als Strohballen, als Strohdämmplatte oder als Einblasdämmstoff.

Korkplatten sind als Fußbodenbelag (mit geringfügiger Dämmwirkung) sehr beliebt, als Wanddämmung stehen die Wärmeleitfähigkeit und das Feuchteverhalten hinter anderen Dämmstoffen zurück, das Gleiche gilt für Schilfplatten. Blähkork wird aber für marktübliche Platten in der Regel für die Wanddämmung mit Lehm kombiniert, was den Feuchteausgleich stark verbessert.

Wiesengras oder Seegras sind als Einblasdämmstoff auf dem Markt. Der Einsatz ist aber die Ausnahme und erfordert besondere Technik und erfahrene Spezialisten zum Einblasen.

Der Flachsanbau ist aufwendig, daher werden diese Fasern eher in anderen Branchen genutzt.

Auch im Bereich der natürlichen Dämmstoffe wird intensiv geforscht. Jedes neue Produkt sollte aber genau hinterfragt werden, welche Inhaltsstoffe verwendet werden und ob der Dämmstoff diffusionsoffen, recycelbar und kreislauffähig ist. Bei Hybriddämmstoffen (mehrere verschiedene Schichten und Kaschierungen) ist ein Recycling grundsätzlich problematisch.

5.7 Kennzeichnung von Dämmstoffen

Wärmedämmstoffe benötigen in Deutschland eine bauaufsichtliche Zulassung oder müssen den europäischen Normen (EN) entsprechen. Einige Dämmstoffe werden allerdings erst durch den Einbau zu geregelten Dämmsystemen, wie z. B. die Einblasdämmstoffe. Dort gilt dann die Gesamtheit des Systems für die bauaufsichtliche Zulassung, wofür die Handwerkerfirma garantieren muss. Auch Produkte mit CE-Kennzeichnung nach Bauproduktenverordnung (EU-BauPVO) können zugelassen sein. Die wichtigsten Klassifizierungen von Dämmstoffen betreffen die Wärmeleitstufen (WLS), früher Wärmeleitgruppen (WLG), die Brennbarkeit nach EU-Einstufung sowie den Anwendungstyp.

Im Zuge der Harmonisierung europäischer Normen und Standards wurden die Wärmeleitgruppen (WLG) durch **Wärmeleitstufen (WLS)** ersetzt. Statt wie früher in Fünfer-Schritten wird jetzt nach Einer-Schritten eingestuft, z. B. Dämmstoffe der WLS 031 haben eine Wärmeleitfähigkeit von 0,031 W/(m·K), Dämmstoffe der WLS 030 haben eine Wärmeleitfähigkeit von 0,030 W/(m·K) usw. Diese Angaben werden auf der Verpackung angegeben. Zu unterscheiden sind der Nennwert und der etwas schlechtere Bemessungswert, der für die Berechnung des U-Wertes benötigt wird. In einigen Fällen sind Nennwert und Bemessungswert auf der Verpackung angegeben.

Für die **Brennbarkeit** von Bau- und Dämmstoffen gilt: Bis auf die nicht brennbaren Dämmstoffe (Steinwolle, Schaumglas, Perlit, Mineralschaumplatten) sind fast alle Dämmstoffe in die Euro-Klassen B bis E (schwer bis normal entflammbar) eingeteilt. Auch eine Holzfaserdämmplatte gibt es schon in der Klasse „schwer entflammbar". Leicht entflammbare Materialien (Euro-Klasse F) sind als Baustoff generell nicht zugelassen.

Die **Anwendungsgebiete bzw. Anwendungstypen** von Dämmstoffen sind vielfältig, sie werden grob in Dach/Decke, Perimeterdämmung (Wärmedämmung erdberührter Bauteile auf der Außenseite) und Wand eingeteilt und mit Abkürzungen auf der Verpackung gekennzeichnet, z. B. WAB = Wand-Außendämmung hinter Bekleidung. Normalerweise ist an einem angegebenen Piktogramm erkennbar, was gemeint ist. Im Zweifelsfall sollte nachgefragt werden.

5.8 Energetische Ertüchtigung mit Wärmedämmstoffen

Außendämmung

Als Außendämmung bezeichnet man den Wärmeschutz der Fassade, der in verschiedenen Konstruktionsarten angebracht werden kann. Bei einem **Wärmedämmverbundsystem (WDVS)** handelt es sich um verputzte Plattendämmstoffe, die nicht nur aus Kunststoff-Hartschaumplatten, sondern auch aus Holzfaserdämmplatten bestehen können. Eine weitere Möglichkeit sind **Wärmedämmmatten**, die als vorgefertigte halbfeste Quader (Mineralwolle) angedübelt werden und putzbar sind oder es werden Matten zwischen Lattenroste geklemmt und mit putzbaren Holzfaserdämmplatten gedeckelt. Schließlich gibt es noch die Möglichkeit der Einblasdämmstoffe. Dazu werden vertikale Stegträger oder Latten an der Fassade angebracht. Die entstandenen Hohlkammern werden vor dem Einblasen mit putzbaren Holzfaserdämmplatten gedeckelt.

Gut zu wissen

Das Einblasen von Dämmstoffen in vertikalen Wandaufbauten, ob Zellulose, andere Naturfasern oder künstliche Fasern, gehört in die Hände eines entsprechend zertifizierten Handwerksbetriebs. Garantiert werden muss, dass keine Setzungserscheinungen auftreten bzw. dass der Dämmstoff im Lauf der Zeit nicht zusammensackt.

Entscheidend bei jeder Dämmung ist, dass der Dämmstoff zu 100 % formschlüssig mit der Außenwand verbunden ist. Eine Luft-Hinterspülung, z. B. durch „Punktklebung" oder unebene Wände, konterkariert den Dämmeffekt und erzeugt Schimmel. Wenn mit

Abb. 5: Dämmung auf unebenem Putz in drei Schichten: Holzfaserdämmmatte horizontal im Lattenrost (1), Holzfaserdämmmatte vertikal im Lattenrost (2), putzbare Holzfaserdämmplatte im Nut-Feder-System (3)

Dämmmatten im Lattenrost oder Einblasdämmung gearbeitet wird, können mineralische Putze mit allen Unebenheiten oder Abplatzungen, unebene Mauerwerke oder Fachwerke so verbleiben und müssen vor dem Dämmen nicht vorgeputzt bzw. begradigt werden. Das wirkt sich positiv auf die Kosten aus. Am Objekt des Beispielfotos war das System mit Holzfaserdämmung preiswerter als jede Art konventioneller Dämmung.

Die Aufdopplung von Kunststoffdämmungen ist möglich, sollte aber einer Fachfirma vorbehalten sein. Zu bedenken sind die Überprüfung der Haltbarkeit der bisherigen Dämmung, ggf. das Abreißen der Kunststoff-Putzschicht, die Überarbeitung an allen Anschlüssen (Fensterfaschen, Fensterbänke usw.). Baustellen und Gerüstkosten sind generell einzuplanen. Kostenvergleiche, eventuell vorhandene Schäden und Klimaschutz-Überlegungen können durchaus zur Bevorzugung einer neuen energieeffizienten Dämmung aus Naturfasern führen.

Kerndämmung

Eine Besonderheit der Außendämmung ist die Verfüllung von zweischaligem Mauerwerk. Hier ist zwischen Kerndämmungen bei Neubauten und nachträglicher Hohlraumdämmung in bestehenden Gebäuden zu unterscheiden. Im Altbau werden die Fugen der Außenschale angebohrt und der Zwischenraum vorrangig mit gut rieselfähigem und feuchteresistentem Material ausgeblasen. Ob Mauerwerk und Hohlraum für eine nachträgliche Dämmung überhaupt geeignet sind, muss vorab durch Fachfirmen geprüft werden, die dann auch die Verfüllung übernehmen. Die vollständige Hohlraumdämmung ist nach BEG förderfahig, sofern eine Wärmeleitfähigkeit von 0,035 W/(m·K) nicht überschritten wird.

Innendämmung

Eine Innendämmung ist weder minderwertig noch schadensanfällig, setzt jedoch besondere Sorgfalt bei der Planung und Ausführung voraus. Sie ist nicht nur im Fachwerk gefragt, sondern auch im Fall von erhaltenswerten Fassaden. Ungeputzte, beschädigte oder sehr unebene Wände erhalten ein Lehmbett als Abdichtung und Kleber, in das eine Holzfaserdämmplatte eingedübelt wird.

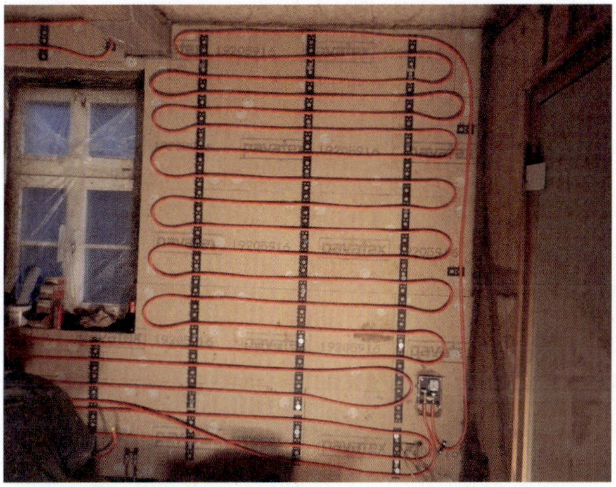

Abb. 6: Innendämmung mit Holzfaserplatten und Hanf-Fugenstopfungen, die Wandheizung wird in den Deckputz eingeputzt.

Auf glatten, geputzten Wänden kann Dämmstoffkleber auf Kalkbasis (vom Dämmstoffhersteller) genutzt werden. Zu Decke, Nachbarwänden, Fußboden werden alle Fugen mit Naturfasern dicht verstopft (Luftdichtigkeit), denn Hinterlüftungen mit warmer Raumluft erzeugen große Mengen Kondenswasser, die Dämmung „säuft ab“. Der Innenputz und die Anstriche sollten auf Lehm- oder Kalkbasis sein.

Beim Mauerwerksbau sind auch Dämmungen mit geklebten Plattenwerkstoffen (Holzfaser, Mineralschaum) oder Naturfasermatten (→ „Außendämmung“, Seite 80) oder Einblasdämmungen im Lattenrost möglich. Die Lattenroste werden mit putzbaren dampfbremsenden Platten gedeckelt (z. B. mit Holzfaserdämm-, Holzwerkstoff-, Gipsfaser-, Gipskarton-, OSB-Platten).

Für Innendämmungen gelten die WTA-Merkblätter (Wissenschaftlich-Technische Arbeitsgemeinschaft für Bauwerkserhaltung und Denkmalpflege e. V.) als technische Regel. Die Fassade muss schlagregendicht sein, denn die Innendämmung darf nicht an der Außenwandseite dauerhaft befeuchtet werden. Das muss insbesondere bei Fachwerk berücksichtigt werden, wo das Lehmbett für die Innendämmplatte die Schlagregendichtigkeit herstellt. Innenseitige dampfdiffusionsdichte Schichten dürfen nicht angebracht werden, auch keine Kunststofftapeten, kunststoffhaltigen Anstriche oder Verkleidungen.

Wenn massive Außenwände an Beton- und Mauerwerksgebäuden von innen gedämmt werden, kann es erforderlich sein, einbindende Innenbauteile mit keilförmigen Anschlussdämmungen, sogenannten Dämmkeilen, zu versehen. Beispiele sind Fußböden mit Verbindung zu einer Balkonplatte, Innenwände oder Decken mit Verbindung zur Außenwand. Anschlüsse haben ohne Dämmung eine deutliche Wärmebrückenwirkung. Den Einsatz von Dämmkeilen sollte ein erfahrenes Planungsbüro nach entsprechender Beurteilung entscheiden. Bei Fachwerk und Holzbau gilt diese Wärmebrückengefahr nicht, da die Einbindung von Decken, Innenwänden und Fußböden in Holzbauteile erfolgt. Allerdings sollte bei Holzbalkendecken beachtet werden, dass auch im Fußboden- und Deckenbereich und an den Balkenköpfen die Außenwand von innen luftdicht mit gedämmt wird. Dort könnte sich sonst aufgrund des Temperaturabfalls Kondenswasser bilden. Balkenköpfe sollten dabei aber nicht mit Kunststoffen eingepackt werden.

Auf der Innendämmung können Wandheizungen mit wasserführenden Schläuchen oder Rohren im Putz verlegt werden.

Abschließend soll noch einmal deutlich darauf hingewiesen werden, dass die noch oft ausgeführte Innendämmung mit Mineralwolle, Glaswolle oder Steinwolle bauphysikalisch nicht vergleichbar mit einer Naturfaserdämmung ist. Die künstlichen Fasern können eine eingedrungene Feuchte (durch Diffusion oder auch durch Feuchteabgabe aus Holz, Putzen, kleinen Fehlstellen oder Mauerwerk) nicht aufnehmen und ableiten wie eine Naturfaser, die in ihren Zellzwischenräumen die Feuchte abtransportiert.

Tipp

Innendämmungen müssen diffusionsoffen sein und **Feuchte nach außen und innen ableiten können**. Bei Naturfaserdämmstoffen wird keine Dampfbremse eingebaut. Konventionelle Dämmstoffe wie Kunststoffhartschaumplatten jeder Art sowie Mineralwolle, Glaswolle oder Steinwolle sind als Innendämmung ungeeignet, weil sie die Feuchte weder puffern noch ableiten können. Synthetische Farben, z. B. Dispersions- oder Kunstharzfarben, Kunststoffverkleidungen, Klebstoffe und geschäumte Tapeten behindern die Diffusionsfähigkeit erheblich.

Die Diffusionsfähigkeit von Naturfasern und Lehmputzen bietet Ihnen eine ausgeglichene Raumluftfeuchte, da die Dämmschicht auch Luftfeuchte aufnimmt und wieder abgibt. Trotzdem müssen Innendämmungen zum Raum unbedingt (zug-)luftdicht sein, damit keine warme Raumluft über Fehlstellen in die Dämmkonstruktion eindringen kann. Vermeiden Sie also unbedingt Durchbohrungen, Fugen, Risse oder Fehlstellen in der Wärmedämmung. An diesen Stellen bildet sich Kondenswasser in erheblichen Mengen. Steckdosen in der Wärmedämmschicht sollten luftdicht sein. Kabel können in Ausfräsungen einer putzbaren Holzfaserdämmplatte verlegt werden (nicht durchfräsen!).

In einer Holzfaserdämmplatte können Dübel mit einer Tragkraft von 12 kg je Dübel genutzt werden. Für schwere Gegenstände bietet sich der Einbau einer Bohle unter dem Putz an (ggf. die Dämmplatte dort etwas ausfräsen).

Künstliche Fasern haben keine Zellen. Eine eingedrungene Feuchtigkeit lagert sich als Tröpfchen zwischen den Fasern an und führt zu lang andauernder Feuchtigkeit, denn eine Trocknung der künstlichen Innendämmung dauert sehr lange. So können leicht Fäulnis, eine deutliche Verschlechterung der Wärmedämmung und ein Zusammensacken der Dämmung auftreten. Eine künstliche Innendämmung wird durch eine Dampfbremsfolie geschützt, aber die Lebensdauer der erforderlichen Dampfbremse ist stets abhängig von der Verlegequalität einschließlich der Befestigungen. Auch Verkehrsvibrationen, Fachwerksbewegungen, eventuelle Bohrlöcher oder sonstige Fehlerquellen können zu Rissbildung in der Dampfbremsfolie und starker Kondenswasserbildung führen.

Dachdämmung

Die Dämmung der **obersten Geschossdecke** in nicht ausgebauten Dächern oder Dachteilen ist Pflicht (auch in denkmalgeschützten Gebäuden). Eine Ausnahme bilden Wohngebäude mit nicht mehr als zwei Wohnungen, von denen der Eigentümer eine Wohnung am 1. Februar 2002 selbst bewohnt hat. Erst im Fall eines Eigentümerwechsels ab 1. Februar 2002 muss der neue Eigentümer diese Dämmpflicht innerhalb von zwei Jahren erfüllen. Eine weitere Ausnahme bilden Holzbalkendecken, die oft schon die Anforderungen an den Mindestwärmeschutz erfüllen.

Abb. 7: Dachdämmung mit Unterdeckplatten aus Holzfaserdämmung

Die Dämmung erfolgt z. B. durch Verlegung von Holzfaserdämmplatten bzw. durch natürliche oder mineralische Dämmmatten oder Einblasdämmstoffe mit diffusionsoffener Deckelung. Um die Schornsteine herum wird nicht brennbare Steinwolle verlegt. Hohlräume in einer Holzbalkendecke zum Dachraum müssen mit Dämmstoffen verfüllt und bestenfalls ausgeblasen sein, denn Zugluft in der Decke mindert die Wirkung der Dämmschicht auf der obersten Geschossdecke erheblich.

Das Ausblasen einer Holzbalkendecke zum Dach kann oft bereits für die Anforderung nach GEG ausreichen, es muss dann nicht zusätzlich auf der obersten Geschossdecke gedämmt werden. Wichtig ist, dass unbedingt alle Öffnungen (Dachklappe, Bodentür, Bodenaufgang) zum Wohngeschoss mit gedämmt werden, denn eindringende warme Luft in den Dachraum erzeugt in der kalten Jahreszeit erhebliche Mengen Kondenswasser.

Bei einer Dach-Neueindeckung im Sanierungsfall sollte unbedingt **eine Unterdeckplatte** (spezielle Holzfaserdämmplatte) zwischen Dachsparren und Dacheindeckung eingebaut werden. Diese bietet sommerlichen Hitzeschutz, sehr guten Schallschutz und sichert das Gebäude bei Unwettern (⇢ „Schutz vor Starkregenereignissen“, Seite 25). Im Sanierungsfall sollten Sie abwägen, ob Sie Ihr schon älteres Dach zugunsten einer Unterdeckplatte neu eindecken. Diese Maßnahme wird über die Bundesförderung für effiziente Gebäude (BEG) mit allen Rückbau-, Material- und Handwerkerkosten gefördert (⇢ Seite 28).

Beim Dachausbau empfiehlt sich eine Dämmung zwischen den Sparren aus Naturfasern (z. B. Holz- oder Zelluloseeinblasdämmung, Holz-, Hanf- oder Jutefasermatten). Von außen sollte eine Unterdeckplatte aus Holzweichfaser und von innen eine vollflächige, luftdichte Deckelung mit OSB oder Holzfaserdämmplatten vorgesehen werden. Von der Unterdeckplatte bis zur inneren Deckelung sollten alle Dämmstoffe und Holzbalken hohlraumfrei verbaut werden. Erst auf der inneren Deckelung können auf Wunsch weitere Vorsatzschalen mit Abständen erfolgen (z. B. Verbergen von Kabeln, Einbau von LED-Strahlern). Alle Dachgauben u. ä. sind mit zu dämmen.

Häufig werden als Zwischensparrendämmung noch Mineralfaserdämmmatten eingesetzt, was aus klimaschutztechnischen Erwägungen und dem sommerlichen Hitzeschutz nicht empfehlenswert ist. Beim Einsatz von Mineral-, Glas- oder Steinwolle als Zwischensparrendämmung ist eine raumseitige

Dampfbremsfolie oder eine lückenlose dampfbremsende Platte erforderlich.

Steife Platten sind als Zwischensparrendämmung ungeeignet, weil sie sich nicht anschmiegsam und fugenfrei verlegen lassen.

Polyurethan-Dämmsysteme werden in Plattenform speziell für Dächer als Aufdachdämmung konzipiert, sie sind leichter, aber meist kostenintensiver als Holzfaserdämmungen. Auch aus Sicht des Klimaschutzes müssen hier Vor- und Nachteile erwogen werden.

Flachdächer werden meist mit künstlichen Hartschaumplatten gedämmt. Es können aber auch Holzfaserdämmplatten zum Einsatz kommen, sowohl bei betretbaren Flachdächern (Dachgärten) als auch mit Dachbegrünung. Kaltdächer kann man auch mit Einblasdämmstoffen dämmen. Die Planung sollte in den Händen eines erfahrenen Planungsbüros liegen und auch die Nutzung von Solarstrom und Solarthermie mit einbeziehen.

Geschossdeckendämmung

Historische Holzbalkendecken enthalten normalerweise Stein- oder Lehmpackungen, vor allem zur Schalldämmung. Diese Packungen sollten im Sanierungsfall erhalten bleiben. Hohlräume können durch Naturfaserdämmstoffe wärmetechnisch ertüchtigt werden.

Betondecken können durch Fußbodenaufbauten mit schall- und wärmedämmenden Schichten ertüchtigt werden.

Kellerdeckendämmung

Oft führen kalte Kellerräume zu einem fußkalten Erdgeschoss. Was im Neubau selbstverständlich ist, kann im Altbau nachgeholt werden: Kellerdecken können relativ einfach von unten mit Plattendämmstoffen (geklebt, evtl. gedübelt) oder Mattendämmstoffen gedämmt und ggf. verkleidet werden. Dabei steht die ganze Palette der Dämmstoffe zur Verfügung. Räume mit einem Feuerrisiko (Heizungsraum, Garagen, Holzlager) sollten mit nicht brennbaren Dämmstoffen gedämmt werden (z. B. Mineralschaumplatten, Steinwolle, Schaumglas, zementgebundene Holzwolleleichtbauplatten).

Kellerwände von beheizten oder temperierten Kellern werden von außen mit einer sogenannten Perimeterdämmung aus XPS oder Schaumglas gedämmt und vor Erdfeuchte geschützt.

5.9 Spezialfall Fachwerk

In Deutschland liegt der Fachwerkanteil aller Gebäude noch bei 10 %, obwohl der Verlust an Fachwerkgebäuden im 2. Weltkrieg und vor allem danach ganz erheblich war. Dabei ist das Fachwerk in vielen Regionen noch landschaftsprägend und touristisch attraktiv, denn es zeugt von unserer Baugeschichte.

Fachwerkhäuser sind aus klimafreundlichen Materialien errichtet worden, sehr nachhaltig und fast immer reparabel, auch nach Havarien, Bränden oder Hochwasserereignissen. Diese Gebäudeart verfügt, **besonders wenn Lehm verbaut wurde**, über ein ausgeglichenes und schadstoffarmes Raumklima und einen sommerlichen Hitzeschutz. Durch den Einsatz von Holzschutzmitteln bei vorangegangenen Sanierung

Abb. 8: Fachwerk am Kirchplatz in Hannoversch-Münden

> **Achtung!** Wegen des hohen Holzanteils am Fachwerk sind alle Arten von Kunststoff- und zementhaltigen Baumaterialien (auch Kunststoffdämmungen) im Kontakt mit Holz ungeeignet! Selbst ein jahrhundertealtes Holzbauteil besteht immer noch aus Zellen und ist darauf angewiesen, Feuchte aufzunehmen und abzugeben. Wird dieser Feuchtetransport behindert, kann Staunässe entstehen.

sind Schadstoffbelastung jedoch nicht ausgeschlossen. Auch Blockbohlen- und ältere Fertighäuser sind häufig mit Holzschutzmitteln behandelt.

Viele Fachwerkgebäude sind sanierungsbedürftig. Meistens ist aufgrund der oft dünnen Außenwände eine energetische Ertüchtigung erforderlich. Bis heute werden diese Gebäude aus Unkenntnis fehlerhaft saniert, daher soll hier näher auf die Substanz und die Sanierungsmöglichkeiten eingegangen werden.

Das Fachwerk besteht normalerweise aus einem Natursteinsockel, auf dem eine Holzkonstruktion aus (Grund-)Schwelle, Ständern, Rähmen (horizontaler Abschluss des Geschosses), Stockschwellen (Beginn des nächsten Geschosses) usw. aufgebaut ist. Zur Aussteifung dienen diagonale Streben, Kopfbänder und Riegel. Die von Fachwerkhölzern umschlossenen Öffnungen einer Wand heißen Gefach, sie werden durch eine Ausfachung, durch Fenster oder Türen geschlossen. Die Gefache sind traditionell und regional mit verschiedenen Materialien wie Lehmziegeln,

Hintergrund: Sanierungsschritte für ein Fachwerkgebäude

Schritt 1: Bestands- und Schadensaufnahme
Notieren Sie auf Ihrem Rundgang durch Ihr Haus alles, was Ihnen auffällt (Wandschäden, Gerüche, unebene oder gebrochene Fußböden, aufgewölbte Hölzer, gebrochene lose Hölzer im Dach). Für Holzschäden und -schadstoffe ist ein zertifizierter Holzschutzsachkundiger des Deutschen Holz- und Bautenschutzverbandes e. V. (DHBV) der richtige Ansprechpartner, ein Zimmermann kann den Sanierungsaufwand einschätzen.

Schritt 2: Sanierung fachgerecht planen
Ein fachwerkerfahrenes Planungsbüro unterstützt Sie (Sanierungskonzept, Antragstellung von Fördermitteln sowie die Ausschreibung von Handwerkerleistungen, Gespräche mit der zuständigen Denkmalschutzbehörde und denkmalrechtliche Genehmigung). Für die Beantragung von BEG-Fördermitteln ist im Fall eines Denkmals ein Energieberater mit entsprechender Zusatzqualifikation einzuschalten.

Schritt 3: Abrissarbeiten und Entkernungen
Reißen Sie nur in geschädigten Bereichen und bei Einbauten mit „modernen“ Baustoffen (Achtung Statik!) etwas ab. Gefache sollten weitestgehend verbleiben. Sammeln Sie das historische Material einschließlich der Lehmputze und -ziegel zur Wiederverwendung.

Schritt 4: Keller
Der Keller ist eventuell ein sensibler Gebäudeteil. Eine Ursachensuche bei starker Nässe im Keller und die eventuelle Beseitigung von Umbauten und Lüftungshindernisse kann erforderlich sein.

Schritt 5: Reparaturen am Holzständerwerk
Lassen Sie diese Arbeiten nur durch eine erfahrene Zimmermannsfirma ausführen! Am besten werden zimmermannsmäßige Verbindungen wiederhergestellt, Klebverbin-

→

dungen und Kunststoffe müssen vermieden werden, ebenso wie Holz im erdberührenden und Spritzwasserbereich. Für Anstriche sollten Sie nur diffusionsoffene Farben verwenden.

Schritt 6: Reparaturen an Gefachen
Bei diesen Reparaturen sollten Sie möglichst das ursprüngliche historische Material verwenden. Ausfachungen sind auch für geübte Heimwerker möglich, beraten Sie sich dazu mit Ihrem Handwerker. Natursteine und Vollziegel sind gut ersetzbar. Bei Ausmauerungen sollte seitlich und unten eine Dreiecks- oder Trapezleiste vorhanden sein. Für verputzte, der Witterung ausgesetzte Fachwerkausmauerungen mit Lehmziegeln sind nach DIN 18948:2018-12 Lehmsteine der Klasse Ia erforderlich (garantiert frostbeständig, geringes Quellen und Schwinden). Innen können auch wiederverwendete oder geringerwertige Lehmziegel verwendet werden. Flechtwerke sind mit Lehmbewurf und Lehmputz immer reparabel. Sie sind sehr stabil und von langer Haltbarkeit. Der Außenputz erfolgt bei Lehmgefachen mit Kalkputz. Lehm und Zementputz sind untereinander unverträglich, der diffusionsdichte Zementputz erzeugt Staunässe und wird auch in der Regel nach kurzer Zeit abgestoßen. Verkleidungen sind auf der Wetterseite empfehlenswert.

!

Achtung! Es wird dringend davon abgeraten, moderne Mauerwerksbaustoffe einzubauen wie Porenbeton (schädigt durch Feuchtespeicherung das Holz), Lochziegel aller Art, Betonsteine oder Hüttensteine. Das Holzständerwerk des Fachwerks bewegt sich lebenslang und führt zu Rissen und zum Bruch dieser Steine.

Jede Art von künstlichen Dichtungsmitteln ist unverträglich mit Holz, geeignet sind nur Lehm, Kalk und Naturfaser. Daher niemals sogenannten „Bauschaum" (PU-Montageschaum), Silikonkleber oder -dichtmittel, keine Folien, Faserzementplatten u. ä. am Fachwerk einsetzen.

Auch die übliche Teerpappe, Bitumenbahn oder Glasfasermatte auf dem Fundament sollten nur eingesetzt werden, wenn wirklich aufsteigende Feuchte bis ins Holz nachgewiesen wurde. Niederschläge werden besser durch Abschrägungen nach außen abgeleitet. Eine Lehmpackung unter der (Grund-)Schwelle ist zur Feuchtepufferung sehr gut geeignet.

Schritt 7: Wärmedämmungen
Die Möglichkeiten zur Dämmung von Dach, Außenfassade, Innenwänden und Kellerdecke wurden unter „Energetische Ertüchtigung mit Wärmedämmstoffen" ab Seite 80 beschrieben. Grundsätzlich sollte auch hier auf Naturfaserdämmstoffe und Lehm zurückgegriffen werden.

Schritt 8: Bad und Küche
Lehmputze (oder Kalkputze) sind auch in Küche und Bad möglich und sinnvoll. Lehmputze nehmen viel Wasserdampf auf und geben ihn langsam wieder ab (Raumluftfeuchteausgleich). Fliesen sollten daher nur im Spritzwasserbereich auf speziellen Gipskartonplatten oder Mineralschaumplatten (→ Abschnitt „Wärmedämmstoffe" ab Seite 76) angebracht werden.

Schritt 9: Holzfenster und -türen
Sie sollten in Form und Sprossung erhalten werden. Weiteres ist im Abschnitt „Fenster und Türen" (ab Seite 49) beschrieben. Wichtig ist besonders im Fachwerk: Die Fenster werden nicht mit PU-Montageschaum o. ä. eingeschäumt (holzschädigend!), sondern mit Hanf- oder Flachsfaser verstopft und luftdicht übergeputzt. Holzdeckleisten von außen sind üblich.

Schritt 10: Holzfußböden
Sie gehören zum wohnlichen Ambiente, geölt oder gewachst. Bei neuen Holzfußböden ist auf die Trittschalldämmung zu achten (seitliche Entkopplung und „schwimmende" Verlegung, kein einfaches Anschrauben/Nageln auf den Balken).

Abb. 9: Hochlochziegel sind als Ausfachung im Fachwerk ungeeignet.

Tipp

In Regionen mit viel Fachwerk gibt es häufig Vereine, in den denen Sie sich beraten lassen oder auch Praxisseminare besuchen können. Rat und Hilfe erhalten Sie deutschlandweit z. B. bei den Ortsgruppen der Interessengemeinschaft Bauernhaus e.V., beim NetzwerkLehm e.V., in Freilichtmuseen mit Fachwerkbauten, in regionalen „Kompetenzzentren Fachwerk" und vielen örtlichen Bauvereinen.
https://igbauernhaus.de
www.netzwerklehm.de

Flechtwerk und Lehmbewurf, gebrannten Ziegeln oder Naturstein ausgefacht.

Das Holz für das Fachwerk variiert je nach Region, aber auch nach den finanziellen Möglichkeiten der Erbauer. Eichenholz zeugt überall von einem gewissen Reichtum und Qualitätsbewusstsein. Wer sich das nicht leisten konnte, nutzte in nördlichen Regionen Kiefernholz, in Mitteldeutschland vorwiegend Fichtenholz und im Süden Fichten- oder Tannenholz. Reparaturen sollten in der gleichen Holzart, möglichst mit wiederverwendetem Altholz, fachgerecht durchgeführt werden.

Übrigens: Ein denkmalgeschütztes Gebäude ist „kein Klotz am Bein", sondern meistens ein edles Schmuckstück. Jede Maßnahme an diesen Gebäuden wird vor Ort im Gespräch konstruktiv mit der Denkmalschutzbehörde geklärt. Es geht darum, geschichtliche, regional- und zeittypische Gebäude- und Ausstattungsteile als Zeugen für die Nachwelt zu erhalten. Für energetische Ertüchtigungsmaßnahmen gibt es nur in seltenen Fällen Hinderungsgründe. Als Kompensation für den Mehraufwand gibt es für die Sanierung von denkmalgeschützten Gebäuden Fördermittel nach BEG und/oder die Möglichkeit von Steuerabschreibungen.

Zur Fachwerksanierung wird in Kapitel 8 das Projekt „Sanierung Fachwerkhaus Steinweg" in Kaufungen vorgestellt, ab Seite 166.

5.10 Spezialfall Strohballenbau

Der Strohballenbau ist die klimafreundlichste Variante des Neubaus. Aus Mangel an Holz und Naturstein entstanden im mittleren Westen der USA vor weit über 100 Jahren die ersten Strohballenhäuser, in diesem Fall in lasttragender Konstruktion. Einige Gebäude stehen heute noch schadensfrei. In Frankreich wurde 1921 das erste bekannte europäische Strohballenhaus in einer Holzständerkonstruktion errichtet, es ist immer noch bewohnt.

Heute gewinnt der Strohballenbau in Europa aufgrund seiner sehr guten Ökobilanz und der Passivhausqualität zunehmend an Bedeutung. Schulen, Kindergärten und Wohnhäuser werden in vielen Teilen Europas aus Stroh gebaut (⇢ Projekt „Neubau Strohballenhaus in Laax" in Kapitel 8, ab Seite 218).

Abb. 10: Vorgefertigtes wandgroßes Strohbauelement beim Einbau

In Deutschland gilt die baurechtliche Zulassung bisher nur für den Strohballenbau in Holzständerbaukonstruktionen. Lasttragender Strohballenbau erfordert eine Zulassung im Einzelfall.

Folgende Möglichkeiten stehen jedem Bauwilligen zur Verfügung:

Strohballenbau mit Kleinballen: Auf der Baustelle werden die Strohballen in eine vorab errichtete Holzständerkonstruktion eingebaut. Dafür gibt es Beispiele vom Pavillon über das Einfamilienhaus und sechsgeschossige Bürogebäude (Verden) bis zu großen Wohnanlagen (z. B. in Schwerin) und großen Baugemeinschaften (z. B. in Lüneburg).

Strohballenbau in Vorfertigung: Wandgroße Elemente, z. T. schon mit Fenstern und Installationen, werden in einer Zimmerei als strohballengefüllte Holzkonstruktion angefertigt und auf der Baustelle zum Rohbaugebäude zusammengesetzt, z. B. im Kloster Plankstetten (Abb. 10).

Abb. 11: Rohbau mit Strohbaufertigelementen, klein

Abb. 12: Fertiggestelltes Sechsfamilienhaus aus Strohbaufertigelementen

Strohbaufertigelemente groß: Die Module in Abmessungen von ca. 2,50 m Breite, in Wandhöhe und Dicken von 18, 24 und 34 cm werden fabrikmäßig im Holzrahmen vorgefertigt ohne Fenster, Türen oder Installationen. Giebeldreiecke sind auch verfügbar. Die Module werden auf der Baustelle zusammengeschraubt und entweder mit raumhohen Fenstern und Türen ergänzt oder die Fensteröffnungen werden ausgeschnitten. Bekannt ist das Lorenz-System der Lorenz GmbH.

Strohbaufertigelemente, klein: Verschiedenste Elemente mit 36 cm Dicke und Breiten von ca. 40 bis 120 cm werden im Holzrahmen vorgefertigt, einschließlich kleiner Giebeldreiecke und Fensterstürze sowie Dachelementen. Die Elemente können katalogmäßig bestellt und auf der Baustelle nach Plan passgenau zusammengeschraubt werden. Durch die relativ kleinen Elemente kommt man ohne oder mit einfachen Hebezeugen aus und braucht keinen Kran. Diese Bauart ist als „EcoCocon“ bekannt. Der Hersteller arbeitet europaweit, in Deutschland gibt es Bauunternehmen, die das System anbieten und aufbauen.

Strohballenbau mit Quaderballen: Es gibt Einzelbeispiele, wo in eine entsprechend große Holzständerkonstruktion Quaderballen mit Abmessungen von ca. 250 x 120 x 80 cm eingepasst wurden. Der Aufwand wird aber wegen des Ballengewichtes, der Unhandlichkeit und der Wanddicke eher selten betrieben.

Lasttragender Strohballenbau: Die Ballen selbst tragen die Lasten der Gebäudehülle und des Daches. Verwendet werden Quaderballen, die aufgeschichtet und etagenweise mit einem Ringanker versehen werden. Um die Wandunterbrechungen gering zu halten, wird meistens mit großen zusammenhängenden Fensterflächen gearbeitet.

Putze: Strohbauhäuser erhalten in der Regel innen einen Lehmputz. Außen kann nach einer Lehmschicht ein Deckputz mit Kalk aufgebracht werden. Viele Strohgebäude werden aber auch verkleidet. Bei vorgefertigten Strohelementen wird oft noch eine putzbare Holzfaserdämmplatte angebracht (Erhöhung der Dämmwirkung, Winddichtheit).

Herkunft der Strohballen: Tatsächlich können Sie Strohballen vom Landwirt „um die Ecke" bekommen. Die Strohballen müssen, unabhängig von der Ballengröße, als Baustroh zertifiziert werden, damit die Qualität stimmt. Nachfragen und Anleitungen bei der Baustroh GmbH: **www.baustroh.de**

Tipp

Strohbau planen: Wenn Sie ein Strohgebäude bauen wollen, wenden Sie sich an ein erfahrenes Planungsbüro im Strohballenbau. Oft sind diese Planungsbüros auch mit entsprechenden Handwerksbetrieben gekoppelt oder wissen, welche Betriebe geeignet sind und wo man Baustroh bekommt. **Der Fachverband Strohballenbau Deutschland e. V. (FASBA)** kann Sie unterstützen, zeigt Beispiele und führt Veranstaltungen durch. Die Strohbaurichtlinie des FASBA finden Sie unter **www.baustroh.de/pdf/SBR_2019.pdf**

In der Mediathek der Fachagentur Nachwachsende Rohstoffe (FNR) finden Sie unter Broschüren › nachwachsende Rohstoffe › Bauen eine grundlegende Broschüre zum Strohbau **https://mediathek.fnr.de** als Download oder als Heft zum Bestellen.

Seminare und Weiterbildungen bietet auch die Bildungswerkstatt für nachhaltige Entwicklung e.V. (BiWeNa) an.

www.fasba.de
www.biwena.de

6 Strom selber machen

Ein großer Anteil der Stromerzeugung findet heute noch in klimabelastenden Kohle- und Gaskraftwerken statt. Sie können selbst zur Klimaentlastung beitragen, wenn Sie einen Teil des in Ihrem Haus benötigten Stroms selbst erzeugen, sei es mit Blockheizkraftwerk, Photovoltaik- oder Kleinwindanlage.

Wenn Sie sich selbst mit Strom versorgen wollen, sind einige Grundüberlegungen, Planungen und Entscheidungen wichtig. In diesem Kapitel finden Sie daher zunächst grundlegende Begriffe und Bedingungen, die Sie als Selbstversorger kennen sollten. Dann werden die gängigsten Formen der privaten Stromerzeugung wie Blockheizkraftwerk, Photovoltaikanlage und Kleinwindanlage dargestellt (ab Seite 94). Wasserkraftanlage oder Biogasanlage sind zu speziell und werden daher nicht besprochen.

Bei einer Selbstversorgung mit Strom müssen Sie die Stromerzeugung nach Ihrem Strombedarf ausrichten. Das ist jedoch nicht zu jedem Zeitpunkt möglich. Beispielsweise produziert eine Photovoltaikanlage in der Nacht keinen Strom, nachts haben Sie aber durchaus Strombedarf. Eine Selbstversorgung benötigt deshalb Stromspeicher. Mehr dazu erfahren Sie ab Seite 106.

6.1 Grundüberlegungen

Ihr Haushalt ist am öffentlichen Netz angeschlossen. Der Haushaltsstrom ist Drehstrom mit einer Spannung von 230 Volt und eine Netzfrequenz von 50 Hertz.

Ihre Geräte sind zu unterschiedlicher Zeit eingeschaltet und die Leistungsabnahme aus dem Netz ist entsprechend. In der folgenden Abbildung sehen Sie einen sogenannten „Lastgang" von Familie Meier, wie er mit einem am Stromzähler angebrachten Datenlogger gemessen wird. Diese „Fieberkurve" zeigt, zu welcher Tageszeit Meiers welche Leistung aus dem Netz bezogen haben.

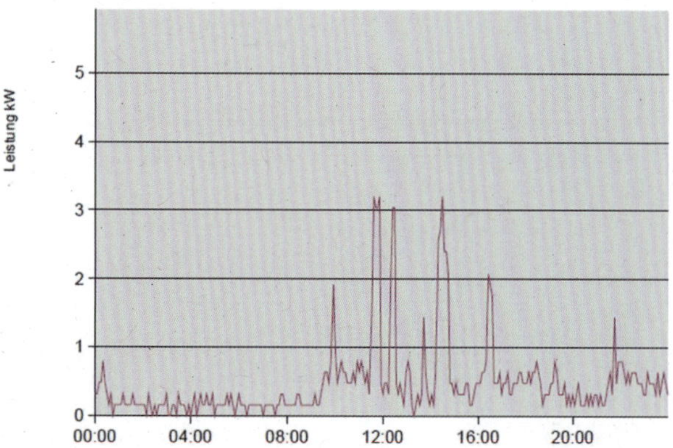

Abb. 1: Lastgang

Das Beispiel soll verdeutlichen, wie stark der Stromverbrauch eines Haushalts während des Tages schwankt. Die maximal benötigte Leistung ist keinesfalls diejenige, die der Haushalt aus dem Netz ziehen könnte, nämlich 34 bis 55 kW, sondern nur gut 3 kW. Und es gibt eine Grundlast, die rund um die Uhr benötigt wird, bei Meiers sind es ca. 200 W.

Tipp

Bestimmung der Grundlast: Lesen Sie direkt vor dem Zubettgehen Ihren Stromzähler bis auf die letzte Stelle ab, notieren Sie diesen Wert zusammen mit der Uhrzeit und tun Sie dies noch einmal direkt nach dem Aufstehen. Teilen Sie dann den Verbrauch über Nacht durch die verstrichene Zeit. Zum Beispiel gehen Meiers um null Uhr zu Bett und lesen ab: 23.423,7 kWh. Sie stehen um sieben Uhr auf und die erneute Ablesung ergibt: 23.425,1 kWh. Dann rechnen Meiers: Unser Verbrauch sind 1,4 Kilowattstunden in sieben Stunden, Grundlast =1,4 kWh/ 7 h =0,2 kW = 200 W

Zuerst: Stromsparmaßnahmen

Am besten ist Energie, die man nicht braucht. Deswegen sollten Sie Maßnahmen ergreifen, um Ihren Stromverbrauch zu senken. Da sich eine Kilowatt-

Gut zu wissen: Strom

Gleichstrom: Die Ladungsträger fließen immer in die gleiche Richtung. Es gibt einen Plus- und einen Minuspol (Beispiel: Batterie)

Wechselstrom: Der Stromfluss wechselt im Takt hin und her. Ist die Anfangsrichtung wieder erreicht, so ist eine Schwingung vollendet. Die Anzahl dieser Schwingungen pro Zeiteinheit ist die **Frequenz.** Sie wird in Schwingungen pro Sekunde angegeben – Einheit Hertz (Hz). Die Netzfrequenz ist sehr stabil und darf nur wenig unter- oder überschritten werden – sonst bricht das Netz zusammen. Einer der Pole des Wechselstromnetzes – der **Nullleiter** – ist normalerweise spannungsfrei, nur der zweite – die **Phase** – steht unter Spannung gegenüber der Erde. Der dritte Kontakt ist über den **Schutzleiter** mit der Erde verbunden. Kommt es zu einem Fehler innerhalb eines Elektrogeräts und ist dadurch der Schutzleiter nicht mehr spannungsfrei, so schaltet der **Fehlerstromschutzschalter** (FI-Schalter) das betroffene Stromnetz im Haushalt ab.

Drehstrom: Für den Betrieb eines Elektroherds oder eines elektrischen Durchlauferhitzers reicht die Wechselstromversorgung nicht aus. Ein solches Gerät ist über drei Phasen angeschlossen. Dabei ist der Spannungsverlauf in diesen drei Phasen gegeneinander zeitversetzt, was die Konstruktion von sehr einfachen Motoren erlaubt. Die Stromkreise in Ihrem Haushalt sind Wechselstromkreise und gleichmäßig auf diese drei Phasen verteilt. Ihr Zähler ist ein Drehstromzähler, der den Verbrauch auf allen drei Phasen erfasst. Der Unterschied zwischen den Belastungen der drei Phasen – die Schieflast – ist in der Höhe begrenzt. Die treibende Kraft für den Stromfluss ist die **Spannung,** die in der Einheit Volt (V) angegeben wird: Je höher die Spannung, desto höher ist beim selben Gerät der Stromfluss. Die Spannung in Ihrem Haushalt darf nur wenig von den 230 Volt abweichen – sonst gibt es Fehlfunktionen.

Strom: Die Bewegung der Ladungsträger aufgrund der vorhandenen Spannung. Sie wird in Ampère (A) angegeben.

Leistung: Die Leistung ist die Eigenart eines Gerätes, bei einer anliegenden Spannung eine bestimmte Stromstärke zuzulassen. Die Einheiten sind Watt (W) oder Kilowatt (kW), 1 kW = 1.000 W. Beispiele für 230 V: LED 4 W, Stromfluss 0,017 A; Föhn 1 kW, Stromfluss 4,4 A, Waschmaschine 3,2 kW, Stromfluss 14 A, Durchlauferhitzer 24 kW, Stromfluss 3 mal 35 A. Die Stromkreise im Haushalt sind üblicherweise mit 16 A abgesichert, sodass Sie pro Stromkreis jeweils 3,7 kW Anschlussleistung zur Verfügung haben. Ihr Hausanschlusskasten enthält Sicherungen von 50 bis 80 A pro Phase. Sie können demnach im Haushalt gleichzeitig Geräte mit 34 bis 55 kW betreiben.

Energie: Der Stromverbrauch eines Gerätes hängt ab von der Leistung und der Zeit, während der das Gerät eingeschaltet ist, er wird in Kilowattstunden (kWh) angegeben. Beispiele: LED leuchtet 10 Stunden lang – Verbrauch 0,004 kW * 10 h = 0,04 kWh, ein Föhn läuft 10 Minuten lang – Verbrauch 1 kW * 10/60 h = 0,17 kWh, ein Waschgang bei 60 Grad: Eine Waschmaschine enthält viele einzelne Geräte – Motoren und Heizstäbe. Diese sind nur zeitweise in Betrieb; deshalb kann aus der Einschaltdauer der Waschmaschine und der maximalen Anschlussleistung nicht auf den Verbrauch geschlossen werden. Dieser wird mit einem entsprechenden Messgerät zu 1,2 kWh bestimmt. Dem entspricht eine Einschaltdauer von 22 Minuten mit der Maximalleistung 3,3 kW. Ein Waschgang dauert jedoch mehrere Stunden. Der Durchlauferhitzer läuft 10 Minuten lang: Verbrauch 24 kW * 10/60 h = 4 kWh.

stunde Strom (kWh) aus zwei Faktoren zusammensetzt – der Zeit und der Leistung – gibt es zwei Wege, den Stromverbrauch zu senken: Abschalten (Verkleinerung der Nutzungszeit) und Austauschen (Verkleinerung der Leistung). Ihr Router hat z. B. eine Leistung von 10 W und läuft rund um die Uhr: Verbrauch fast 88 kWh/Jahr. Schalten Sie ihn mithilfe einer Zeitschaltuhr für 12 Stunden täglich ab, so halbieren Sie Verbrauch und Kosten. Zweites Beispiel: Sie haben noch eine alte Heizungspumpe mit 50 W Leistung, die ca. 6.000 Stunden pro Jahr läuft. Verbrauch 300 kWh/Jahr. Lassen Sie eine Hocheffizienzpumpe einbauen mit 10 W Leistung, gleiche Laufzeit. Nun liegt der Verbrauch nur noch bei 60 kWh/Jahr.

!

Achtung! Stromflüsse von wenigen tausendstel Ampère sind tödlich. Sie können bei Spannungen oberhalb von fünfzig Volt auftreten. Deshalb gehören Arbeiten an der Elektroanlage immer in die Hände von Fachkräften!

6.2 Blockheizkraftwerk – die stromerzeugende Heizung

Die meisten Blockheizkraftwerke (BHKW) werden mit Gas betrieben. Wie ist das aus Klimasicht zu bewerten? Eine Einschätzung finden Sie auf Seite 115. Im zukünftigen Energiesystem werden flexibel einsetzbare Stromerzeuger benötigt, um die Lücken bei Wind- und Sonnenstrom zu schließen. Hier haben BHKW ihren Platz, denn Sie nutzen die im Brennstoff enthaltene Energie mit hohem Wirkungsgrad für die Strom- und Wärmeversorgung. Dies ist der entscheidende Vorteil eines BHKW gegenüber einem Kraftwerk.

Es gibt BHKW, bei denen ein Motor einen Stromgenerator antreibt. Die im Motor entstehende Abwärme von Kühlkreislauf und Abgas wird gesammelt und über Wärmetauscher dem Heizsystem oder der Warmwasserbereitung zur Verfügung gestellt.

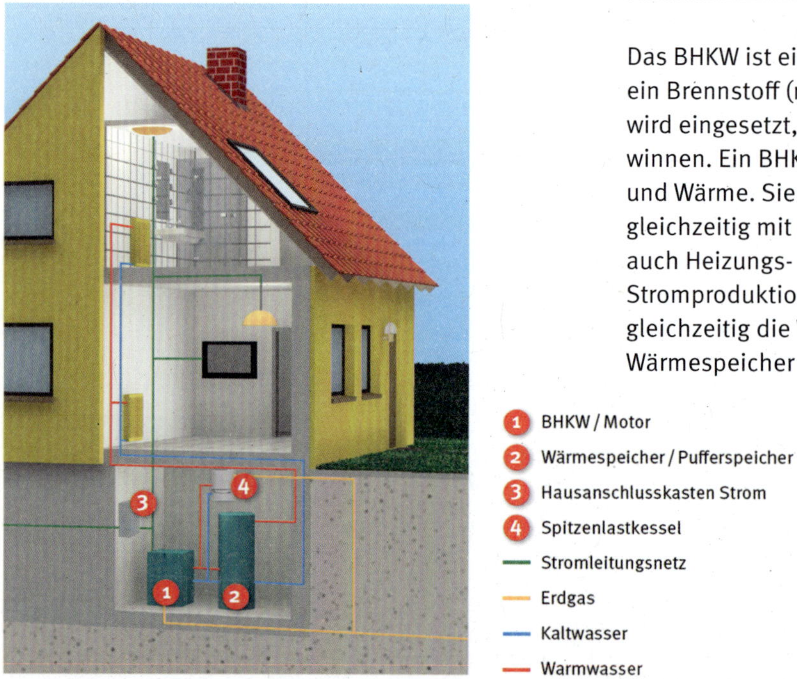

Abb. 2: Blockheizkraftwerk

Zunehmend kommen im kleinen Leistungsbereich Brennstoffzellen auf den Markt. Bei einer Brennstoffzelle bewegt sich nichts. Der Brennstoff – Wasserstoff, meist aus Gas abgespalten – wird in die Brennstoffzelle geleitet und dort entsteht bei der Umwandlung in Wasser direkt elektrischer Strom. Auch hier wird die bei der Stromerzeugung entstehende Wärme genutzt. Bei der Brennstoffzelle entsteht allerdings pro Einheit Strom erheblich weniger Wärme als beim motorbetriebenen BHKW.

Tipp

Hintergrundinformationen finden Sie in den Ratgebern der Verbraucherzentrale „Strom und Wärme“ und „Ratgeber Heizung“. **www.ratgeber-verbraucherzentrale.de**

Das BHKW ist eine Wärmekraftmaschine, das heißt, ein Brennstoff (meist Gas, manchmal Öl oder Holz) wird eingesetzt, um daraus Strom und Wärme zu gewinnen. Ein BHKW liefert immer gleichzeitig Strom und Wärme. Sie benötigen jedoch nur ausnahmsweise gleichzeitig mit dem Einschalten des Elektroherds auch Heizungs- oder Warmwasserwärme. Um die Stromproduktion aufrechtzuerhalten, wenn nicht gleichzeitig die Wärme abgenommen wird, kommt ein Wärmespeicher zum Einsatz.

Zu einer BHKW-Anlage (Abb. 2) gehört meistens noch ein Spitzenlastkessel, der für die wenigen Stunden im Winter mit maximaler Heizleistung einspringen kann. Das BHKW kann dann etwas kleiner dimensioniert werden. In Nano-BHKW (stromerzeugende Heizung mit elektrischer Leistung unter 2,5 kW) ist der Spitzenkessel oft bereits eingebaut. Das BHKW bleibt so lange in Betrieb, wie das Haus die produzierte Wärme abnehmen kann. Das ist von Monat zu Monat unterschiedlich, denn im Winter wird viel mehr Wärme benötigt als im Sommer, wenn die Wärme hauptsächlich zur Warmwasserbereitung gebraucht wird. Dann muss das BHKW Pausen einlegen und die Deckung des eigenen Strombedarfs nimmt ab. Es gibt BHKW, die ihre Leistungsabgabe an den Bedarf anpassen können – sie modulieren. Eine solche Maschine produziert weniger Überschussstrom und deckt auch den Stromverbrauch zwischen den Spitzenzeiten. Zum wirtschaftlichen Betrieb eines BHKW ist es notwendig, einen möglichst großen Anteil des produzierten Stroms im eigenen Haushalt zu verbrauchen und möglichst wenig ins Netz einzuspeisen. Im Trend für Ein- und Zweifamilienhäuser sind Heizungen, die mit einer Brennstoffzelle mit weniger als 1 Kilowatt elektrisch (kWel) ausgestattet sind. Die Anlagen sind dafür konzipiert, ganzjährig betrieben zu werden und die anfallende Wärme für die Brauchwasserbereitung einzusetzen.

BHKW wurden bis 31.12.2020 vom BAFA gefördert. Einige Bundesländer fördern weiterhin: **www.foerderdatenbank.de** ⇢ „Förderrecherche", dort im Assistenten die gesuchten Begriffe eingeben. Eine Übersicht aktueller Fördermittel finden Sie auch hier: **www.verbraucherzentrale.nrw/wissen/energie/foerderprogramme**. Allerdings werden erdgasbetriebene Gasanlagen nicht mehr gefördert. Die Vergütung nach KWKG (Kraft-Wärme-Kopplungsgesetz, regelt die Einspeisung und Vergütung von selbst produziertem Strom) wird mit elektronischem Vordruck des BAFA beim Netzbetreiber beantragt: **www.bafa.de** ⇢ „Energie" ⇢ „Kraft-Wärme-Kopplung". Zurzeit werden BHKW mit Brennstoffzelle gefördert, wenn sie mit grünem Wasserstoff (⇢ Seite 115) oder Biogas betrieben werden: **www.bafa.de/beg**. Dann ist die KWKG-Förderung ausgeschlossen. Außerdem gibt es auf Antrag eine Erstattung der Energiesteuer: **www.zoll.de** ⇢ „Service" ⇢ „Formulare und Merkblätter", dort im Suchfeld „KWK" eingeben ⇢ „Anmeldung einer Anlage". Die steuerlichen Aspekte werden in einer Broschüre der ASUE dargelegt: **www.asue.de**, im Suchfeld „Leitfaden" eingeben, runterscrollen. Die ASUE bietet seit Kurzem auch einen umfangreichen KWK-Service an.

Checkliste: Blockheizkraftwerke

- ☐ Sorgfältig planen und berechnen lassen. Es ist nicht möglich, ohne die Bestimmung von Lastgängen und genauere Berechnungen einen verlässlichen Wert für die Eigenstromnutzung anzugeben.
- ☐ Wirtschaftlichkeitsprogose und Vergleichsangebote einholen
- ☐ Ist der Wärmeverbrauch für ein BHKW ausreichend hoch?
- ☐ Ist eine zentrale Warmwasserversorgung vorhanden?
- ☐ Möglichst nicht BHKW und Solarwärme kombinieren – das vermindert die Stromproduktion des BHKW im Sommer.
- ☐ Ändert sich der Wärmeverbrauch durch Wärmedämmung oder weniger Personen künftig nennenswert? Dann würde das BHKW unwirtschaftlicher.

- [ ] Thermische Leistung des BHKW auf den Wärmeverbrauch des Gebäudes abstimmen, ggf. Wärmebedarfsberechnung durchführen lassen.
- [ ] Ist ein Spitzenkessel nötig? Ist dieser bereits im BHKW eingebaut?
- [ ] Ist der Stromverbrauch für ein BHKW ausreichend hoch?
- [ ] Gibt es die Möglichkeit zur Nutzung von Bio-, Wind- oder Sonnengas (→ Seite 115)?
- [ ] Soll das BHKW vor allem als Kraftwerk dienen und ist die Wärmeerzeugung nebensächlich? Dann könnte ein BHKW mit Brennstoffzelle als Beistellgerät infrage kommen.
- [ ] Soll erzeugter Strom an Mieter oder Wohnungseigentümer verkauft werden?
- [ ] Wer wird die jährlichen Abrechnungen erstellen: Stromrechnungen an die Nutzer, Energiesteuererstattung beim Zollamt, Heizkostenabrechnung?
- [ ] Für die Eigenstromdeckung sind modulierende BHKW vorteilhaft. Der Modulationsbereich sollte eine möglichst niedrige untere Grenze haben.
- [ ] Ist ein geeigneter Platz zum Aufstellen von BHKW, Pufferspeicher, ggf. Spitzenkessel vorhanden?
- [ ] Kann das BHKW durch die Türen des Hauses transportiert werden?
- [ ] Ist der Schallschutz geklärt? Es kann insbesondere zu Problemen kommen, wenn ein Schlafbereich an den Aufstellraum angrenzt. BHKW mit Brennstoffzelle sind leise.
- [ ] Hocheffiziente Pumpe einbauen (Energielabel A).
- [ ] Rohre und Armaturen im unbeheizten Bereich sorgfältig dämmen lassen.
- [ ] Ausreichend dimensionierten Pufferspeicher einbauen (mindestens 60 Liter pro kW thermisch).
- [ ] Inzwischen gibt es nach dem KWKG und der Marktstammdaten-Verordnung Meldepflichten, denen Sie als Betreiber unbedingt nachkommen müssen. Hier kann der KWK-Service der ASUE hilfreich sein: **www.asue.de**
- [ ] Hydraulischen Abgleich durchführen lassen (→ Seite 110).
- [ ] Ist eine Kaminsanierung oder Abgasleitung erforderlich und im Angebot enthalten?
- [ ] Sollen Förderanträge gestellt werden? Werden die Förderbedingungen eingehalten? Die Antragstellung muss vor Auftragserteilung erfolgen. Informieren Sie sich im Internet über die aktuellen Bedingungen – diese ändern sich häufig: **www.verbraucherzentrale.nrw/foerderprogramme.**
- [ ] Lassen Sie sich in die Bedienung einweisen und fordern Sie eine gut verständliche Bedienungs- und Wartungsanleitung.
- [ ] Die zentrale Regelung sollte gut zugänglich, gut lesbar und verständlich und das BHKW gut erreichbar sein.

Blockheizkraftwerk: Vorteile und Nachteile

Vorteile

- Guter Primärenergiefaktor
- Meistens mit Gas betrieben, darum kein Brennstofflager nötig
- BHKW können auch mit anderen Brennstoffen betrieben werden, dann ist kein Gasanschluss nötig
- Hohe Energiekosten werden durch hohen Stromerlös zum großen Teil aufgehoben
- Niedrige Betriebskosten, wenn der erzeugte Strom zum großen Teil im eigenen Haushalt genutzt wird
- Hohe Förderung bei BHKW mit Brennstoffzelle
- Bei guter Planung und Ausführung hohe Effizienz
- Zukunftsfähig, falls Biogas oder durch Elektrolyse aus überschüssigem Wind- und Sonnenstrom erzeugtes Gas im Gasnetz verteilt wird
- Geringe Klimabelastung wegen gleichzeitiger Stromerzeugung
- Normale Heizkörper einsetzbar wegen hoher Vorlauftemperatur
- Autarkie Strom teilweise erreichbar
- Entlastung des Stromnetzes im Winter

Nachteile

- Höherer Aufwand für gute Planung und Ausführung
- Bei BHKW mit Brennstoffzelle noch wenig Langzeiterfahrung
- Meistens Gasanschluss nötig
- Schornstein oder Abgasleitung nötig
- Hohe Investitionskosten
- Hohe Wartungs- und Schornsteinfegerkosten
- Wegen Stromerzeugung und Beantragung von Förderung höherer Verwaltungsaufwand
- Die Gaspreise können weiter steigen.
- Klimabelastung, ist nicht zukunftsfähig, falls weiterhin hauptsächlich Erdgas im Gasnetz transportiert wird
- Erneuerbares Gas kann sehr teuer sein.
- Fossiles Gas kommt zum großen Teil aus unsicheren Quellen. Es gibt enorme Preissprünge.

6.3 Photovoltaikanlagen – Strom von der Sonne

Photovoltaik ist für die Stromerzeugung im Ein- und Zweifamilienhaus die wirtschaftlichste Technik geworden. Mit einem Stromspeicher kann damit eine hohe Stromautarkie erzielt werden (⇢ Seite 106).

Im Schema (Abb. 3) sind die wichtigsten Anlagenkomponenten dargestellt: Die Sonne scheint auf die Solarmodule und diese produzieren dadurch Gleichstrom. Die Spannung eines einzelnen Moduls ist zu gering, deswegen werden mehrere Module hintereinander zu einem Solargenerator zusammengeschaltet – so wie bei einer Taschenlampe mehrere Batterien hintereinandergelegt werden – die Spannungen addieren sich dann zu einer hohen Gleichspannung. Ein Wechselrichter wandelt diese in den im Hausnetz benötigten Wechselstrom um. Der von der Solaranlage erzeugte Strom wird mit dem im Wechselrichter vorhandenen Zähler gemessen. Ein Teil des erzeugten Stroms wird direkt im Hausnetz genutzt, ein weiterer fließt – falls vorhanden – in Batterie und Ladestation. Überschüsse gehen über den Einspeisezähler ins öffentliche Netz. Dieser Zähler – ein Zweirichtungszähler – misst außerdem, wenn Strom aus dem Netz genutzt wird. Die Höhe der Vergütung für den ins öffentliche Netz eingespeisten Strom wird im Erneuerbare-Energien-Gesetz (EEG) geregelt. Dieses wurde gerade so geändert, dass es wieder sinnvoll wird, möglichst große Anlagen zu bauen. Das heißt, Sie sollten möglichst die gesamte zur Verfügung stehende, geeignete Fläche nutzen; denn große Anlagen sind bezogen auf die Leistung preiswerter als kleine. Außerdem benötigen wir möglichst viel Photovoltaikstrom, um möglichst bald von fossilen, klimabelastenden Energien unabhängig zu werden.

Für Solarmodule ist die Ausrichtung zur Sonne wichtig. Optimal ist in Deutschland eine Südaufstellung mit etwa 30 bis 40 Grad Neigung gegen die Waagerechte.

Aber auch eine Ausrichtung zwischen Süd-Ost und Süd-West mit Neigungen zwischen 20 und 50 Grad ergeben einen guten Ertrag. Etwas weniger Ertrag,

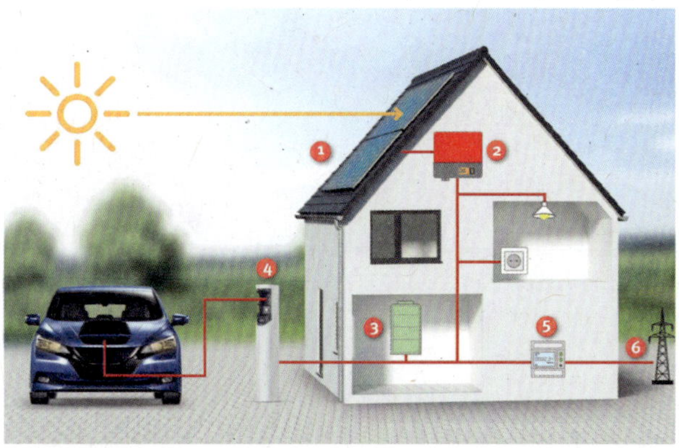

1 Solargenerator **2** Wechselrichter **3** Batteriespeicher **4** Ladestation für das E-Auto **5** Stromzähler für Bezug und Einspeisung **6** Anschluss an das öffentliche Netz

Abb. 3: Aufbau einer Photovoltaikanlage

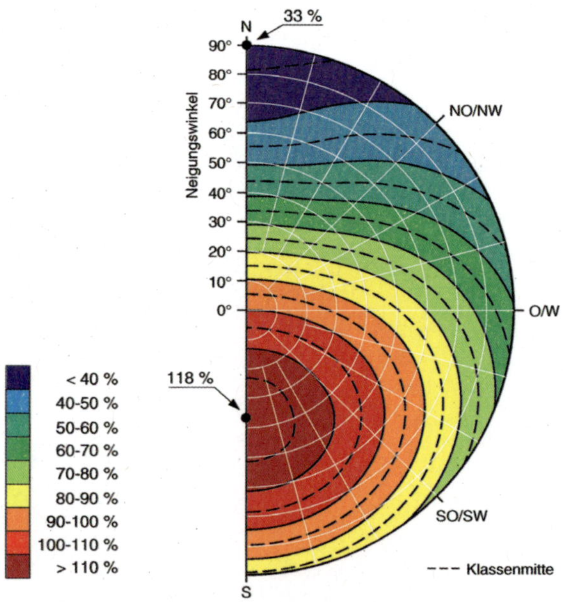

Abb. 4: Ertrag einer Photovoltaikanlage

aber dafür über einen längeren Zeitraum, liefert eine Anlage, die gleich verteilt auf einem Ost- und West-Dach installiert wird. Das ist meistens günstig, um mehr Strom im eigenen Netz nutzen zu können. Erst bei weiterer Abweichung gibt es eine merkliche Einbuße. Entscheidend für den Ertrag einer Photovoltaikanlage ist die Verschattung. Da die Module in Reihe geschaltet sind, entscheidet das schwächste Modul über den Ertrag, wie auch nur eine schwache Batterie dazu führt, dass die Taschenlampe nicht mehr leuchtet. So bewirkt bereits kleiner Schattenwurf einen starken Einbruch der Stromproduktion Ihrer Anlage. Es gibt Solaroptimierer, elektronische Schaltungen an den Modulen, die schwache Module überbrücken können – was allerdings mit Zusatzkosten verbunden ist. Sinnvoller ist es, sich einen möglichst unverschatteten Montageort auszusuchen und ausreichend Abstand zu schattenwerfenden Objekten einzuhalten, beispielsweise einer Gaube. Haben Sie ein Schrägdach, so ist damit Ausrichtung und Neigung festgelegt, da die Module meist parallel zur Dachfläche montiert werden. Der zusätzliche Aufwand für eine Aufständerung lohnt nur selten. Auf einem Flachdach haben Sie die freie Wahl – eine Aufständerung ist ohnehin erforderlich. Sie können so die optimale Ausrichtung wählen. Wichtig ist allerdings ein ausreichender Abstand zwischen den Reihen, die sich sonst verschatten würden. Wählen Sie hier eine Ost-West-Aufstellung, können Sie das gesamte Flachdach nutzen. Haben Sie unterschiedlich ausgerichtete Module, so benötigen Sie mehrere Wechselrichter

Tipp

Viele Zusatzinformationen finden Sie im Ratgeber der Verbraucherzentrale „Photovoltaik“.

Hintergrund

Mit **Kilowatt-Peak (kWp)** wird die unter Standardbedingungen bestimmte Leistung von Solarmodulen bezeichnet. Das ist die ungefähre Leistung bei voller Sonneneinstrahlung. In Deutschland liefert ein Kilowatt-Peak auf einem nicht beschatteteten Süddach mit 40 bis 50 Grad Neigung etwa 850 bis 1.000 kWh Strom jährlich (in Süddeutschland mehr als in Norddeutschland). Eine Solaranlage von einem Kilowatt-Peak benötigt mit den hauptsächlich eingesetzten kristallinen Solarmodulen 6 bis 7 m² Dachfläche.

beziehungsweise einen Wechselrichter mit mehreren Eingängen.

Die Stromerzeugung einer Photovoltaikanlage kann nur über Tag erfolgen. Die erzielte Leistung hängt direkt mit der Maximalleistung der Anlage, der Sonneneinstrahlung und der Modultemperatur zusammen. So gibt es zwar an einem strahlenden Sommertag die höchste Sonneneinstrahlung, allerdings heizen sich die Module auch auf und verlieren dadurch einen Teil der Leistung. Ein klarer, kalter Frühlingstag kann eine höhere Leistung liefern. Zum Winter hin nimmt die tägliche Stromerzeugung ab, weil die Sonne im Januar und Dezember höchstens etwa 7 Stunden scheint, aber über 14 Stunden im Juni und Juli.

Gut zu wissen

Wenn Sie keine große Anlage auf dem Dach installieren können oder wollen, gibt es die Möglichkeit, ein **Stecker-Solargerät** direkt ans Stromnetz anzuschließen. Näheres auf **www.pvplug.de** oder **www.verbraucherzentrale.nrw/steckersolar**

Checkliste: Photovoltaik

- [ ] Es gibt die Möglichkeit, Ihre Planung durch einen Energieberater online, vor Ort oder in den Beratungsstellen der Verbraucherzentralen überprüfen zu lassen: **www.verbraucherzentrale-energieberatung.de**
- [ ] Position der Module möglichst verschattungsfrei
- [ ] Einsatz von elektronischen Solaroptimierern zur Verringerung des Einflusses von Verschattung?
- [ ] Ausrichtung der Module zwischen Südost und Südwest bei Neigung zwischen 20 und 50 Grad? Oder Ost-West-Anlage?
- [ ] Bei flacher Neigung rahmenlose Module
- [ ] Unterschiedliche Ausrichtung der Module? Dann mehrere Strings und mehrere Wechselrichter oder Wechselrichtereingänge
- [ ] Wachstum von Bäumen und spätere Nachbarbebauung beachten („Schattengefahr")
- [ ] Zustand des Daches, Wärmedämmung und Statik des Daches berücksichtigen
- [ ] Der Wechselrichter sollte möglichst in kühler Umgebung und zugänglich montiert werden.
- [ ] Ertragskontrolle durch Zähler im Wechselrichter oder separaten Zähler?
- [ ] Entspricht der Zählerkasten dem Stand der Technik? Bestandsschutz entfällt bei neuer Anlage
- [ ] Möglichst große Anlage
- [ ] Optimierung des Eigenstromverbrauchs durch Verlagerung? Beispielsweise Waschen bei Sonne
- [ ] Optimierung des Eigenstromverbrauchs durch Energiemanagementsystem? Dieses kann im Wechselrichter integriert sein.
- [ ] Steuerliche Behandlung der Anlage? Umsatzsteuerabzug? Ab 2023 gibt es Vereinfachungen.
- [ ] Mehrere Angebote einholen und vergleichen
- [ ] Netzbetreiber über die Planung informieren
- [ ] Voranfrage beim Bauamt – im Allgemeinen ist keine Genehmigung erforderlich
- [ ] Anlagen so planen, dass Nachbarn nicht geblendet werden
- [ ] Gegebenenfalls Förderantrag stellen – manche Gemeinden geben Zuschüsse und über die KfW ist ein relativ günstiger Kredit zu erhalten: **www.kfw.de/270**, Förderbedingungen beachten
- [ ] Anlage versichern über Spezialversicherung oder in die Gebäudeversicherung einbeziehen
- [ ] Wer meldet beim Finanzamt, Netzbetreiber und Bundesnetzagentur an?
- [ ] Regelmäßige Erfolgskontrolle der Anlage und Vergleich mit Anlagenerträgen beispielsweise auf **www.sfv.de**. In den ersten zwei Jahren gilt die gesetzliche Gewährleistung, danach die – meistens schwer durchsetzbaren – Garantiebedingungen **(www.verbraucherzentrale.nrw/solarstrom)**
- [ ] Qualitätssicherung der Anlage durch RAL-Solar? Weitere Informationen unter: **www.gg-solar.de**
- [ ] Liegen Zertifikate für Module und Wechselrichter vor?
- [ ] Blitzschutz, Überspannungsschutz, Schneefang und Brandschutz sind geklärt?

Photovoltaik: Vorteile und Nachteile

Vorteile

- In jedem Gebäude einsetzbar
- Eigenstromproduktion
- Stromproduktion über Tag mit speziellem Wechselrichter auch bei Netzausfall möglich
- Hohe Stromproduktion im Sommer
- Geringe, mit Batteriespeicher mittlere bis hohe Autarkie Strom
- Förderung für Batteriespeicher möglich
- Feste Einspeisevergütung für 20 Jahre
- Niedrige Betriebskosten
- Mittlere Wartungskosten
- Meistens wirtschaftlicher Betrieb möglich
- Bei guter Planung und Ausführung hohe Effizienz
- Klimaentlastung durch Verdrängung von Kohlestrom
- Wichtig für regeneratives Versorgungssystem

Nachteile

- Ausrichtung zur Sonne und Verschattung beachten
- Dach muss für Photovoltaikanlage geeignet sein
- Keine Stromproduktion in der Nacht
- Nicht automatisch als Notstromaggregat nutzbar
- Wenig Stromproduktion im Winter
- Abhängigkeit von Stromlieferanten
- Tarife können geändert werden – es kann Preissteigerungen geben.
- Bundesförderung nur noch durch Einspeisevergütung und eventuell günstigen Kredit
- Höherer Grundpreis wegen geringer Stromabnahme möglich
- Investitionskosten stark von der Nachfrage abhängig
- Lange Amortisationszeiten verlangen eine hohe Qualität der Anlage.
- Überhöhte Investitionskosten machen Anlagen unwirtschaftlich.

6.4 Kleinwindanlagen

Wenn Ihr Grundstück eine sehr windige Lage hat, kann eine Mikrowindenergieanlage infrage kommen, eine Anlage mit einer Nennleistung unter fünf Kilowatt. Bei der Nennleistung muss angegeben werden, für welche Windgeschwindigkeit sie gilt. Die Leistung einer Windenergieanlage hängt in der dritten Potenz mit der Windgeschwindigkeit zusammen, das heißt, eine Verdoppelung der Windgeschwindigkeit ergibt die achtfache Leistung. So macht es einen enormen Unterschied, wenn die Nennleistung von beispielsweise drei Kilowatt bei zehn Metern pro Sekunde (m/s) oder zwölf Metern pro Sekunde Windgeschwindigkeit erreicht wird. Die Anlage mit der höheren Nennwindgeschwindigkeit hat bei zehn Metern pro Sekunde lediglich eine Leistung von gut 1,7 Kilowatt und nur gut die Hälfte des jährlichen Stromertrages.

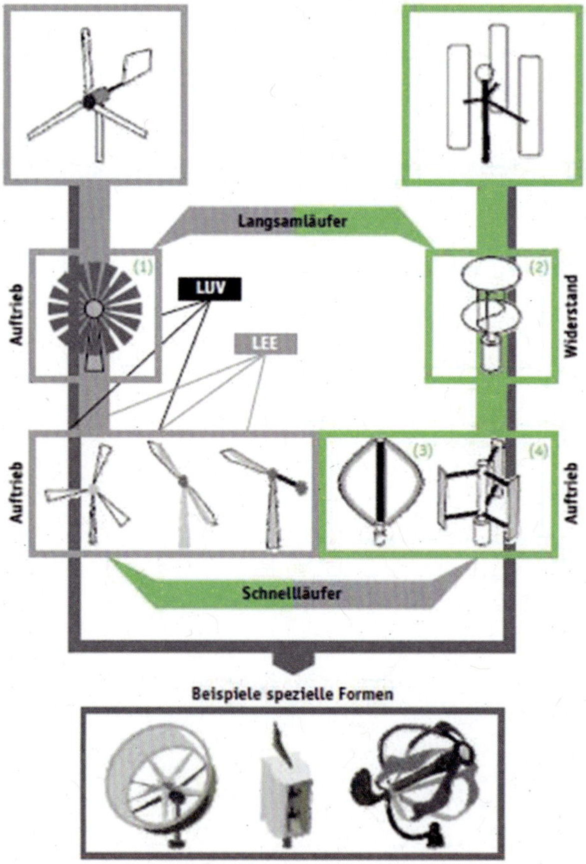

Abb. 5: Bauformen von Windanlagen

Windanlagen werden nach ihrer Bauform unterschieden. Großwindanlagen haben immer eine horizontale Achse. Im Bereich der Kleinwindanlagen werden aber zahlreiche Modelle mit vertikaler Achse oder Sonderbauformen mit Gehäuse angeboten. Die Hersteller werben mit den tollsten Eigenschaften, können diese jedoch oft nicht mit unabhängigen Daten belegen. Einige wenige Modelle gibt es mit Zertifizierung, da sollten Sie auf Nummer sicher gehen: **www.klein-windkraftanlagen.com/technik/test-von-kleinwind anlagen**. Im Allgemeinen sind Anlagen mit horizontaler Achse leichter und effizienter. Allerdings müssen sie dem Wind nachgeführt werden, benötigen einen Mast und eine Sturmsicherung. Vertikalachser haben Vorteile bei starken Windverwirbelungen und schnellen Windrichtungswechseln. Allerdings gibt es dabei unvermeidbare Erschütterungen, weil ein Teil des Rotors immer gegen den Wind anlaufen muss.

Diese Anlage (Abb. 6) war auf einem Hausdach montiert. Allerdings nicht lange. Es ist zu vermuten, dass die Windanlage bei bestimmten Drehzahlen das Haus in Resonanz gebracht hat.

Vor jeder weiteren Überlegung muss eine Untersuchung des Windangebots auf Ihrem Grundstück erfolgen: **www.klein-windkraftanlagen.com/basisinfo/windmessung**.

Abb. 6: Kleinwindanlage auf einem Hausdach

Nun kommt die Qual der Wahl unter den zahlreichen Typen. Einen guten Marktüberblick erhalten Sie durch Publikationen des Bundesverbands Windenergie (**www.wind-energie.de/shop** und den „Kleinwind Marktreport“ **(www.klein-windkraftanlagen.com).**

Kleinwindanlagen enthalten meistens einen einfach gebauten Drehstromgenerator. Der erzeugte Strom wird dann gleichgerichtet und wie bei einer Photovoltaikanlage auf Netzwechselspannung gebracht – allerdings mit einem speziell für Windanlagen geeigneten Wechselrichter.

Tipp

Ein Hausdach ist an sich ein guter Standort für eine Kleinwindanlage, da sie dort über den Hindernissen der Umgebung liegt und frei angeströmt werden kann. Bei einer solchen Aufstellung ist allerdings eine sorgfältige Entkoppelung zwischen Windanlage und Haus nötig. Sonst gibt es nur zwei Lösungen: Sie verlassen das Haus, weil Sie die Schwingung bei bestimmten Resonanzdrehzahlen nicht aushalten, oder die Windanlage muss das Dach wieder verlassen. Am sichersten umgehen Sie dieses Problem, wenn Sie die Windanlage in der Nähe des Hauses auf einem Mast aufstellen. Sie benötigen in jedem Fall eine Baugenehmigung, und auch die Nachbarn sollten zustimmen.

Die Stromerzeugung ist sehr stark vom Windangebot abhängig. Das EEG unterscheidet bei Windanlagen nicht nach der Anlagengröße. Weil die Einspeisevergütung niedrig ist, sollte eine Kleinwindkraftanlage möglichst keinen Strom ins Netz einspeisen und klein dimensioniert werden.

Gut zu wissen

Prinzipiell ergänzen sich Wind und Sonne: Im Winter mit wenig Sonne bläst der Wind kräftig und umgekehrt. Da liegt es eigentlich nahe, zur Erhöhung der Stromeigenversorgung eine Photovoltaik mit einer Kleinwindkraftanlage zu kombinieren. Allerdings liegt bis auf wenige Ausnahmefälle eine Kleinwindanlage nur an der Grenze zur Wirtschaftlichkeit. Zur korrekten Abrechnung sind weitere Zähler erforderlich, was die Kosten unwirtschaftlich in die Höhe treibt.

Wenn Sie kein für Photovoltaik oder Windanlage geeignetes Grundstück besitzen, so können Sie sich an einer **Bürgerenergieanlage** beteiligen und zur erneuerbaren Stromproduktion beitragen. Eine Bürgerenergieanlage ist eine gemeinsam betriebene Photovoltaik- oder Windanlage. Oft wird dafür ein Dach oder Grundstück angemietet. Wenn sich viele Mitglieder zusammenschließen, ist eine größere Investition möglich. Größere Anlagen sind meistens wirtschaftlicher als Kleinanlagen, es muss allerdings der Eigenverbrauch oder Stromverkauf bedacht werden. Als Mitglied einer Bürgerenergieanlage zahlen Sie einen Beitrag, haben je nach Beteiligungsform ein Stimmrecht und erhalten einen Anteil am Gewinn.
de.wikipedia.org/wiki/Bürgerenergiegesellschaft

Checkliste: Kleinwindkraftanlage

- [ ] Siehe auch: **www.klein-windkraftanlagen.com**
- [ ] Überprüfen Sie das Windangebot. Gibt es Hindernisse in der Hauptwindrichtung? Falls Sie den Standort als günstig einschätzen, lassen Sie zunächst eine Langzeitmessung durchführen.
- [ ] Standort mit möglichst wenig Verwirbelung wählen
- [ ] Planen Sie eine Anlage auf dem Hausdach? Sehr sorgfältige Entkopplung vom Gebäude ist notwendig! Statik des Daches beachten!
- [ ] Kann ein Mast errichtet werden?
- [ ] Ein höherer Mast sorgt für höheren Ertrag.
- [ ] Machen Sie eine Bauvoranfrage.
- [ ] Ist Ihr Eigenstromverbrauch ausreichend hoch?
- [ ] Optimierung des Eigenstromverbrauchs durch Energiemanagementsystem? Dieses kann im Wechselrichter integriert sein.
- [ ] Für Windanlage geeigneter Wechselrichter
- [ ] Wechselrichter sollte möglichst in kühler Umgebung und zugänglich montiert werden.
- [ ] Windanlage so klein dimensionieren, dass möglichst wenig ins Netz eingespeist wird
- [ ] Bei Kleinanlage auf EEG-Vergütung und entsprechende Anmeldung verzichten, dafür Verbrauchszähler mit Rücklaufsperre installieren lassen
- [ ] Verschaffen Sie sich einen Marktüberblick.
- [ ] Ist die Anlage zertifiziert?
- [ ] Meist ist eine Anlage mit horizontaler Achse vorzuziehen.
- [ ] Gibt es Referenzen des Anbieters und Installateurs?
- [ ] Gibt es eine Wirtschaftlichkeitsberechnung von einem unabhängigen Energieberater?
- [ ] Wachstum von Bäumen und spätere Nachbarbebauung insbesondere in der Hauptwindrichtung beachten
- [ ] Ertragskontrolle durch separaten Zähler
- [ ] Entspricht der Zählerkasten dem Stand der Technik? Bestandsschutz entfällt bei neuer Anlage
- [ ] Steuerliche Behandlung der Anlage? Umsatzsteuerabzug?
- [ ] Mehrere Angebote einholen und vergleichen
- [ ] Netzbetreiber von der Planung informieren
- [ ] Ggf. Förderantrag stellen – manche Länder und Gemeinden geben Zuschüsse. Förderbedingungen beachten
- [ ] Anlage versichern über Spezialversicherung oder in die Gebäudeversicherung einbeziehen
- [ ] Wer meldet beim Finanzamt, Netzbetreiber und Bundesnetzagentur an?
- [ ] Regelmäßige Erfolgskontrolle der Anlage

Windkraftanlage: Vorteile und Nachteile

Vorteile

- In wenig besonnten Lagen nutzbar
- Stromproduktion in Zeiten ohne gute Sonneneinstrahlung, auch in der Nacht
- hohe Stromproduktion im Winter
- Ergänzung zur Photovoltaikanlage für sonnenschwache Zeiten
- Stromproduktion mit speziellem Wechselrichter auch bei Netzausfall möglich
- Feste Einspeisevergütung für 20 Jahre
- In windstarken Gegenden wirtschaftlicher Betrieb möglich
- Zertifikat gibt Sicherheit
- Anlagen mit Langzeiterfahrung erhältlich
- Klimaentlastung durch Verdrängung von Kohlestrom
- Passt ins regenerative Versorgungssystem

Nachteile

- Gutes Windangebot nötig
- Merkliche Stromproduktion nur bei hohen Windstärken
- Wenig Stromproduktion im Sommer
- Nicht automatisch als Notstromaggregat nutzbar
- Bei Kombination mit Photovoltaikanlage mehrere Zähler erforderlich
- Mittlere Investitionskosten
- Förderung nur durch Einspeisevergütung und eventuell günstigen Kredit
- Wirtschaftlichkeit ist nur durch hohe Eigenbedarfsdeckung zu erzielen
- Lange Amortisationszeiten verlangen eine hohe Qualität der Anlage.
- Nur wenige zertifizierte Anlagen auf dem Markt
- „Schwarze Schafe“ tummeln sich auf dem Markt

6.5 Stromspeicher

Eine Photovoltaikanlage erzeugt in der Nacht keinen Strom. Eine Windkraftanlage erzeugt nur Strom, wenn der Wind kräftig weht. Sie brauchen aber zu Hause Strom rund um die Uhr, beispielsweise für Ihre Kühlgeräte. Ein BHKW kann Tag und Nacht Strom erzeugen, allerdings nur mit **Wärmespeicher**. Eine Photovoltaik- oder Windanlage benötigt dagegen einen **Stromspeicher**, wenn Sie jederzeit Strom aus einer solchen Anlage gewinnen wollen. Wärme zu speichern ist nicht sehr aufwendig. Es genügt ein gut wärmegedämmter Wasserspeicher. Er hat eine Haltbarkeit von weit über zehn Jahren. Als Stromspeicher für Sie zu Hause kommen jedoch im wesentlichen Batteriespeicher infrage.

Mit Batterien sind hier wiederaufladbare Batterien gemeint, Ihnen eher als Akkumulatoren (Akkus) aus dem Auto und zahlreichen netzunabhängigen Geräten (beispielsweise Akkuschrauber, Laptop, Smartphones) bekannt. Für die Hausversorgung sind insbesondere Blei- und Lithium-Ionen-Batterien einsetzbar. Es gibt weitere Entwicklungen, die geringere Umweltauswirkungen haben, wie beispielsweise Salzwasserspeicher oder Nickel-Eisen-Batterien, allerdings nur von wenigen Anbietern. Speicher sind im erneuerbaren Versorgungssystem notwendig, um die unregelmäßige Produktion bei Wind- und Sonnenstrom auszugleichen. Dies erfolgt jedoch am sinnvollsten auf Quartiersebene und nicht im einzelnen Haus. Dort werden Speicher hauptsächlich aus wirtschaftlichen Überlegungen eingebaut. Bei den derzeitigen Bedingungen verschlechtern Speicher jedoch oft die Wirtschaftlichkeit. Der eigene Speicher ist sinnvoll, wenn Sie sich für eventuelle Stromausfälle rüsten wollen und zusätzlich die Gesamtanlage notstromfähig ist.

Tipp

Viele weitere Informationen finden Sie in den Ratgebern „Photovoltaik“ und „Strom und Wärme“.
www.ratgeber-verbraucherzentrale.de

Tipp

Batteriespeicher in Zusammenhang mit netzgekoppelten Photovoltaikanlagen werden von einigen Kommunen und Bundesländern gefördert: **www.foerderdatenbank.de** → Rubrik „Förderrecherche“.

Wie groß sollte eine Batterie sein? Zahlreiche Messungen an realen Anlagen und Simulationsrechnungen haben zu dieser Faustformel geführt: Die effektive Kapazität der Batterie in kWh ist ein Tausendstel Ihres Stromverbrauchs in kWh.

Beispiel

Die Familie Meier mit ihrem Stromverbrauch von 4.000 Kilowattstunden (= vier Megawattstunden) pro Jahr hat eine Photovoltaikanlage mit vier Kilowatt-Peak installiert. Die Batterie sollten dann ebenfalls 4 kWh effektive Kapazität haben.

Langzeitspeicher – die Sommersonne speichern

Im Sommer gibt es Überschüsse – und im Winter reicht die Stromproduktion nicht. Da liegt es nahe, eine Speicherung des Sommerüberschusses für „schlechte Tage“ zu versuchen. Dafür sind sehr große Batteriespeicher nötig– über 100 kWh Speicherfähigkeit –, die sich selbst entladen und nur unvollständig genutzt werden können.

Eine weitere Möglichkeit zur Langzeitspeicherung ist die Umwandlung des überschüssigen Stroms in Wasserstoff. Der ansonsten ins Netz eingespeiste

Solarstrom wird im Elektrolyseur zur Spaltung von Wasser eingesetzt. Der dabei produzierte Wasserstoff wird gespeichert und der Sauerstoff geht in die Atmosphäre. Wasserstoff ist ein sehr leichtes, flüchtiges und brennbares Gas. Eine sichere Speicherung geschieht in Tanks, die mit Metallhydridpulver gefüllt sind. Dieses Pulver kann unter Wärmeentwicklung recht große Mengen an Wasserstoff binden, der dann bei Erwärmung wieder aus dem Speicher entnommen wird und in einer Brennstoffzelle Strom erzeugt. Ein Wasserstoffsystem ist zu sehr hohen Kosten erhältlich. Noch ist eine Wasserstoffanlage für das Ein-oder Zweifamilienhaus unrentabel. Redox-Flow-Batterien können ebenfalls über lange Zeit speichern, da die Speichermedien getrennt von der Batterie gelagert werden und nur Strom erzeugen, wenn sie wieder in die Batterie geleitet werden. Redox-Flow-Batterien für das Ein- und Zweifamilienhaus sind noch nicht erhältlich. Der günstigste Weg zur Stromautonomie ist daher derzeit eine möglichst große Photovoltaikanlage und nicht der Versuch, die Sommersonne in den Winter zu retten.

Checkliste: Stromspeicherbatterie

- ☐ Es gibt die Möglichkeit, Ihre Planung durch einen Energieberater vor Ort oder in den Beratungsstellen der Verbraucherzentralen überprüfen zu lassen: **www.verbraucherzentrale.de/beratung.**
- ☐ Beachten Sie alle Punkte der Checklisten „Photovoltaikanlagen“ (⇢ Seite 100) und evtl. auch „Kleinwindanlagen“ (⇢ Seite 104).
- ☐ Legen Sie den Batteriespeicher passend zur Höhe des Stromverbrauchs und zur Größe der Photovoltaikanlage aus.
- ☐ AC- oder DC-Kopplung? Hochvoltspeicher? Hybridspeicher?
- ☐ Ein- oder dreiphasig?
- ☐ Notstromfunktion? Unterbrechungsfreie Notstromversorgung?
- ☐ Blei- oder Lithium-Ionen Speicher?
- ☐ Herstellergarantiebedingungen für Lebensdauer und Zyklenzahl?
- ☐ Aufstellraum belüftbar?
- ☐ Brandschutz?
- ☐ Passt der Speicher durch die Tür?
- ☐ Speicherförderung vorgesehen?
- ☐ Batterieladestrategie möglichst netzoptimiert und nach Prognose
- ☐ BSW-Speicherpass?

Stromspeicherbatterie: Vorteile und Nachteile

Vorteile

- In jedem Gebäude einsetzbar
- Eigenstromproduktion kann jederzeit erfolgen
- Notstromfunktion mit speziellem Wechselrichter bei Netzausfall möglich
- Hohe Stromproduktion im Sommer
- Förderung durch Einspeisevergütung und eventuell Speicherförderung sowie günstigen Kredit
- Unter günstigen Umständen ist ein wirtschaftlicher Betrieb möglich.

Nachteile

- Aufstellraum muss geeignet sein
- Weniger Stromproduktion im Winter – Batterie wird im Winter nicht vollgeladen
- Die Batterie darf nie zu stark entladen werden.
- Mittlere bis hohe Investitionskosten
- Oft verschlechtert sich die Wirtschaftlichkeit der Photovoltaikanlage.
- Lange Amortisationszeiten verlangen eine hohe Qualität der Anlage.
- Problematische Umwelt- und Sozialbilanz
- Quartiersspeicher sind der bessere Weg.

Hintergrund: Wirtschaftlichkeit

Für welche Technik Sie sich auch entscheiden: Eine einfache Möglichkeit zur Einschätzung der Wirtschaftlichkeit bietet die Bestimmung einer statischen Amortisationszeit ohne die Berücksichtigung von Preissteigerungen und Zinsen. Teilen Sie dazu die gesamten Investitionskosten (oder die Mehrkosten gegenüber einer Ausgangsvariante) durch die jährliche Kosteneinsparung. Zuschüsse aus Förderprogrammen werden von den Investitionskosten abgezogen. Die jährlichen Kosten setzen sich zusammen aus Energie- und Betriebskosten. Wartung, Rückstellungen für anfallende Reparaturen, Versicherung der Anlage – dies zusammen sind die Betriebskosten.

Beispiel

Sie möchten Ihre Ölheizung durch eine Wärmepumpe ersetzen und haben dafür Investitionskosten in Höhe von 50.000 Euro. Sie bekommen eine Förderung von 17.500 Euro, sodass Kosten in Höhe von 32.500 Euro verbleiben. Ihre derzeitigen Energiekosten für Heizung und Warmwasser betragen 5.000 €/Jahr. Durch die Wärmepumpe sinken Ihre Energiekosten um 50 %, also um 2.500 €/Jahr.

$$\text{Amortisationszeit} = \frac{\text{verbleibende Investition}}{\text{Kosteneinsparung}}$$

$$= \frac{32.500\ €}{2.500\ €/\text{Jahr}} = 13\ \text{Jahre}$$

Eine Maßnahme sollte sich wenigstens innerhalb ihrer Lebensdauer amortisieren, das heißt, die Lebensdauer muss größer als die Amortisationszeit sein. Typische Lebensdauern von Haustechnikanlagen liegen zwischen 20 und 30 Jahren, Wärmedämmmaßnahmen können wesentlich länger halten.

Nach der Amortisationszeit können Sie an der Maßnahme nur noch verdienen. Hier kommt es nun auf die Qualität an: Kaufen Sie ein Schnäppchen, das nur 15 Jahre hält, so ist dies insgesamt gesehen unwirtschaftlicher als ein Qualitätsartikel mit 20 Jahren Lebensdauer, der 20 % mehr kostet. **Gutes darf ruhig etwas teurer sein!** Wenn Sie außerdem durch die höhere Investition eine größere Energieeinsparung erzielen, so verkürzt sich die Amortisationszeit und die Wirtschaftlichkeit verbessert sich.

Tipp

Sparen Sie nicht am falschen Ende! Die Kosten für die preisgünstigste Maßnahme können schnell hinausgeworfenes Geld sein, wenn sie nicht die gewünschte Einsparung erzielt oder schon bald Reparaturkosten verursacht. Wichtig sind eine gute Planung und Ausführung. Lassen Sie sich vor der Entscheidung unabhängig beraten, etwa bei der Verbraucherzentrale **(www.verbraucherzentrale-energieberatung.de).** Fragen Sie die Handwerksbetriebe nach Referenzen, falls möglich, besichtigen Sie ein solches Haus und fragen Sie die Besitzer nach ihren Erfahrungen.

7 Wärme für Ihr Haus

In Ihrem Haus benötigen Sie Heizungswärme und Warmwasser. Deren Bereitstellung kann mit mehr oder weniger Klimagasen verbunden sein. Wir beschreiben kurz die Techniken, geben in Checklisten Hinweise und stellen die Vor- und Nachteile tabellarisch zusammen. Viele Geräte und Funktionsweisen lassen sich auch koppeln. Das optimiert oft die Wirkung, senkt Kosten und die Klimabelastung. Und Sie erfahren, was richtiges Lüften und Lüftungsanlagen bringen und wie das Smarthome das Leben zu Hause erleichtern kann.

7.1 Heizungsoptimierung

Die Optimierung Ihrer Heizungsanlage ist überlegenswert, wenn Ihr Wärmeerzeuger zufriedenstellend ohne größere Reparaturen funktioniert und noch keine „rote Karte" vom Schornsteinfeger erhalten hat. Zunächst sollten Sie Ihr Heizsystem unter die Lupe nehmen. Das geht kostengünstig mit dem von der Verbraucherzentrale angebotenen Heiz-Check (⇢ Tipp nächste Spalte). Folgende Maßnahmen optimieren Ihr Heizungssystem:

Neue Thermostatventile: Jedes Grad Raumtemperatur mehr erfordert etwa 5 bis 6 % mehr Heizenergieverbrauch. Nutzen Sie die Einzelraumregelung durch Thermostatventile und passen Sie die Raumtemperaturen an Ihre Bedürfnisse an. Wenn Sie nicht zu Hause sind, können Sie die Temperatur in einzelnen Räumen oder in der ganzen Wohnung absenken. Ältere Thermostatventile können klemmen. Außerdem ist die Temperaturregelung bei neuen Thermostatventilen feinfühliger. Wenn Sie neue Ventilunterteile einbauen lassen, sollten es in jedem Fall voreinstellbare sein (⇢ nächster Absatz). Falls das Unterteil noch in Ordnung ist, können Sie den Thermostatkopf gegen ein elektronisches Thermostatventil tauschen. Dies bietet die Möglichkeit, Absenk- und Aufheizzeiten gradgenau zu programmieren. Außerdem schließt es während des Lüftens automatisch. Elektronische Thermostatventile sind sehr sinnvoll, wenn Sie die Räume unterschiedlich nutzen. So können Sie beispielsweise das Bad passend zu Ihren Duschgewohnheiten vorheizen und den Tag über im Absenkbetrieb lassen. Die abgesenkte Temperatur sollte jedoch nicht unter 16 Grad liegen, da es sonst Feuchtigkeits- und Schimmelprobleme geben kann (⇢ Seiten 21, 161).

Hydraulischer Abgleich: Die Einzelraumregelung durch ein Thermostatventil funktioniert nur, wenn die Heizungsanlage eine zur Außentemperatur passende Vorlauftemperatur zur Verfügung stellt und wenn das gesamte Heizsystem richtig abgeglichen ist. Im Haus ohne hydraulischen Abgleich sucht sich das Heizungswasser den Weg des geringsten Widerstands, und das ist der am nächsten zum Heizkessel liegende Heizkörper. Dieser wird eher zu warm. Weiter weg liegende Heizkörper bleiben „lau". Beim hydraulisch abgeglichenen System werden sämtliche Heizkörper gleichmäßig durchströmt und alle Räume erhalten die gewünschte Temperatur. Für den hydraulischen Abgleich müssen (sofern noch nicht vorhanden) voreinstellbare Thermostatventile eingebaut oder vorhandene Ventile mit einem voreinstellbaren Ventileinsatz nachgerüstet werden. Der Heizungsbauer errechnet den benötigten Durchfluss anhand des Wärmebedarfs des Raumes und der Daten des Heizkörpers und stellt die Ventile passend ein. Es gibt mittlerweile Heizungspumpen, die den hydraulischen Abgleich unterstützen. Ein hydraulischer Abgleich muss nachgewiesen werden, wenn Sie Fördermittel für die Heizungsanlage im Rahmen der Bundesförderung für effiziente Gebäude (BEG ⇢ Seite 112) beantragen. Es gehört zur Pflicht des Heizungsbauers, einen hydraulischen Abgleich durchzuführen, wenn ein neuer Wärmeerzeuger eingebaut wird. Dies gilt auch für Fußbodenheizungen. Im Verteilerschrank der Fußbodenheizung kann der hydraulische Abgleich der Heizschleifen erfolgen. In den meisten Fällen amortisiert sich der hydraulische Abgleich in wenigen Jahren.

Tipp

Heiz-Check: Sie können bei der Verbraucherzentrale für wenig Geld einen Heiz-Check beauftragen: **www.verbraucherzentrale-energieberatung.de ⇢ „Beratung" ⇢ „Heiz-Check"** Termine unter der kostenfreien Telefonnummer 0800 809 802 400. Während der Heizperiode kommt ein Experte oder eine Expertin zu Ihnen. Er stellt mit Messgeräten fest, ob Ihre Heizungsanlage optimal funktioniert, und macht Verbesserungsvorschläge. Für nachweislich einkommensschwache Haushalte ist der Heiz-Check kostenlos.

Rohrdämmung: Es sollte an Heizungs- und Warmwasserleitungen, die im kalten Bereich verlegt sind, kein blankes Metall zu sehen sein. Die Rohrdämmung sollte mindestens so dick sein wie die Leitung und keinesfalls dünner als zwei Zentimeter. Die Kosten haben sich schon nach höchstens einem Jahr wieder eingespielt. Packen Sie auch alle Armaturen und Übergangsmuttern zum Speicher ein.

Tipp

Weitere Spartipps und eine Videoanleitung gibt es unter **www.verbraucherzentrale.nrw/heizspartipps**

Neue Umwälzpumpe: Über zehn Jahre alte Heizungspumpen sollten Sie gegen Hocheffizienzpumpen austauschen. Eine Heizungspumpe läuft lange Zeit – viele Tausend Stunden pro Jahr. Sie wird meistens so eingebaut, wie sie ausgeliefert wurde und das heißt, sie steht auf höchster Stufe. Die Leistung beträgt dann typischerweise über 50 Watt. Eine solche Pumpe kann durchaus 300 bis 500 Kilowattstunden jährlich benötigen – weit mehr als ein Haushaltsgroßgerät. Als Sofortlösung können Sie den Wahlschalter an der Pumpe auf die kleinste Stufe stellen. Sie werden vermutlich keinen Unterschied bei der Heizleistung feststellen. Sollte es mit kleinster Pumpenleistung irgendwo in Ihrem Haus nicht ausreichend warm werden, so ist das ein Zeichen für ein schlecht abgeglichenes System (⇢ Seite 110). Die Verringerung der Pumpenleistung bewirkt eine Stromeinsparung von etwa 50 %. Weitaus mehr können Sie durch eine neue Hocheffizienzpumpe erreichen – typische Einsparung: 80 bis 90 %. Die Installationskosten einer neuen Pumpe erwirtschaften Sie in zwei bis vier Jahren.

Tipp

Fördermittel: Die Heizungsoptimierung wird gefördert. Sie müssen sich vor Beginn der Maßnahme registrieren. Eine doppelte Förderung dieser Maßnahme im Rahmen der Heizungsmodernisierung ist nicht möglich. Näheres ⇢ **www.bafa.de** ⇢ „Energie“ ⇢ „Bundesförderung fur effiziente Gebaude“ ⇢ „Sanierung Wohngebäude“ ⇢ „Heizungsoptimierung“.

Tipp

Oft ist in alten Heizungsanlagen eine sogenannte Überströmleitung, eine Verbindungsleitung zwischen Vor- und Rücklauf, eingebaut. Diese war damals notwendig, da die nicht geregelte Pumpe durch hohen Druck geschlossene Thermostatventile zum Pfeifen gebracht hat. Andererseits wird dadurch Wärmeenergie unnötig transportiert. Bei geregelter Pumpe und hydraulisch abgeglichenem System ist die Überströmleitung unnötig. Lassen Sie diese demontieren, so verringern Sie Verluste.

Die BEG-Förderung für Neubauten (BEG-WG)

Der Bund fördert energieeffiziente Neubauten durch Kredite zu sehr günstigen Zinssätzen, die über Ihre Hausbank vor Baubeginn beantragt werden. Es wird ein Tilgungszuschuss gewährt, das heißt, nach der Bestätigung der ordnungsgemäßen Durchführung durch einen Energieberater und eine Nachhaltigkeitsexpertin wird ein Teil der Kreditschuld erlassen. Den Antrag muss ein gelisteter Energieberater vor Baubeginn stellen. Unter **www.energie-effizienz-experten.de** finden Sie einen Kontakt zu einer entsprechenden Energieberatung. Das Honorar und dasjenige der Nachhaltigkeitsexpertin kann zur Hälfte bezuschusst werden. Näheres unter **www.kfw.de/BEG**.

Hinweis: Seit dem 1.8.2022 sind zahlreiche Förderungen entfallen und nun neben Öl- auch alle Gasanlagen von der Förderung ausgeschlossen. Es wird nur noch das Effizienzhaus 40 mit NH-Klasse gefördert. Die Zahl gibt an, wie groß der Primärenergiebedarf im Verhältnis zu demjenigen des Referenzhauses ist – so darf das Effizienzhaus 40 höchstens 40 % des Primärenergiebedarfs des Referenzhauses haben (⇢ Seite 233). Gleichzeitig muss der bauliche Wärmeschutz verbessert werden. Beim Nachhaltigkeitspaket (NH-Paket) muss die akkreditierte Zertifizierungsstelle mit einer

Nachhaltigkeitszertifizierung die Übereinstimmung der Maßnahme mit den Anforderungen des Qualitätssiegels „Nachhaltiges Gebäude“ des Bundesministeriums für Wohnen, Stadtentwicklung und Bauwesen (Bundesbauministerium) bestätigen. Detaillierte Anforderungen an die Nachhaltigkeitszertifizierung finden Sie unter: **www.nachhaltigesbauen.de.**

Die BEG-Förderung für Maßnahmen im Altbau (BEG-EM)

Die Bundesförderung für effiziente Gebäude gibt Zuschüsse für Einzelmaßnahmen.

Die Höhe richtet sich nach den förderfähigen Kosten, solange diese unter dem Maximalbetrag pro Wohneinheit bleiben. Dazu zählt alles, was mit der Maßnahme in Zusammenhang steht. Gefördert wird nach festgelegten Prozentsätzen. Die aktuellen Sätze finden Sie auf **www.bafa.de/beg**.

- Gasanlagen werden seit dem 15.8.2022 nicht mehr gefördert.
- Es gibt einen Wärmepumpenbonus, wenn als Wärmequelle Wasser, Erde oder Abwasser genutzt wird.
- Wird eine intakte Öl-, Kohle- oder Nachtspeicherheizung (egal wie alt) ersetzt, so steigen die Fördersätze. Diesen Austauschbonus gibt es auch für Gasheizungen, wenn es sich um eine Gas-Etagenheizung handelt (egal wie alt) oder wenn der Gaskessel vor über 20 Jahren in Betrieb gegangen ist. Nach der Sanierung darf im Haus oder gebäudenah nicht mehr mit fossilen Brennstoffen oder Elektro-Speicherheizung geheizt werden.
- Den iSFP-Bonus gibt es nicht mehr für den Heizkesseltausch, sondern nur noch für Heizungsoptimierung (z. B. hydraulischer Abgleich) und für Maßnahmen an der Gebäudehülle (Fenstertausch, Dämmung ...). Der Bonus ist möglich, wenn die Maßnahme im Rahmen der Bundesförderung für Energieberatung **(www.bafa.de)** in einem individuellen Sanierungsfahrplan (iSFP → Seite 233) vorgeschlagen wurde.
- Technische Mindestvoraussetzungen müssen eingehalten werden. Näheres siehe **www.bafa.de/beg**, runterscrollen bis „Einzelmaßnahmen“. Für diese und alle weiteren erwähnten Maßnahmen kann es zusätzlich Förderungen von Ländern und/oder Kommunen geben. Eine Zusammenstellung finden Sie unter **www.foerderdatenbank.de** oder unter **www.verbraucherzentrale.nrw/wissen/energie/foerderprogramme.**
- Die Zusammenfassung mehrerer Förderungen ist bis zur Grenze von 60 % möglich.
- Ausgeschlossen ist die gleichzeitige Ausnutzung mehrerer Bundesförderungen für dieselbe Maßnahme, beispielsweise steuerliche Förderung und BEG.

7.2 Brennwertkessel für Gas und Öl

Unter Klimagesichtspunkten kommt die Nutzung von fossilem Gas oder Öl nicht infrage. Es gibt aber aus nachhaltig gewonnener Biomasse oder aus organischen Reststoffen erzeugtes Biogas und Bioöl. Dieses kann in Brennwertkesseln genutzt werden und ist dann zwar auf lange Sicht gesehen CO_2-neutral, hilft aber nicht beim Klimaschutz (Exkurs zur Holzverbrennung → Seite 121). Ob es für private Haushalte ausreichend Wind- oder Sonnengas geben wird, ist fraglich (→ Seite 115). Brennwertkessel erfüllen die Mindestanforderungen der Ökodesign-Richtlinie der EU.

Der Brennwertkessel enthält einen vergrößerten Wärmetauscher, der die Abgase mithilfe des kalt von den Heizkörpern zurückkommenden Heizungswassers unter die Kondensationstemperatur des Wasser-

dampfs abkühlt. Die Verdampfungswärme erwärmt dann wieder das Heizungswasser. So erreicht ein Brennwertgerät eine um etwa 10 % bessere Ausnutzung des Brennstoffs. Dieser Brennwerteffekt lässt sich allerdings nur dann erzielen, wenn das Wasser von den Heizkörpern tatsächlich gut abgekühlt zum Kessel kommt. Viele Brennwertkessel arbeiten nicht optimal, wie der bundesweite Brennwertcheck der Verbraucherzentralen gezeigt hat. Zu kleine Heizkörper, eine Überströmleitung (⟶ Seite 111) und ein fehlender Abgleich des Heizungssystems (⟶ Seite 110) können die Kondensation behindern. Die entstandenen kalten Abgase verlassen den Schornstein nicht freiwillig, sie benötigen ein Gebläse, beispielsweise in Form eines Gebläsebrenners. Weil sie damit „unter Druck" geraten, muss die Abgasanlage – das sind die feuchteunempfindlichen, gasdichten und säurebeständigen Rohre vom Brennwertgerät durch den Schornstein – auch druckdicht sein. Zur kostengünstigen Schornsteinsanierung werden spezielle Kunststoffrohre genutzt. Vorteilhaft ist es, wenn die Verbrennungsluft von außen kommt und das Gerät somit raumluftunabhängig betrieben wird. Auf diese Weise wird die oben angesaugte Verbrennungsluft vorerwärmt. Hierbei wird ungefähr die Hälfte des gesamten Brennwertnutzens erzielt. Das Kondensat im Brennwertkessel muss abgeleitet werden. Es darf bei kleineren Anlagen unbehandelt in die Abwasserkanalisation gelangen. Bei Öl-Brennwertkesseln allerdings nur, wenn schwefelarmes Heizöl eingesetzt wird, was mit Plaketten an der Tankanlage gekennzeichnet ist. Wer seine alte Heizungsanlage mithilfe von Brennwerttechnik saniert, bekommt dafür keine Förderung. Die gibt es nur für ergänzende Anlagen, die erneuerbare Energien nutzen, wie z. B. eine thermische Solaranlage (BEG ⟶ Seite 112). Sie benötigen bei einer Sanierung zum Effizienzhaus (⟶ Seiten 28, 111) zur Antragstellung einen anerkannten Energieberater oder eine -beraterin: **www.energie-effizienz-experten.de**. Auch in diesem Fall gibt es keine Förderung für die Öl- oder Gasanlage. Geht es lediglich um die Heizungsanlage, so ist ein Energieexperte nicht erforderlich. Ob sich für Ihre Heizungssanierung ein solcher Experte lohnt, erfahren Sie beispielsweise bei der Energieberatung der Verbraucherzentrale:
www.verbraucherzentrale-energieberatung.de

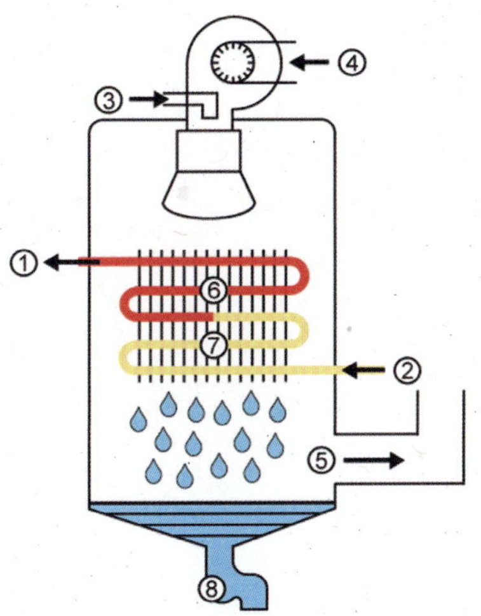

Abb. 1: Brennwertkessel mit den Komponenten: 1: Vorlauf, 2: Rücklauf, 3: Brennstoff, 4: Zuluft zum Gebläsebrenner, 5: Abgas, 6 und 7: Wärmetauscher, 8: Kondensatablauf

Hintergrund: Heizwert und Brennwert

Öl und Gas bestehen hauptsächlich aus Kohlenstoff und Wasserstoff. Die allgemein nutzbare Energie dieser Brennstoffe heißt Heizwert. Bei der Verbrennung entstehen Abgase, die Kohlendioxid und auch Wasserdampf enthalten. Und in diesem Wasserdampf steckt viel Energie. Alte Heizkessel konnten diese zusätzliche Energie nicht nutzen. Brennwertgeräte können es. Wird zusätzlich die im Abgas enthaltene Wärme des Wasserdampfes genutzt, so erhält man den Brennwert. Je höher der Anteil des Wasserstoffs im Brennstoff ist, umso mehr Wasserdampf entsteht und umso größer ist der Unterschied zwischen Brennwert und Heizwert. Bei Biogas liegt der Brennwert um 11 %, bei Bioöl um 6 % über dem Heizwert. Auch bei der Holzverbrennung (⟶ Seite 116) entsteht Wasserdampf, dessen Wärme in Brennwertkesseln genutzt wird.

Checkliste: Brennwertkessel (Gas, Öl)

- [ ] Ist Bio,- Wind- oder Sonnengas oder Bioöl verfügbar?
- [ ] Energieberater kontaktieren
- [ ] Besteht laut GEG eine Austauschpflicht für den Heizkessel? **(geg-info.de/geg)**
- [ ] Kesselleistung auf Wärmebedarf des Gebäudes abstimmen, ggf. Wärmebedarfsberechung durch Heizungsbauer oder Energieberater durchführen lassen
- [ ] Ist die Vorlauftemperatur des Heizungssystems niedrig (höchstens 70 °C im kältesten Winter – besser niedriger)? Eventuell größere Heizkörper einbauen oder die Wärmedämmung des Gebäudes verbessern
- [ ] Moderne Gas-Brennwertkessel verfügen über leistungsvariable Brenner (modulierend). Der Modulationsbereich sollte eine möglichst niedrige untere Grenze haben.
- [ ] Ist die Einleitung des Kondensats problemlos möglich? Wird eine Hebeanlage benötigt? Ist eine Neutralisation notwendig?
- [ ] Bei Öl-Brennwertkessel: Wurde die Tankanlage überprüft? Muss schwefelarmes Bioöl verwendet werden? Wurde die entsprechende Plakette angebracht?
- [ ] Hocheffiziente Pumpe einbauen (Energielabel A)
- [ ] Alle im kalten Bereich liegenden Rohre und Armaturen sorgfältig dämmen lassen
- [ ] Möglichst auf zentrale Warmwasserversorgung umstellen
- [ ] Prüfen, ob auf Zirkulationsleitungen in kleineren Wohngebäuden verzichtet werden kann bzw. die Laufzeit der Zirkulationspumpe begrenzen
- [ ] Überprüfen, ob sich im Rahmen der Sanierung eine thermische Solaranlage einbauen ließe – eventuell bereits vorsorglich einen Solarspeicher einbauen lassen (oder zumindest die Anschlüsse dafür vorsehen und den Platzbedarf berücksichtigen) (→ Seite 140)
- [ ] Prüfen, ob Kaminsanierung oder Abgasleitung erforderlich und im Angebot enthalten ist
- [ ] Möglichst raumluftunabhängigen Betrieb vorsehen, d.h., die Verbrennungsluft wird von außen zugeführt, z. B. durch ein Luft-Abgas-System
- [ ] Hydraulischen Abgleich (→ Seite 110) durchführen lassen
- [ ] Lassen Sie sich in die Kesselbedienung einweisen. Fordern Sie eine gut verständliche Bedienungs- und Wartungsanleitung.
- [ ] Die zentrale Regelung der Heizungsanlage sollte gut zugänglich, gut lesbar sowie verständlich und der Wärmeerzeuger gut erreichbar sein.

Brennwertkessel: Vorteile und Nachteile

Vorteile

- Weit verbreitete Technik
- Mittlerer Energieverbrauch
- Mittlere Wartungskosten
- Konkurrenz zwischen den Anbietern kann günstigen Bio-, Wind- oder Sonnengas- oder Bioölpreis ergeben
- Bei guter Planung und Ausführung hohe Effizienz
- Passt ins regenerative Versorgungssystem, wenn im Gasnetz zunehmend Bio-, Wind- und Sonnengas transportiert wird.

Nachteile

- Schlechter Primärenergiefaktor
- Mittlere Investitionskosten
- Gasanschluss nötig
- Abhängigkeit von Gaslieferanten
- Tarife können geändert werden – es kann Preissteigerungen geben
- Umweltbelastung durch Kohlendioxid und andere umwelt- und klimaschädliche Stoffe
- Keine Förderung
- Aussterbende Technik, weil es nicht genug erneuerbares Gas geben wird bzw. weil es in Industrie, Schwerverkehr und Luftfahrt genutzt werden muss, wo es keine Alternativen gibt.
- Vermutlich nur in Nischen mit günstiger Biogas oder Bioölproduktion einsetzbar
- Erneuerbares Gas könnte sehr teuer sein.
- Hilft nicht bei der Lösung der Klimakrise

Hintergrund: Wasserstoff und synthetische Gase

Klimaneutraler (grüner) Wasserstoff kann durch Elektrolyse aus Wasser hergestellt werden. Dafür ist Strom aus erneuerbaren Energien nötig – die Herstellung von (grauem) Wasserstoff aus fossilem Erdgas hat in diesem Ratgeber keinen Platz. Die Herstellung von klimaneutralem Wasserstoff ist aber mit Verlusten verbunden. Typisch werden aus 1 kWh erneuerbarem Strom 0,7 kWh Wasserstoff. Dieser kann nahezu verlustfrei im Brennwertkessel genutzt werden und es entsteht so aus 1 kWh erneuerbarem Strom 0,7 kWh Wärme. Andererseits kann der erneuerbare Strom auch direkt in einer Wärmepumpe genutzt werden (⟶ Seite 127). Dann entstehen aus 1 kWh erneuerbarem Strom mindestens 3 kWh Wärme. Das ist das 4,3-Fache im Vergleich zum Brennwertkessel. Ein Energiesystem mit Gasheizungen würde demnach die 4,3-fache Leistung an erneuerbaren Stromerzeugern wie Wind- und Photovoltaikanlagen benötigen. Es ist wenig wahrscheinlich, dass dies zukunftsfähig ist. Aus dem Wasserstoff kann auch synthetisches Gas mit den Eigenschaften von Erdgas gemacht werden. Damit wird der Vergleich zur Wärmepumpe noch ungünstiger, da dieser Schritt ebenfalls mit Verlusten behaftet ist. Wasserstoff ist im regenerativen Energiesystem unbedingt notwendig für stoffliche Prozesse in der Industrie (Chemie und Stahl), für Schiffe und Flugzeuge und als Langzeitspeicher für erneuerbare Energie. Es wird aber nicht so viel erneuerbar produzierter Wasserstoff vorhanden sein, dass damit im privaten Haushalt geheizt oder Wasserstoffautos betrieben werden können.

7.3 Holzheizungen

Für die Nutzung im Ein- und Zweifamilienhaus kommt beim Einsatz von Biomasse insbesondere das Heizen mit Holz in Betracht. Am günstigsten ist Holz aus dem Wald, direkt vom Förster. Doch das kostet Zeit und Arbeit: „Holz heizt zweimal, einmal beim Hacken und dann im Ofen."

!

Achtung! Achten Sie beim Holzpreis auf die Bezugsmenge: Raummeter (rm) oder Schüttraummeter (Srm) unterscheiden sich erheblich (1 Srm = 0,6 rm). Übrigens: Beim Holzkauf zahlen Sie nur die ermäßigte Mehrwertsteuer.

Wichtig ist, dass Sie das Holz erst verheizen, wenn es gut getrocknet ist (⟶ Checkliste Seite 118). Dadurch können Sie den Heizwert gegenüber waldfeuchtem Holz in etwa verdoppeln. Vollautomatisch, so wie Sie es von Öl oder Gasheizungen kennen, heizen Sie mit Holzpellets. Pellets werden aus Sägewerksresten unter hohem Druck gepresst und durch das holzeigene Bindemittel Lignin ohne weitere Zusätze zusammengehalten. Sie haben eine genormte Zusammensetzung, brennen mit sehr geringem Rückstand und haben einen Energieinhalt von fast fünf Kilowattstunden pro Kilogramm Pellet. Auch die Pelletpreise sind in letzter Zeit stark gestiegen (⟶ **www.depi.de** ⟶ „Preis"). Wie sich die Preise künftig ändern werden, bleibt ungewiss.

Tipp

Eine wichtige Norm für Pellets: Normen für Holzpellets gibt es einige. Für die Feuerung im Ein- oder Zweifamilienhaus sollten Sie Pellets nach Norm ENplus A1 einsetzen. Diese Zertifizierung sichert Ihnen eine gute Qualität bis zu Ihnen nach Hause ins Pelletlager. Sie erzielen so ein optimales Verbrennungsergebnis: **www.depv.de**, Suchwort „ENplus".

Holzöfen: Bei der Holzverbrennung laufen mit steigender Verbrennungstemperatur mehrere Vorgänge nacheinander ab: Trocknung, Zersetzung, Vergasung, Teilverbrennung und vollständige Verbrennung. Ist der Prozess in Gang gesetzt, ist er nicht mehr ohne Weiteres zu stoppen. Das heißt, wenn Sie brennendem Holz, das bereits etwa 270 Grad erreicht hat, schon die Luftzufuhr sperren, sorgen sie für eine unvollständige Verbrennung. Die setzt zahlreiche Schadstoffe frei und der Gestank verärgert die Nachbarn. Außerdem wird die im Holz enthaltene Energie nur zum Teil genutzt. Eine vollständige Verbrennung sollte das Ziel sein, bei der außer einem kleinen Ascherest nichts übrigbleibt. Holzverbrennung lässt sich nicht durch Luftzufuhr regeln, sondern nur durch die Menge an Holz, die Sie nachlegen. Das funktioniert besonders gut, wenn das Holz nur in kleinen Mengen zugeführt wird wie bei einer Pelletfeuerung. In jedem Fall braucht effiziente Holzfeuerung einen Wärmespeicher. Bei Kaminöfen ohne Anbindung ans Heizsystem geht das nur mit der Masse des Ofens, beispielsweise einem Specksteinofen. Andere Kaminöfen haben einen eingebauten Wärmetauscher – eine Wassertasche (Wasserwärmeübertrager). Das Holz liegt im Ofen auf einem Rost und für die ersten Schritte der Holzverbrennung wird sogenannte Primärluft (⟶ Abb. 2, Seite 117) von unten zugeführt. Die entstehenden Vergasungsprodukte werden dann mit der Sekundärluft (⟶ Abb. 2) vermischt und vollständig verbrannt. Die heißen Flammen und das Rauchgas erhitzen die Wassertasche. Das warme Wasser kann in der Heizungsanlage genutzt werden. Da der Kaminofen möglichst nur mit voller Leistung brennen soll, die Heizung jedoch meistens keine volle Leistung benötigt, ist ein Pufferspeicher (gut gedämmter Wasserbehälter) zur Entkopplung von Wärmeproduktion und Wärmeverbrauch nötig. Bei Scheitholz-Anlagen sind das mindestens 55 Liter Pufferspeichervolumen pro Kilowatt Wärmeleistung. Handelt es sich um einen Kaminofen mit Pelletfeuerung, so verringert sich

Tipp

Luftklappen schließen: Kommt die Verbrennungsluft für den Kaminofen aus dem Aufstellraum? Dann schließen Sie während der Heizperiode die Luftklappen in den Betriebspausen des Ofens! Sonst entweicht durch natürlichen Zug Wärme aus der Wohnung in den Schornstein und Kaltluft strömt nach. Das kann zu unbehaglichen Zugerscheinungen und erheblichem Mehrverbrauch führen. Überprüfen Sie auch die Dichtheit dieser Klappen mit einer Kerze. Wenn es draußen windet, darf die Kerzenflamme in der Nähe des Ofens nicht flackern. Bei der Neuinstallation eines Kaminofens sollten Sie ein Modell wählen, das sich seine Verbrennungsluft über ein separates Rohr von außen holt. Dies ist insbesondere bei wärmegedämmten Häusern wichtig.

das benötigte Volumen auf 30 Liter pro Kilowatt. Ein solcher Pelletofen hat einen Vorratsbehälter, den Sie alle paar Tage mit Sackware nachfüllen können. Oder der Vorratsbehälter wird elektrisch durch ein Gebläse automatisch aus einem Lagerbehälter nachgefüllt. Alle Kaminöfen geben einen Teil der Wärmeproduktion in den Aufstellraum ab. Bei reinen Luftöfen ist das kein Problem – die sind im Sommer ausgeschaltet.

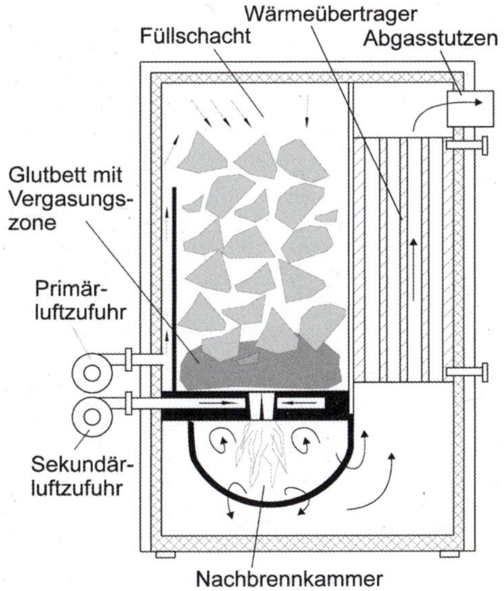

Abb. 2: Holzvergaserkessel

Tipp

Förderung nutzen: Holzheizungen werden vom Bundeswirtschaftsministerium gefördert, sofern sie ins Heizungssystem eingebunden sind. Holzöfen müssen zusätzlich automatisch beschickt werden. ⇢ Seite 112

Wird die Warmwasserproduktion jedoch durch den Kaminofen mit Wassertasche übernommen, so kann das im Sommer sehr unangenehm warm werden; denn der Ofen muss brennen, wenn Sie Warmwasser benötigen. Sie sollten in diesem Fall eine thermische Solaranlage einbauen lassen, damit der Kaminofen in dieser Zeit nicht genutzt werden muss (⇢ Seite 140).

Abb. 3: Pelletkessel

Holzkessel: Ein Kaminofen allein ist in der Regel zu schwach, um ein ganzes Haus ausreichend zu heizen. Dann benötigen Sie einen Holzvergaserkessel (Abb. 2). Hier legen Sie Holzscheite in den Füllschacht. Automatisch geregelte Gebläse sorgen für die nötige Luft zur vollständigen Verbrennung. Die heißen Abgase geben ihre Wärme an den Wärmetauscher ab und damit an das Heizsystem, das einen Pufferspeicher haben muss (⇢ Seite 117). Typische Wirkungsgrade moderner Scheitholzvergaserkessel liegen bei über 90 %. Für einen Holzpelletkessel (Abb. 3) benötigen Sie ein Pelletlager und eine automatische Pelletzuführung. Bei der hier gezeigten Anlage erfolgt die Zuführung durch ein Gebläse. Die Schlauchlänge kann, je nach Standort, bis zu 25 Meter überbrücken. Das Gebläse läuft nur kurze Zeit, bis der Vorratsbehälter am Kessel mit Pellets gefüllt ist.

Tipp

Denken Sie an den Lärm! Überlegen Sie gut, welchen Aufstellungsort Sie wählen, denn Pelletgebläse sind laut.

Der Kessel (im Vordergrund der Abb. 3) holt sich die Pellets je nach Leistungsanforderung mithilfe einer Förderschnecke aus dem Vorratsbehälter. Ganz hinten im Bild ist der Pufferspeicher zu erkennen. Es gibt Pelletkessel, die sich selbsttätig reinigen, sodass Sie lediglich ein paar Mal im Jahr den Aschenkasten entleeren müssen. Aber auch die nicht so komfortablen Modelle gewährleisten durch die genau auf die zugeführte Pelletmenge abgestimmte Luftzufuhr eine vollständige Verbrennung, sodass nur wenig Asche entsteht. Die optimale Ausnutzung der in den Pellets steckenden Energie erzielen Sie durch Pelletkessel mit Brennwertnutzung (zum Brennwert ⇢ Seite 113). Als Pelletlager können ungenutzte Kellerräume (etwa der alte Öllagerraum) umgebaut werden. Meist werden Schrägböden eingebaut und eine Förderschnecke befördert die Pellets bis zum Anfang des Gebläseschlauchs – manche sogar bis zum Pelletkessel. Schnecken arbeiten sehr leise. Es gibt auch Lösungen ohne Schrägböden mit oberer Austragung durch einen „Maulwurf“. (Surftipp zu Lagermöglichkeiten: **www.depv.de** ⇢ „Technik und Recht“ ⇢ „Lagerung“. Dort finden Sie auch eine ausführliche Broschüre mit Sicherheitshinweisen.) Pellets müssen trocken gelagert werden. Überprüfen Sie, ob Ihr gewünschter Lagerraum geeignet ist. Sind die Kellerwände feucht, kann es sinnvoll sein, einen Sacksilo aufzustellen. Die benötigte Größe des Pelletlagers berechnen Sie mit einer Faustformel: Pro Kilowatt Heizleistung brauchen Sie gut einen halben Kubikmeter Raum einschließlich des benötigten Luftraums durch Einbau der Schrägböden und oberhalb der Pellets.

Tipp

Schornsteinfeger befragen: Bevor Sie einen Ofen oder Kessel einbauen lassen, fragen Sie Ihren zuständigen Schornsteinfeger: Kann der vorhandene Schornstein dafür genutzt werden? Erfüllt der Ofen oder Kessel auch künftig die Abgasvorschriften? Wie erfolgt die Verbrennungsluftversorgung? Denn schließlich muss er die Anlage später abnehmen. Sie erfahren auch, wie oft der Schornstein gekehrt werden muss und welche Messungen anfallen.

Checkliste: Richtiges Heizen mit Holz im Kaminofen

- [ ] Nutzen Sie ausschließlich gut getrocknetes Holz – erkennbar ist es an deutlichen Rissen im Querschnitt. Das Trocknen kann bis zu drei Jahre dauern.
- [ ] Die Wärmeleistung des Ofens lässt sich nur durch die Holzmenge regeln, nicht durch Drosselung der Luftzufuhr, deswegen sparsam Holz auflegen.
- [ ] Maximal zwei nicht sehr große Scheite auflegen (Gewicht zwischen 0,7 und 1,0 kg). Größere Scheite brauchen zu lange, um auf Zündtemperatur zu kommen, und viel unverbranntes Gas verlässt ungenutzt den Schornstein. Das Gas gibt nur Wärme ab, wenn eine Flamme flackert.
- [ ] Rechtzeitig nachlegen, solange noch eine Flamme sichtbar ist.

- [ ] Entziehen Sie auf keinen Fall dem Brennvorgang Luft: Lassen Sie mit voller Flamme brennen und regeln Sie die Luft erst weg, wenn keine Flamme mehr brennt und das Holz nur noch glüht.
- [ ] Möglichst nur mit Volllast heizen und die überschüssige Wärme in den Pufferspeicher oder die Speichermasse des Ofens bringen.
- [ ] Legen Sie nur so viel Holz auf, wie die Speichermassen aufnehmen können – beim Ofen nur wenig, es sei denn, er ist mit einer Wassertasche an einen Pufferspeicher angeschlossen. So verhindern Sie, die überschüssige Wärme weglüften zu müssen. Beim Holzkessel mit Pufferspeicher ist das anders: Der wird vollgepackt.
- [ ] Im Frühling und Herbst kann ein im Wohnbereich aufgestellter Ofen zur Überhitzung führen. In solchen Fällen ist die Zentralheizung sinnvoller.
- [ ] Immer die Bedienungsanleitung beachten
- [ ] Lassen Sie das Holz nicht mit geschlossener Klappe ohne Luftzufuhr kokeln, um das erneute Anzünden zu umgehen. Zum Gluthalten eignen sich eventuell Holzbriketts.
- [ ] Leider führen in einigen Städten Kaminöfen in der Heizzeit zu unzulässig hohen Feinstaubbelastungen. Das kann in Zukunft zu Verbrennungsverboten führen, wie zum Beispiel in Stuttgart. Zumindest aber zu Auflagen, die den Ofenbetrieb nur mit Staubfilter zulassen.
- [ ] Beim Neukauf: Werden die Emissionsvorgaben des Gesetzgebers eingehalten?
- [ ] Der zuständige Schornsteinfeger berät Sie kostenlos einmalig im Rahmen der nächsten Feuerstättenschau zum Heizen mit Holz.

Checkliste: Heizen mit Holz

- [ ] Im Rahmen einer Energieberatung vor Ort können die Details besprochen werden.
- [ ] Gibt es günstige Quellen für Scheitholz?
- [ ] Ist ausreichend Platz zur trockenen Lagerung vorhanden?
- [ ] Wird hoher Komfort gewünscht?
- [ ] Prüfen, wo der Lagerplatz für Scheitholz oder Pellets eingerichtet werden kann. Ist der Raum trocken?
- [ ] Soll ein Kellerraum umgebaut werden?
- [ ] Richtlinien und Sicherheitshinweise für Pelletlager beachten
- [ ] Belüftete Deckel für Ein- und Ausblasöffnung verwenden
- [ ] Prüfen, wie der Transport der Pellets vom Lager zum Kessel erfolgen soll – Schnecke oder Sauggebläse?
- [ ] Kessel oder Kaminofen? Mit oder ohne Wassertasche?
- [ ] Zuluft von außen?
- [ ] Brennwertnutzung geplant?
- [ ] Überhitzungsgefahr im Wohnraum?
- [ ] Prüfen lassen, ob der Schornstein geeignet ist. Eventuell muss ein Rohr eingezogen werden.
- [ ] Bei der Vorplanung: Schornsteinfeger kontaktieren (→ Tipp Seite 118)

- [ ] Möglichst mit einer thermischen Solaranlage kombinieren
- [ ] Einen Pufferspeicher einbauen lassen
- [ ] Besteht laut Gebäudeenergiegesetz eine Austauschpflicht für den bestehenden Heizkessel? (→ Seite 114)
- [ ] Kesselleistung auf den Wärmebedarf des Gebäudes abstimmen, möglichst Wärmebedarfsberechnung durchführen lassen
- [ ] Hocheffiziente Pumpe einbauen (Energielabel A).
- [ ] Möglichst auf zentrale Warmwasserversorgung umstellen
- [ ] Hydraulischen Abgleich durchführen lassen (→ Seite 110)
- [ ] Lassen Sie sich in die Bedienung einweisen und fordern Sie eine gut verständliche Bedienungs- und Wartungsanleitung.
- [ ] Die zentrale Regelung der Heizungsanlage sollte gut zugänglich, gut lesbar und verständlich und der Wärmeerzeuger gut erreichbar sein.
- [ ] Förderbestimmungen beachten und Anträge stellen
- [ ] Im Vorfeld in den Listen des BAFA überprüfen, ob die ausgewählte Anlage förderfähig ist: **www.bafa.de** → „Energie" → „Bundesförderung für effiziente Gebäude" → „Förderprogramm im Überblick"
- [ ] Kaminöfen wurden 2011 von der Stiftung Warentest geprüft. Nur zwei schnitten mit „gut" ab: **www.test.de**, Suchwort „Kaminöfen".
- [ ] Öfen mit Wassertasche erfordern üblicherweise einen Wasser- und Abwasseranschluss für die Notkühlung.

Scheitholzheizung: Vorteile und Nachteile

+ Vorteile

- Weit verbreitete Technik
- Guter Primärenergiefaktor
- Kein Gasanschluss nötig
- Mittlere Investitionskosten beim Scheitholzkessel
- Niedrige Energiekosten durch günstigen Holzpreis
- Sehr niedrige Energiekosten, wenn Holz selber im Wald aufbereitet wird
- Bei Pelletkessel hoher Komfort
- Bei guter Planung und Ausführung hohe Effizienz
- 100 % regenerative Versorgung
- Beim Effizienzhaus wird im Altbau EE-Klasse erreicht **(www.kfw.de/beg).**
- Normale Heizkörper einsetzbar wegen hoher Vorlauftemperatur
- Gut geeignet als Ersatz für Ölkessel im ländl. Raum.

− Nachteile

- Holzlagerung nötig
- Schornstein nötig
- Brennstoff muss vorfinanziert werden
- Hohe Wartungs- und Schornsteinfegerkosten
- Weniger Komfort, viel Handarbeit
- Keine Technik für alle, da nicht genügend nachhaltig gewinnbares Holz vorhanden
- Feinstaub und Stickoxide entstehen bei der Verbrennung.
- Bei hoher Nachfrage können Holzpreise steigen.
- Keine Autarkie-Wärme außer bei eigenem Wald
- Keine wirkliche Klimaentlastung, da die Verbrennung sofort viel CO_2 freisetzt. Es ist mehr als bei der Verbrennung von Öl und Gas.

Pelletheizung: Vorteile und Nachteile

Vorteile

- Weit verbreitete Technik
- Guter Primärenergiefaktor
- effiziente Holzverbrennung
- Kein Gasanschluss nötig
- Mittlere Energiekosten bei günstigem Pelletpreis
- Hoher Komfort
- Bei guter Planung und Ausführung hohe Effizienz
- 100 % regenerative Versorgung
- Beim Effizienzhaus wird im Altbau EE-Klasse erreicht **(www.kfw.de/beg).**
- Normale Heizkörper einsetzbar wegen hoher Vorlauftemperatur
- Gut geeignet als Ersatz für Ölkessel im ländlichen Raum.

Nachteile

- Pelletlagerung nötig
- Schornstein nötig
- Brennstoff muss vorfinanziert werden
- Hohe Investitionskosten
- Hohe Wartungs- und Schornsteinfegerkosten
- Keine Technik für alle, da nicht genügend Abfallhölzer vorhanden sind
- Feinstaub und Stickoxide entstehen bei der Verbrennung
- Bei hoher Nachfrage können die Pelletpreise steigen.
- Keine wirkliche Klimaentlastung, da die Verbrennung sofort viel CO_2 freisetzt. Es ist mehr als bei der Verbrennung von Öl und Gas.

Hintergrund: Klima und Holz

Wird nicht mehr Holz gebraucht, als in der gleichen Zeit nachwachsen kann, so ist das eine nachhaltige Nutzung ohne die Nachteile fossiler Energien wie Gas und Öl. Denn Bäume nehmen aus der Atmosphäre dieselbe Menge an Kohlendioxid auf, die sie bei der anschließenden Verbrennung wieder freisetzen – die Verbrennung ist kohlendioxidneutral. Bäume im Wald sterben irgendwann, verrotten und geben dabei ebenso das gespeicherte Kohlendioxid wieder ab. Holz ist eine Form von gespeicherter Sonnenenergie, mit der Sie bei richtiger Handhabung im Winter heizen können. Um den Klimawandel aufzuhalten, ist die Holzverbrennung jedoch leider nicht geeignet; denn hier wird in kurzer Zeit Kohlendioxid freigesetzt, das von den Bäumen in langer Zeit eingesammelt wurde. Laut neuestem Bericht des IPCC (→ Seite 232) verbleiben aber nur noch wenige Jahre Zeit, um klimaneutral zu werden.

7.4 Fernwärmeübergabestation

Fernwärme wird in einem großen Heizwerk oder Heizkraftwerk erzeugt und über lange Fernwärmeleitungen in die angeschlossenen Häuser geleitet. Im Haus befindet sich dann ein **Wärmetauscher** – eine Übergabestation. Diese Wärmelieferung bezahlen Sie direkt beim Versorger – oft ist es ein Stadtwerk. Die Kosten setzen sich zusammen aus dem Arbeitspreis pro Kilowattstunde, multipliziert mit der entnommenen Wärmemenge und einem Grundpreis abhängig von der bestellten Wärmeleistung. Diese Kosten enthalten neben dem Brennstoffpreis die Investitions- und Verwaltungskosten sowie einen Unternehmergewinn. Dafür ersparen Sie sich aber andere Kosten: Sie benötigen keinen Schornstein und müssen demnach kein Geld für Schornsteinfeger-, Reparatur- und Wartungsarbeiten ausgeben. Wartung und Reparaturen an der Hausanlage nach dem Wärmetauscher müssen Sie tragen, wie bei jeder anderen Anlage auch. Für die **Kosten und die Umweltbilanz** ist es entscheidend, wie die Wärme für das Fernwärmenetz gewonnen wird und welche Verluste bis zu Ihrem Haus anfallen. Bei gut gedämmten, nicht sehr weitläufigen Netzen betragen die Verluste nur wenige Prozent, während sie bei ungünstigen Bedingungen mehr als die Hälfte erreichen können. Gut für das Klima ist es, wenn die Fernwärme aus industrieller Abwärme, aus effizienter Kraft-

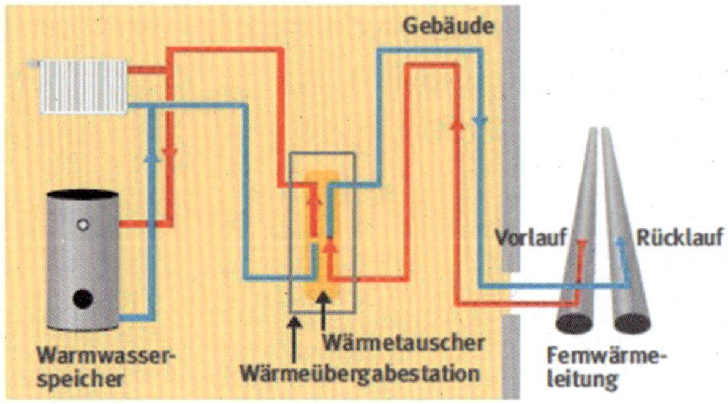

Abb. 4: Fernwärmeübergabestation

Wärme-Kopplung (KWK) mit einem BHKW oder aus erneuerbaren Energiequellen wie Holzhackschnitzelheizwerken, Groß-Wärmepumpen oder thermischen Solaranlagen stammt. Ungünstig ist ein Heizwerk ohne Kraft-Wärme-Kopplung, das mit Gas, Öl oder Kohle befeuert wird.

Die Fernwärmeübergabestation (Tauscher) in Ihrem Haus hat die Aufgabe, die gelieferte Fernwärme aufzunehmen, die Menge zu messen und die Wärmeentnahme des Hauses zu begrenzen, wenn die im Liefervertrag festgelegte bestellte Leistung überschritten wurde. Die Trennung der Netze erfolgt mit einem Plattenwärmetauscher – mit dünnen Platten, die abwechselnd von der Fernwärme und dem Heizungs-

Tipp

Holen Sie sich ein Zertifikat: Lassen Sie sich von Ihrem Fernwärmeanbieter ein Zertifikat aushändigen, worin die Quelle der Fernwärme steht. Viele Anbieter veröffentlichen diese Zertifikate auf Ihren Internetseiten, sodass sie schon im Vorfeld selbst recherchieren können. Auch der Primärenergiefaktor sollte darin genannt werden. Denn er wird beispielsweise für die Nachweise nach dem Gebäudeenergiegesetz (GEG) bei Neubau oder Sanierung benötigt. Sein Wert sollte möglichst weit unter 1 liegen. Bei unterschiedlichen Fernwärmenetzen in der Kommune muss sich das Zertifikat auf Ihren Standort beziehen.

Tipp

Optimale Übergabestation wählen: Es gibt Übergabestationen mit einem weiteren Wärmetauscher zum Erwärmen des Brauchwassers im Durchfluss (Frischwasserstation → Seite 142). Dann müssen Sie allerdings eine Anschlussleistung von vielen Kilowatt (kW) dazubuchen und teuer über den Grundpreis bezahlen. Ein Speicher kommt mit wenigen kW aus. Sie sparen deswegen mit Speicher statt Frischwasserstation. Achten Sie darauf bei der Auswahl der Übergabestation.

wasser durchflossen werden (Mitte der Abb. 4). Von rechts kommen die Fernwärmeleitungen – dort ist zur Messung ein Wärmemengenzähler eingebaut – und links liegen die Anschlüsse ans Hausnetz für die Heizkörper, eine mögliche Fußbodenheizung und einen Warmwasserspeicher. Die nötigen Regelungen und Umwälzpumpen sind in dieser Übergabestation eingebaut. Achten Sie auf Hocheffizienzpumpen.

Fernwärmevertrag und Förderung

Für die Vollkosten ist entscheidend, welchen Arbeits- und Grundpreis Ihr Versorger verlangt und wie Preissteigerungen angerechnet werden. Problematisch ist, dass Sie an Ihren Versorger gebunden sind und Fernwärmeverträge bisweilen Klauseln enthalten, die Ihnen den Einsatz von zusätzlichen erneuerbaren Energiequellen wie Holzöfen, Wärmepumpen oder thermischen Solaranlagen zum Ersatz von Fernwärme verbieten. Die maximale Laufzeit von Fernwärmeverträgen darf nicht mehr als zehn Jahre betragen. Die Kosten für Anschluss und Übergabestation werden im Rahmen der BEG gefördert. Beim Ersatz einer funktionsfähigen Anlage gibt es unter Umständen einen Austauschbonus (→ Seite 112).

Hintergrund: Nahwärme

Sie wird in unmittelbarer Nähe zum versorgten Haus erzeugt. So kann beispielsweise ein kleineres BHKW eine Reihenhauszeile versorgen. Die Wärmeleitungen können dann von Keller zu Keller verlegt werden. Das BHKW kann der Gemeinschaft der Hauseigentümer gehören. Es kann aber auch von einem Dritten (etwa einem Stadtwerk) zur Verfügung gestellt werden. Meistens wird an den Versorger – wie bei der Fernwärme – ein Arbeits- und ein Grundpreis gezahlt. Da der Versorger eine Gewinnspanne einkalkuliert, sind die Kosten meistens erheblich höher, als wenn Sie mit Ihren Nachbarn selbst die Versorgung in Eigenregie organisieren und übernehmen. Eine Nahwärmeversorgung mehrerer Objekte kann für den Einsatz eines BHKW vorteilhafter sein als die Einzelversorgung der Häuser. Dies sollten Sie durch ein Ingenieurbüro überprüfen lassen.

Checkliste: Fernwärmeübergabestation

- [ ] Sorgfältig planen und berechnen lassen.
- [ ] Gibt es einen Anschluss- und Benutzungszwang?
- [ ] Vergleichen Sie die Fernwärme mit anderen Heizsystemen. Betrachten Sie dabei die Vollkosten, das heißt, Investitionskosten, Verbrauchskosten, Wartungskosten, Schornsteinfegerkosten im Vergleich zu den Kosten der Fernwärme mit Grund- und Arbeitspreis, Anschlusskosten und Kosten der Übergabestation.
- [ ] Gibt es im Fernwärmevertrag Einschränkungen, wenn Sie weitere Energieträger nutzen wollen? Hinweise zu Fernwärmeverträgen unter **www.energieverbraucher.de**, Suchwort „Fernwärmevertrag“ .
- [ ] Gibt es im Fernwärmevertrag eine Möglichkeit, nachträglich die Anschlussleistung zu verändern, wenn Sie beispielsweise Ihr Haus dämmen? Nach § 3 Verordnung über Allgemeine Bedingungen für die Versorgung mit Fernwärme (AVBFernwärmeV) ist dies rechtlich geregelt: **www.gesetze-im-internet.de/avbfernw_rmev**
- [ ] Wie wird die Fernwärme bereitgestellt? Kommt sie aus effizienter Kraft-Wärme-Kopplung, aus Abwärme oder erneuerbaren Energien?
- [ ] Verlangen Sie eine zertifizierte Angabe zum Primärenergie- und Kohlendioxidfaktor.
- [ ] Ist eine zentrale Warmwasserversorgung vorhanden? Möglichst Übergabestation mit Speicher koppeln, um die Anschlussleistung zu verringern.

- [ ] Thermische Leistung des Fernwärmeanschlusses auf den Wärmeverbrauch des Gebäudes abstimmen, ggf. Wärmebedarfsberechnung durchführen lassen, sonst zahlen Sie möglicherweise einen zu hohen Grundpreis.
- [ ] Hocheffiziente Pumpe einbauen (Energielabel A)
- [ ] Rohre und Armaturen im unbeheizten Bereich sorgfältig dämmen lassen
- [ ] Hydraulischen Abgleich durchführen lassen (⟶ Seite 110)
- [ ] Sollen Förderanträge gestellt werden? Werden die Förderbedingungen eingehalten? Antragstellung muss vor Auftragserteilung erfolgen. Informieren Sie sich im Internet über die aktuellen Bedingungen – diese ändern sich häufig: **www.verbraucherzentrale.nrw/foerderprogramme**
- [ ] Lassen Sie sich in die Bedienung einweisen und fordern Sie eine gut verständliche Bedienungs- und Wartungsanleitung.
- [ ] Die zentrale Regelung sollte gut zugänglich, gut lesbar und verständlich und die Übergabestation gut erreichbar sein.

Fernwärme: Vorteile und Nachteile

Vorteile

- Bewährte Technik
- Guter Primärenergiefaktor
- Kein Brennstofflager nötig
- Kein Schornstein nötig
- Keine Wartungs- und Schornsteinfegerkosten
- Niedrige Investitionskosten
- Förderung von innovativen Wärmenetzen kann zu günstigem Fernwärmepreis führen
- Geringer Planungs- und Installationsaufwand
- Zukunftsfähig
- Genossenschaftliche Lösungen möglich
- Nutzung von erneuerbarer Wärme und industrieller Abwärme möglich
- Das Wärmenetz kann auf anderen Wärmeerzeuger umgestellt werden.
- Geringe Klimabelastung
- Im Allgemeinen sind normale Heizkörper einsetzbar. In Netzen mit geringer Vorlauftemperatur müssen Heizkörper eventuell etwas größer ausfallen.

Nachteile

- Nur möglich, wenn die Straße an das Wärmenetz angeschlossen ist oder wird
- Abhängigkeit vom Wärmenetzbetreiber
- Wärmepreise können steigen.
- Fernwärme kann bei ungünstigem Netz und/oder hohen Gewinnen des Anbieters sehr teuer sein.

Nah- und Fernwärmenetze werden wichtiger

Wenn Sie einen Neubau oder eine grundlegende Sanierung planen, wird der Wärmebedarf Ihres Hauses eher gering sein. Die Frage ist: Lohnt sich dann noch eine eigene Heizungsanlage? Informieren Sie sich, ob möglicherweise gerade in Ihrem Baugebiet ein Wärmeversorgungsnetz geplant wird oder bereits eins vorhanden ist: Wärmenetze bieten die Möglichkeit, industrielle Abwärme zu nutzen, Kraft-Wärme-Kopplung mit BHKW (⇢ Seite 94) oder große thermische Solaranlagen (⇢ Seite 140) einzubinden. Das Bundeswirtschaftsministerium unterstützt die Vorplanung und Durchführung von innovativen Wärmenetzen. Diese müssen mindestens 75 % Wärme aus erneuerbaren Energien oder Industrieabwärme nutzen: **www.bafa.de** ⇢ „Energie" ⇢ „Energieeffizienz" ⇢ „Wärmenetze". Auch Bürgerenergiegemeinschaften sind förderfähig. Im Wärmenetz kann ein Speicher vorhanden sein, um einen möglichst langzeitigen Betrieb mit erneuerbarer Energie zu ermöglichen. Es gibt seit Langem in Industriegebieten Fernwärmenetze, die die industrielle Abwärme nutzen. Diese Netze sind alt und haben oft hohe Verluste. Die neuen Wärmenetze sind wesentlich effizienter. Es gibt bereits zahlreiche Orte und Quartiere mit Bürgerenergiegemeinschaften, die gemeinsam ein Wärmenetz mit den zugehörigen Erzeugungsanlagen betreiben, beispielsweise in Bio-Energiedörfern. So wird eine zu 100 % erneuerbare Energieversorgung auf Nachbarschaftsebene möglich.

7.5 Elektroheizung

Strom in Wärme umwandeln? Bis vor einigen Jahren war ein solcher Vorschlag völlig tabu. Nun kommt aber immer mehr erneuerbar erzeugter Strom in die Netze und das Undenkbare wird denkbar. Erneuerbare Energien sind nicht zu steuern: Die Sonne scheint und der Wind weht, ohne sich nach dem Bedarf im Netz zu richten. Da liegt es doch nahe, überschüssigen Strom in Wärme umzuwandeln. Einige Firmen versuchen, neben Speicherheizungen auch Elektro-Direktheizungen, z. B. in Form von Elektroradiatoren oder Heizplatten, anzubieten. Sie begründen dies mit geringen Investitions- und Verbrauchskosten. Derzeit gelangen verstärkt Infrarot-Strahlungsheizungen auf den Markt.

Wenn bisweilen von günstigem Heizen mit Strom berichtet wird, liegt das insbesondere am geänderten Heizverhalten der Verbraucher: Sie wissen, dass Elektroheizungen teuer sind, und setzen sie nur sparsam ein. Derzeit versuchen Anbieter ein Comeback der Elektroheizung in Verbindung mit einer Photovoltaikanlage (⇢ Seite 98). Allerdings liefert diese während der Heizperiode nur wenig Strom, sodass Sie die Elektroheizung doch zum großen Teil mit teurem Netzstrom betreiben müssen.

Bei einem gut gedämmten Gebäude, insbesondere einem Passivhaus (⇢ Seite 54), ist der Wärmebedarf so gering, dass der Aufwand für eine herkömmliche Heizanlage nicht gerechtfertigt ist. Entweder gibt es nun ein elektrisches Heizregister oder eine Klein-Wärmepumpe in der zentralen Lüftungsanlage mit Wärmerückgewinnung (⇢ Seite 162) oder Elektro-Heizplatten in den Räumen.

Arten der Elektroheizung

Speicherheizung mit Speicheröfen: In den zu beheizenden Räumen werden Speicheröfen aufgestellt, die einen Starkstromanschluss benötigen. Diese Öfen enthalten einen gut gedämmten Speicherkern, der von den darin befindlichen Heizstäben auf mehrere

Hundert Grad erhitzt wird. Die Wärmeabgabe erfolgt zum größten Teil über ein Gebläse im Ofen, das kalte Luft durch den heißen Speicherkern bläst. Bei guter Wärmedämmung gibt ein solcher Ofen nur wenig Wärme durch Wärmestrahlung an die Umgebung ab: Es handelt sich im Wesentlichen um eine Luftheizung. Die Aufladung des Ofens erfolgt in den Freigabezeiten, die das Elektrizitätsversorgungsunternehmen vorgibt, meist in der Nacht. Es entstehen zusätzliche Kosten für Elektroinstallation, allerdings keine Kosten für einen Schornstein und Wartungsarbeiten. Es gibt die Möglichkeit, dass jeder Ofen seine Aufladung selbst steuert oder – und das ist besser – für alle Öfen erfolgt eine außentemperaturabhängige zentrale Aufladesteuerung. Ändern sich die Wetterverhältnisse, kann allerdings die Aufladung zu gering sein, sodass mit teurem Tagstrom nachgeheizt werden muss.

Speicherheizung mit Fußbodenheizung: Ein System, das ab und zu in Altbauten genutzt wird (Blockspeicherheizung). Eine normale, wassergeführte Fußbodenheizung wird aus großen, gut gedämmten Pufferspeichern mit warmem Wasser versorgt. Die Heizstäbe in den Speichern nutzen NT-Strom (Nachtstrom).

Fußbodenheizung mit Elektro-Heizmatten: Im Estrich werden Heizmatten verlegt, die über eine Steuerung mit Strom versorgt werden. Dieses System wurde gerne wegen der geringen Investitionskosten eingebaut. Die Speicherwirkung ist allerdings geringer als beim Speicherofen, sodass zusätzliche Freigabezeiten tagsüber notwendig sind. Dadurch kann der Tarif ungünstiger werden. Kalkulieren Sie mit zusätzlichen Anschluss- und Verlegekosten, wenn dieses System ersetzt wird.

Elektro-Direktheizung mit Heizkörpern: Ölgefüllte Radiatoren mit Elektro-Heizeinsatz oder verkachelte Kästen mit Speicherkern. Wenn Sie nicht frieren wollen, benötigen alle diese Geräte viel Strom aus der Steckdose.

Infrarot-Strahlungsheizung: Stark beworben werden Infrarot-Strahlungsheizungen mit dem Argument der natürlichen Wärmeabgabe – wie bei der Sonne. Richtig ist, dass ein hoher Wärmestrahlungsanteil als angenehm empfunden wird und dadurch die Raumlufttemperatur eventuell etwas verringert werden kann. Dennoch ist die Einsparung gegenüber einem Heizkörper bei gleichen Behaglichkeitsanforderungen gering.

Tipp

Hier erhalten Sie Zuschüsse: Planen Sie die Umrüstung Ihrer Elektroheizung auf eine Zentralheizung? Wollen Sie Ihre Elektroheizung behalten, aber Ihr Gebäude wärmetechnisch verbessern? Dann können Sie einen Zuschuss oder günstigen Kredit mit Tilgungszuschuss im Rahmen der Bundesförderung für effiziente Gebäude erhalten: **www.bafa.de/beg** oder **www.kfw.de/beg**. Dazu müssen Sie einen Energieberater beauftragen: **www.energie-effizienz-experten.de**. Auch für die Baubegleitung gibt es einen Zuschuss. Geht es nur um die Heizungsanlage, so brauchen Sie keinen Energieberater (→ Seite 112).

Checkliste: Elektroheizung

- [ ] Der Neueinbau einer Elektroheizung ist nur bei sehr geringem Wärmebedarf überlegenswert.
- [ ] Enthalten Ihre Nachtspeicheröfen noch Asbest? Fragen Sie Ihren Energieversorger. Dort gibt es entsprechende Listen mit Hinweisen zur ungefährlichen Demontage und Entsorgung.
- [ ] Gibt es bei Ihrer Speicherheizung eine zentrale Aufladesteuerung? Eventuell nachrüsten lassen. Ist diese richtig eingestellt? Bedienungsanleitung oder Elektrofachkräfte können helfen.
- [ ] Ist die Umrüstung auf eine Zentralheizung mit Heizkörpern vorgesehen?

- [ ] Haben Sie eine Elektro-Fußbodenheizung mit Speichertanks? Hier ist eine Umrüstung besonders einfach, beispielsweise mit Wärmepumpe.
- [ ] Wollen Sie Ihre Speicherheizung behalten? Dann sollten Sie im Rahmen einer Energieberatung vor Ort überprüfen lassen, ob es sinnvolle Wärmedämmmaßnahmen gibt. (Gebäude-Check unter **www.verbraucherzentrale-energieberatung.de**)
- [ ] Fragen Sie nach möglichen zusätzlichen Förderungen Ihres Bundeslandes, Ihrer Kommune oder Ihres Energieversorgers.
- [ ] Fördermittel müssen meist vor Maßnahmenbeginn beantragt werden.

Elektroheizung: Vorteile und Nachteile

Vorteile

- Kein Gasanschluss oder Brennstofflager nötig
- Kein Schornstein nötig
- Geringe bis mittlere Investitionskosten
- Kaum Wartungskosten
- Bei IR-Heizplatten und Fußbodenheizung hoher Strahlungsanteil
- Bei geringem Heizwärmeverbrauch sind alle anderen Heizsysteme zu aufwendig.
- Kann als Wärmespeicher die Schwankungen im Wind- und Sonnenstromangebot ausgleichen
- Passt bei geringen Anschlussleistungen im gut gedämmten Gebäude ins regenerative Versorgungssystem

Nachteile

- Abhängigkeit von Stromlieferanten
- Tarife können geändert werden – es kann Preissteigerungen geben
- Hohe Heizkosten, insbesondere bei schlecht gedämmtem Gebäude
- Nur für gut gedämmte Gebäude mit geringem Heizwärmeverbrauch sinnvoll
- Bei Nachtspeicherheizung geringer Heizkomfort
- Belastung des Stromnetzes im Winter
- Bei derzeitigem Strommix hohe Klimabelastung

7.6 Wärmepumpen

Wärmepumpen ermöglichen es, effizient mit Strom zu heizen; denn sie können Umweltwärme nutzen und dadurch den Stromverbrauch entscheidend verringern. Das zu 100 % erneuerbare Energiesystem wird im Wesentlichen auf der Nutzung von Wind- und Sonnenenergie zur Stromerzeugung beruhen. Dies lässt sich aber nicht beliebig ausbauen; denn auch die Produktion dieser Anlagen braucht Energie und seltene Rohstoffe und die Anlagen selbst benötigen Fläche, die nicht beliebig zur Verfügung steht. Folglich sollte der erneuerbar erzeugte Strom möglichst effizient genutzt werden. Mit Wärmepumpen benötigen wir wesentlich weniger Strom als für den Umweg über erneuerbar erzeugtes Gas (→ Seite 115).

Umweltwärme ist ohne Weiteres nicht zum Heizen und zur Warmwasserbereitung nutzbar, weil die Temperatur dafür zu niedrig ist. Eine Wärmepumpe schafft es, mithilfe von Strom daraus nutzbare Temperaturen zu machen. Sie bewegt Wärme in eine Richtung, in die sie das freiwillig nicht tut. Wärme strömt nämlich immer von warm zu kalt. Die Wärmepumpe arbeitet zwischen einer Wärmequelle und einer sogenannten Wärmesenke. Die Wärmequelle ist die Umgebung: Grundwasser, Erdreich oder Außenluft. Eine sogenannte Wärmesenke, also dort, wo die Wärme abgegeben wird, ist beispielsweise ein Brauchwasserspeicher und/oder eine Heizungsanlage. Wärmequelle und Wärmesenke werden meist durch Rohrleitungen mit der Wärmepumpe verbunden. Es gibt zwei Zahlen, um die Effizienz von Wärmepumpenanlagen zu bewerten: Leistungszahl und Arbeitszahl. Die **Leistungszahl** (auch COP – Coefficient of Performance) bezieht sich auf einen speziellen Arbeitspunkt mit einer bestimmten Quellen- und Senkentemperatur. Sie wird auf dem Prüfstand unter definierten Bedingungen gemessen.

$$\text{Leistungszahl} = \frac{\text{abgegebene Wärmeleistung}}{\text{aufgenommene elektrische Leistung}}$$

Zur Leistungszahl muss angegeben werden, für welchen Arbeitspunkt sie gilt (→ Hintergrundkasten).

Hintergrund: Wärmepumpen und ihre Arbeitsmedien

Wärmepumpen werden nach den Medien bezeichnet, zwischen denen sie arbeiten: Wasser, Sole oder Luft. Mit Sole ist ein Wasser-Frostschutzmittel-Gemisch gemeint, das genutzt wird, um Erdwärme zu gewinnen. Wärmesenke ist meistens Wasser, seltener Luft, da die meisten Heizungsanlagen Warmwasserheizungen sind. Die Arbeitsmedien werden mit Buchstaben abgekürzt, die dem Englischen entstammen: W – Wasser, Grundwasser (Water), B – Sole (Brine), A – Luft (Air). Bei der Bezeichnung von Arbeitspunkten werden zu diesen Buchstaben die entsprechenden Temperaturen angegeben. Zum Beispiel heißt A2W35 der Arbeitspunkt einer Luft-Wasser-Wärmepumpe mit 2 °C Außenlufttemperatur und 35 °C Temperatur der Warmwasserheizung.

Dieser Wert bezieht sich nur auf die Wärmepumpe und nicht auf die Anlage, in die sie eingebaut wird. Diesen Wert finden Sie auch in den Produktbeschreibungen der Hersteller: Es wird gemessen, welche Wärmeleistung die Wärmepumpe im Verhältnis zur momentanen elektrischen Leistung hat.

Für Sie ist es enorm wichtig zu wissen, wie effizient die in Ihre Heizungsanlage eingebaute Wärmepumpe arbeitet. Es kommt also nicht auf die Effizienz bei einer bestimmten Temperatur an, sondern auf sämtliche Zustände, die während einer Zeitspanne auftreten. Die **Arbeitszahl (AZ)** gibt das Verhältnis von während dieser Zeit erzeugter Wärme und eingesetztem Strom in dieser Zeitspanne an:

$$\text{Arbeitszahl} = \frac{\text{abgegebene Wärmeenergie}}{\text{aufgenommene elektrische Energie}}$$

Besonders wichtig ist die Arbeitszahl während eines Jahres, die **Jahresarbeitszahl (JAZ)**. So kann die Effizienz einer Wärmepumpenanlage bewertet werden. Mit Einführung des Ökodesigns für Wärmeerzeuger werden alle Wärmepumpen bei vier unterschiedlichen Temperaturen auf dem Prüfstand gemessen. Daraus wird für das EU-Heizungslabel eine jahreszeitbedingte Raumheizungs-Energieeffizienz ermittelt – unter Berücksichtigung der benötigten Hilfsenergie. Strom wird auch heutzutage noch zum großen Teil in Großkraftwerken mit mäßigem Wirkungsgrad produziert. Vereinfacht entsteht aus drei Teilen Wärme ein Teil Strom. Wenn dann Ihre Wärmepumpe wieder aus einem Teil Strom drei Teile Wärme macht, gibt es in der gesamten Kette wenigstens keinen Verlust. Das heißt, die JAZ muss mindestens „3" sein, um eine Wärmepumpe als „energieeffizient" bezeichnen zu können.

Bundesförderung erhalten Sie nur für besonders energieeffiziente Wärmepumpen. Bei Neubauten gibt es nur noch die Förderung für Effizienzhäuser mit Nachhaltigkeitsklasse (→ Seite 111). Das BAFA gibt eine Liste förderfähiger Wärmepumpen mit vielen Zusatzangaben herausheraus: **www.bafa.de** → „Ener-

Abb. 5: Erdwärmepumpenanlage mit Wärmepumpe (rechts) und Pufferspeicher (links).

gie“ ⇢ „Bundesförderung fur effiziente Gebäude“ ⇢ „Förderprogramm im Überblick“, runterscrollen bis zur Liste). Für die Förderfähigkeit sind neben den auf dem Prüfstand gemessenen Werten auch die Art Ihres Heizsystems und die später erzielte Jahresarbeitszahl entscheidend. Der Wert der JAZ entscheidet auch über Ihren späteren Stromverbrauch. Eine Wärmepumpenanlage besteht aus zahlreichen Komponenten: der Wärmepumpe, einer Pumpe für die Sole bei Erdwärmepumpenanlagen, einem Elektroheizstab für Notfälle und Ladepumpen für Trinkwasser- und ggf. Pufferspeicher. Alles, was dann noch kommt, etwa die Heizungsumwälzpumpe, wird in jeder anderen Heizungsanlage auch benötigt. Die Arbeitszahl kann nun auf verschiedene Systemgrenzen bezogen werden, das heißt, es werden mehr oder weniger elektrische Verbraucher berücksichtigt. Je weniger es sind, umso höher kann eine JAZ angegeben werden. Für einen sinnvollen Vergleich mit einem herkömmlichen Heizsystem müssen in jedem Fall die Wärmepumpe, die Quellenpumpe und der Heizstab mitgemessen werden. Die Ladepumpen würde ein Heizkessel ebenfalls benötigen.

Hintergrund: Wärmepumpen mit Invertertechnik

Es gibt Wärmepumpen, die mit Invertertechnik arbeiten. Diese ermöglicht es, die Wärmepumpe in ihrer Leistung zu regeln. Vorteil: Bei geringerer Wärmeanforderung des Hauses kann eine solche Wärmepumpe mit geringerer Leistung weiterlaufen, während eine ohne Inverter abschalten müsste. Weiterer Vorteil: Eine Wärmepumpe mit Inverter kann mehr Strom aus einer Photovoltaikanlage nutzen (⇢ Seite 157).

Wärmequellen für Wärmepumpen

Eine Wärmepumpe arbeitet besonders effizient, wenn sie ganzjährig eine Wärmequelle mit relativ hoher Temperatur nutzen kann und die Heizseite möglichst kleine Temperaturen liefern muss. Eine solche Wärmequelle sind das Grundwasser und das Erdreich. Für beide Nutzungen brauchen Sie eine Genehmigung der Unteren Wasserbehörde. Geologische Landesämter können Sie bei der Beurteilung der Ergiebigkeit der Wärmequelle unterstützen.

Für die **Nutzung des Grundwassers** benötigen Sie zwei Brunnen. Im Saugbrunnen wird aus einer bestimmten Tiefe das Wasser gewonnen und zum Wärmetauscher der Wärmepumpe gepumpt, beim Schluckbrunnen muss es genau in diesen Grundwasserleiter zurückgeführt werden. Dabei ist die Fließrichtung des Grundwassers vom Saug- zum Schluckbrunnen zu beachten, um einen thermischen Kurzschluss zu vermeiden. Wichtig ist die chemische Zusammensetzung des Grundwassers; denn Eisen und Mangan können dazu führen, dass Stoffe ausfallen und die Poren am Schluckbrunnen verstopfen – bekannt als Verockerung. In diesem Fall müsste ein neuer Brunnen gebohrt werden, was die Anlage häufig unwirtschaftlich macht. Die Grundwasserleitungen müssen ausreichend dimensioniert und die Grundwasserpumpe möglichst leistungsarm gewählt werden, sonst geht das auf Kosten der Jahresarbeitszahl.

Fazit: Eine Grundwasser-Wärmepumpenanlage kann prinzipiell die höchsten Jahresarbeitszahlen von etwa 5 erreichen, sie ist aber nicht überall zu realisieren und benötigt eine genaue Untersuchung und Planung.

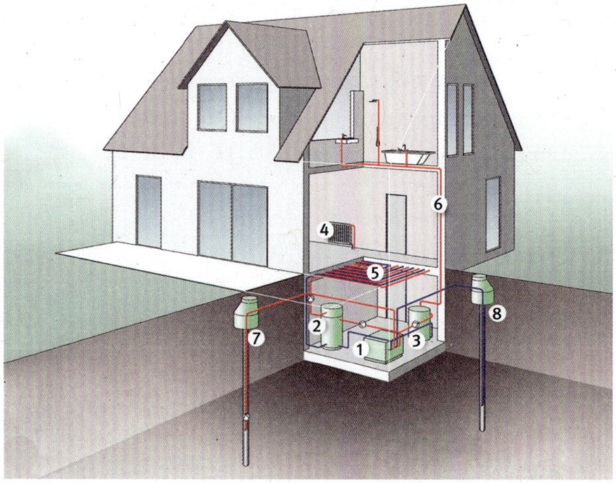

1 Wärmepumpe **2** Pufferspeicher **3** Trinkwarmwasserspeicher **4** Radiator **5** Flächenheizung **6** Warmwasserleitung **7** Entnahmebrunnen mit Brunnenkopf **8** Schluckbrunnen mit Brunnenkopf

Abb. 6: Grundwasser-Wärmepumpe

Erdwärmenutzung ist an vielen Stellen möglich. Es gibt allerdings einige Gesteinsformationen, die instabil sind und durch eine Bohrung ins Rutschen geraten können. Daher empfiehlt es sich, nur mit speziell zertifizierten Bohrunternehmen zu arbeiten. Erkundigen Sie sich bei Ihrer Unteren Wasserbehörde. Erdwärme kann mit flachen Erdkollektoren gewonnen werden. Dafür können lange Rohrleitungen in frostfreier Tiefe von etwa 1,5 bis 2 m verlegt werden. Sofern Erdsonden möglich sind, werden diese durch Rohre vertikal in Bohrlöcher bis 100 m Tiefe (gelegentlich sogar bis 200 m Tiefe) eingebracht. Für Altbauten kommen eher Sondenbohrungen in Betracht: Erdkollektoren sind großflächig und könnten den gesamten Garten zerstören. Eine Sonde ist zwar teuer, hat aber eine lange Lebensdauer. Reicht eine Sonde für die benötigte Heizleistung nicht aus, so werden mehrere Sonden parallel angeschlossen. Häufig werden die Wärmequellen zu knapp bemessen, um Kosten zu sparen. Doch zu sparen, hieße Sparen am falschen Ende. Denn sind die Wärmequellen zu klein, so kühlt sich das Erdreich in jedem Jahr stärker ab. Die Jahresarbeitszahl wird schlechter, die Heizleistung geringer – das Haus wird nicht mehr warm. Dann bleibt Ihnen nur, eine weitere Sonde zu bohren oder mithilfe eines Sonnenkollektors das Erdreich wieder aufzuheizen (⇢ Seite 154). In jedem Fall haben Sie Zusatzkosten, die vermeidbar waren.

Als dritte Möglichkeit kommen Grabenkollektoren in Betracht. Ein Graben von etwa 3 m Tiefe und einer Breite im unteren Bereich von 1,2 m und im oberen Bereich von ca. 2,5 m wird ausgehoben. Darin werden parallel im frostfreien Bereich viele Leitungen verlegt und der Graben wieder mit Erde gefüllt. Die Wärmeentzugsleistung ist erheblich größer als diejenige eines Erdkollektors, sodass weniger Grundstücksfläche beeinträchtigt wird. Der Grabenkollektor ist deutlich kostengünstiger als eine Erdsonde (zu den Möglichkeiten der Erdwärmenutzung siehe auch **https://um.baden-wuerttemberg.de**, Suchwort „Erdsonde"). Im Winter kühlt die Umgebung um Erdkollektor oder Erdsonde durch den Betrieb der Wärmepumpe aus. Je nach Beschaffenheit des Untergrunds kann Wärme mehr oder weniger schnell nachfließen. Bei einer Erdwärmenutzung wird die Regeneration im Sommer durch die Sonneneinstrahlung auf die Erde unterstützt. Wärme kann umso besser nachfließen, je nasser die Erde ist. Die Fläche über einem Erdkollektor/einer Sonde sollte deswegen nicht versiegelt werden. Erdsonden und Erdkollektoren können Sie zweifach nutzen: fürs Heizen im Winter und zur Kühlung Ihres Hauses im Sommer. Entscheidend für die Jahresarbeitszahl ist die Vorlauftemperatur der Heizung. Im günstigen Fall (⇢ Seite 132) benötigen Sie bei einer Heizungsanlage mit normal ausgelegten Heizkörpern 45 bis höchstens 55 Grad. Dadurch ergibt sich eine schlechtere Jahresarbeitszahl als bei einer Flächenheizung mit höchstens 35 Grad. Ungünstig ist ein großer Anteil Warmwasserbereitung, weil dies hohe Temperaturen benötigt. **Fazit:** Eine Erdwärmeanlage kann hohe Jahresarbeitszahlen von etwa 4 erreichen. Sie ist auf vielen Grundstücken möglich. Erdkollektoren und insbesondere Erdsonden sind teuer, aber lange haltbar. Hier sind eine sehr genaue Untersuchung und Planung nötig.

Erdwärmenutzung ist teuer und nicht immer möglich. Deswegen hat sich die Nutzung der **Außenluft** als Wärmequelle immer mehr durchgesetzt. Allerdings handelt es sich hier um eine ungünstigere Wärmequelle; denn

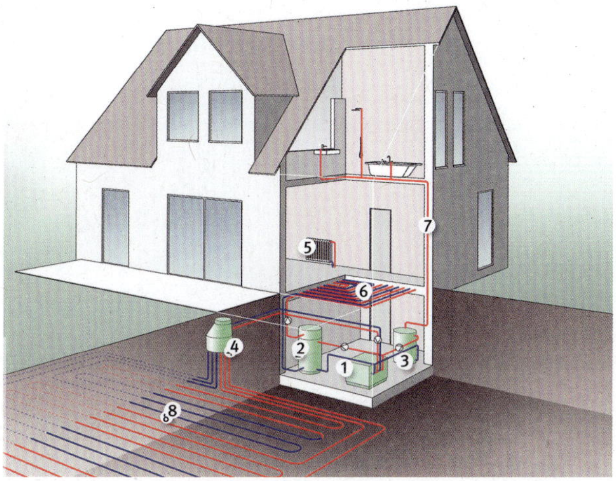

1 Wärmepumpe **2** Pufferspeicher **3** Trinkwarmwasserspeicher **4** Verteil-/Sammelstation **5** Radiator **6** Flächenheizung **7** Warmwasserleitung **8** Erdwärmekollektoren

Abb. 7: Erdkollektor

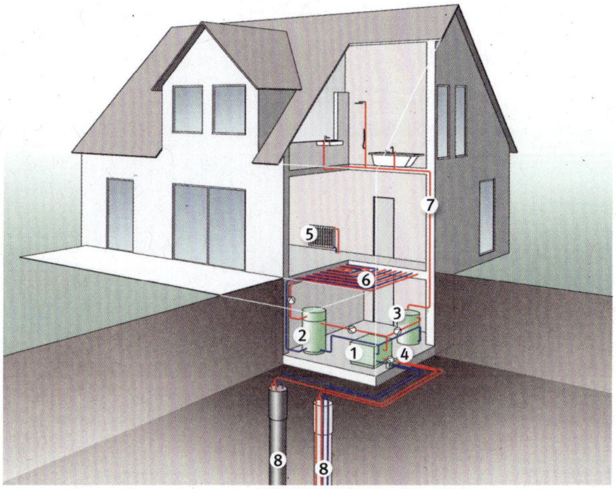

1 Wärmepumpe **2** Pufferspeicher **3** Trinkwarmwasserspeicher **4** Verteil-/Sammelstation **5** Radiator **6** Flächenheizung **7** Warmwasserleitung **8** Erdwärmesonden

Abb. 8: Erdsonde

wenn Sie heizen müssen (etwa im Winter), ist es draußen besonders kalt. Luft-Wasser-Wärmepumpen können im Haus oder im Außenbereich aufgestellt werden. Sie haben große Ventilatoren, um große Luftmengen zu bewegen. Das ist nicht ohne Geräusche möglich – insbesondere bei Außenaufstellung. Die Lärmbelästigung kann dann zu Unmut in der Nachbarschaft führen. Wände können Schall reflektieren, Hecken den Schall mindern. Oft ist es sinnvoll, eine längere Leitung zum Haus in Kauf zu nehmen. Auch gibt es Split-Anlagen: Dann enthält die Außeneinheit nur Ventilator und Verdampfer. Von dort führen dünne Kältemittelleitungen ins Haus zum Kompressor und Verflüssiger. Es entstehen nur minimale Wärmeverluste der Rohrleitungen und das Kompressorgeräusch bleibt im Haus. Weil Lüftergeräusche schon zu Nachbarschaftsstreitigkeiten geführt haben, wurde diesem Thema ein besonderer Planungsleitfaden gewidmet: **www.waermepumpe.de** ⇢ Reiter „Verband“ ⇢ „Publikationen“ ⇢ „Fachpublikationen“, runterscrollen bis „Leitfaden Schall“)

Einige Hersteller von Sole-Wasser-Wärmepumpen bieten spezielle **Absorber** außerhalb des Erdreichs an: als Energiezaun oder Energiewand. Die Absorberrohre werden dabei in Form eines Zaungeflechts geführt oder in eine Betonwand eingegossen. Vorteil: Sie müssen keine größeren Erdarbeiten oder aufwendige Sondenbohrungen durchführen und erhalten eine Wärmequelle, die zusätzlich zur Außenlufttemperatur die darauf fallende Sonnenwärme und ein wenig die von unten kommende Erdwärme nutzen kann. Die Jahresarbeitszahl liegt zwischen Erd- und Luft-Wärmepumpenanlagen.

Fazit: Eine gut geplante und ausgeführte Luft-Wärme-

Hintergrund: Wärmepumpen-Betriebsweise

Erdwärmepumpen können ganzjährig als einziger Wärmeerzeuger arbeiten. Eine solche Anlage wird monovalent genannt. Luft-Wärmepumpen benötigen abhängig vom Dämmstandard des Gebäudes im kalten Winter einen zweiten Wärmeerzeuger – dann ist es eine bivalente Anlage. Das kann zum Beispiel Ihr alter Heizkessel sein, der im kältesten Winter ausschließlich die Wärmeversorgung übernimmt. Die Wärmepumpe ist dann ausgeschaltet – bivalent alternativ. Es ist auch denkbar, dass im Winter Heizkessel und Wärmepumpe sich die Arbeit teilen – bivalent parallel. Ab einer bestimmten Temperatur wird der Heizkessel zugeschaltet – Bivalenzpunkt. Zahlreiche Luft-Wasser-Wärmepumpen haben einen Elektroheizstab im Speicher eingebaut, der die Rolle des zweiten Wärmeerzeugers übernimmt – monoenergetisch.

---

anlage kann prinzipiell Jahresarbeitszahlen von etwa 3 bis knapp 4 erreichen, wenn die Vorlauftemperatur niedrig ist, beispielsweise bei einer Fußbodenheizung. Der Schallschutz muss unbedingt in der Planung berücksichtigt werden.

Wärmepumpe und Heizkörper – das passt zusammen

Eine Wärmepumpe kann oft auch mit niedriger Vorlauftemperatur arbeiten, wenn keine Fußbodenheizung, sondern klassische Heizkörper bedient werden müssen. Gerade im Altbau sind die Heizkörper oft sehr großzügig ausgelegt und brauchen keine sehr hohen Temperaturen. Und wenn Sie Ihr altes Haus wärmedämmen, sinkt die Heizlast, und folglich die benötigte Heizkörpertemperatur. Lassen Sie darüber hinaus Ihr Heizsystem hydraulisch abgleichen (⇢ Seite 110). Diese Maßnahme ist eine Fördervoraussetzung. Wenn nur wenige Räume keine Fußbodenheizung besitzen, können Sie dort die Heizkörper gegen großflächige austauschen, die dann mit niedriger Vorlauftemperatur auskommen. Es gibt auch Spezialheizkörper (Wärmepumpenheizkörper) mit eingebauten Ventilatoren, um für die kältesten Tage trotz niedriger Vorlauftemperatur die Heizleistung zu erhöhen. Diese können kleiner sein als Ihre bisherigen. Für die kältesten Tage könnte ebenso eine Zusatzheizung helfen, z. B. ein Kaminofen oder Infrarotheizungen (⇢ Seite 125).

Überprüfen Sie Ihre Vorlauftemperatur

Sie können selbst überprüfen, ob eine Wärmepumpe ohne weitere Maßnahmen für Ihren Altbau infrage kommt. Senken Sie dazu im kältesten Winter die Vorlauftemperatur an der Regelung so weit ab, bis Heizkörper nicht mehr ausreichend warm werden. Schalten Sie für diesen Test die Nachtabsenkung aus. Wenn bei einer Vorlauftemperatur von 55 Grad noch alles warm wird, so ist Ihr Haus ohne Weiteres für eine Wärmepumpe geeignet. Stellen Sie fest, dass bei dieser Vorlauftemperatur einzelne Räume nicht mehr warm werden? Dann könnte entweder ein hydraulischer Ab-

---

Hintergrund: Neues aus der Forschung

Ein besonders interessanter Feldtest wurde vom Fraunhofer-Institut ISE durchgeführt: **www.wp-monitor.de** ⇢ „Ergebnisse". Ausgewählte Anlagen wurden über mehrere Jahre vermessen und Arbeitszahlen ermittelt. Es gab etliche Anlagen, die nicht überzeugen konnten, viele Anlagen im Mittelfeld und einige Anlagen mit Spitzenwerten auch bei Luft-/Wasser-Wärmepumpenanlagen. Die neueren Anlagen waren besser. Das zeigt, dass Wärmepumpenanlagen kein Produkt „von der Stange" sind, sondern gut geplant und ausgeführt und in ein passendes Heizsystem eingebaut werden müssen. Einzelne Beispielobjekte mit ihren Messdaten finden Sie auf der Seite des Bundesverbandes Wärmepumpe: **www.waermepumpe.de** ⇢ „Presse" ⇢ „Referenzobjekte".

Hintergrund: Heizkörper und Flächenheizungen

Weil Sie mit Ihrer Umgebung im Wesentlichen Wärmestrahlung austauschen, empfinden Sie ein Heizsystem mit hohem Wärmestrahlungsanteil als besonders angenehm.

Das erklärt die Beliebtheit von Öfen jeglicher Art. Auch die elektrische Infrarot-Strahlungsheizung wirbt damit (⇢ Seite 125). Einen hohen Anteil an Wärmestrahlung gibt es ebenfalls bei großflächiger Wärmeabgabe durch eine mit niedriger Temperatur betriebene Fußboden- oder Wandflächenheizung.

Bei einer Wandflächenheizung werden Heizmatten oder Heizregister (schlangenförmig verlegte dünne Rohre) an den Wänden angebracht und anschließend eingeputzt. Es gibt auch Wandverkleidungselemente mit bereits eingebauten Heizregistern. So können Sie ohne Arbeiten am Fußboden im Altbau auf eine Flächenheizung umrüsten, um beispielsweise eine Wärmepumpe effizienter zu betreiben. Die mit Wandflächenheizung versehenen Wände sollten Sie möglichst von Möblierung freihalten.

Der Wärmestrahlungsanteil bei Heizkörpern nimmt zu, wenn sie großzügig ausgelegt werden. Sie wälzen dann weniger die Luft um. Angenehmer Nebeneffekt: Die benötigte Vorlauftemperatur wird geringer (⇢ Seite 129).

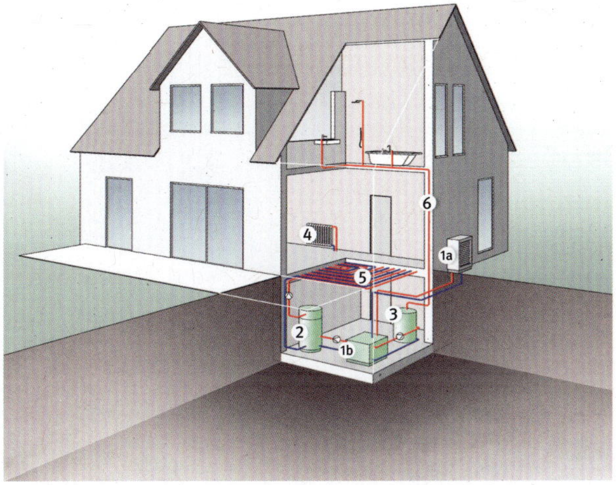

1a Split-Wärmepumpe-Außengerät **1b** Split-Wärmepumpe-Innengerät **2** Pufferspeicher **3** Trinwarmwasserspeicher **4** Radiator **5** Flächenheizung **6** Warmwasserleitung

Abb. 9: Luft-Wärmepumpe

gleich (⇢ Seite 110) oder der Austausch dieser Heizkörper gegen größere oder spezielle Wärmepumpenheizkörper helfen. Wird es allerdings in allen Räumen nicht warm, so sind zunächst bauliche Maßnahmen wie Fensteraustausch und/oder Wärmedämmung vor dem Einbau einer Wärmepumpe nötig.

Hintergrund: Gasbetriebene Wärmepumpen

Es gibt Wärmepumpen, die nicht durch Strom, sondern durch Gas angetrieben werden, etwa wie bei Gas-Kühlschränken im Campingbereich. Die Gasflamme betreibt einen „thermischen Verdichter" in einer Sole-Wasser-Wärmepumpe. Bei einer Gas-Wärmepumpe kommt die meiste Wärme von der Gasflamme und nur etwa 25 bis 30 % zusätzlich aus der Umwelt. Für gleiche Heizleistung wird deswegen eine erheblich kleinere Erdsonde im Vergleich zur Elektro-Wärmepumpe benötigt. Allerdings werden Gasgeräte nicht mehr gefördert.

Langsamer takten

Wärmepumpen benötigen einen Speicher, um häufiges Takten (an-aus-an-aus) zu vermeiden. Das würde sonst die Lebensdauer und Effizienz der Wärmepumpe verringern. Sie benötigen den Speicher zudem, um Ausschaltzeiten des Elektrizitätsversorgers zu überbrücken, die Sie in Kauf nehmen müssen, um einen günstigeren Strompreis zu erzielen. Eine Fußbodenheizung bietet im Allgemeinen ausreichend Speichermöglichkeit. Ansonsten benötigen Sie einen zusätzlichen Pufferspeicher für die Anlage in einer Größe von 100 bis 500 Litern. Aus Komfortgründen kann auch bei einer Fußbodenheizung und einem Wärmepumpentarif mit Ausschaltzeiten ein Pufferspeicher sinnvoll sein.

Tipp

Fördergelder: Neben der „Bundesförderung für effiziente Gebäude" (BEG) (⇢ Seite 112) gibt es Förderprogramme der Länder und eventuell der Kommunen. Fragen Sie bei Ihrer Kommune nach oder schauen Sie für Landes- und Bundesförderprogramme ins Internet: **www.foerderdatenbank.de**

Erdkollektor oder Erdwärmesonde: Für die Größe sind die benötigte Heizleistung und die Untergrundbeschaffenheit entscheidend – je feuchter, desto besser. Vereinfacht kann aus einem Quadratmeter Erdkollektor etwa 25 Watt Heizleistung bezogen werden und aus einem Meter Sondenlänge 50 Watt. Aus Sicherheitsgründen werden die Sonden seit Mitte 2021 um 30 % länger dimensioniert. Auch der in der Wärmepumpe eingesetzte Strom wird zu Wärme. Bei einer Jahresarbeitszahl von 4 müssen 75 % der Wärme aus dem Erdreich kommen. Beispiel: Sie benötigen eine Heizleistung von zehn Kilowatt (kW). Dann müssen 75 %, das heißt 7,5 kW, aus der Erde kommen. Beim Erdkollektor benötigen Sie mindestens eine Fläche von 7,5 kW/0,025 kW/m² = 300 m². Die Erdwärmesonde muss eine Länge von mindestens 7,5 kW/0,05 kW/m × 1,3 = 195 m haben. Wahrscheinlich ist es hier sinnvoll, 2 Sonden zu bohren, da Sonden tiefer als 100 m nach Bergrecht genehmigt werden und ein aufwendigeres Bohrgerät nötig ist. Ob eine oder mehrere Sonden sinnvoller sind, muss von Fall zu Fall entschieden werden.

„Eine weitere Wärmequelle benötigen wir nicht."

DR. JENNIFER SOBIECH-WOLF ist Klimawissenschaftlerin und hat bei ihren Forschungen in den Polargebieten die massiven Auswirkungen des Klimawandels beobachtet. Sie arbeitet nun als Projektkoordinatorin für Klimafolgenanpassung im Kreis Steinfurt. In ihrem eigenen Haus, einem Altbau von 1954, hat sie erfolgreich eine Wärmepumpe eingebaut.

Gab es Probleme bei der Umstellung auf die Wärmepumpe?
JENNIFER SOBIECH-WOLF: Nein.

Wird es ausreichend warm?
Ja, auch bei länger anhaltenden kalten Außentemperaturen. Eine weitere Wärmequelle benötigen wir nicht.

Welchen Rat geben Sie jemandem, der im Altbau auf eine Wärmepumpe umstellen möchte?
Grundsätzlich sollte das Haus so gut wie möglich gedämmt werden. Man sollte sich an eine Firma wenden, die nachweislich viel Erfahrung mit der Umstellung auf Wärmepumpen hat. Wir sind im Vorfeld von einigen weniger erfahrenen Firmen schlecht beraten worden. So sagte man uns beispielsweise, dass alle Heizungsrohre ausgetauscht werden müssten, was aber nicht der Fall war. Auch in Bezug auf die Heizkörper in den Räumen gab es Fehlinformationen. Im Wohnzimmer und im Bad haben wir eine Fußbodenheizung, in den restlichen Räumen kleine schlanke Niedertemperaturheizkörper. Diese konnten problemlos an die alten Heizungsrohre angeschlossen werden. Sie begnügen sich mit einer Vorlauftemperatur von 46 Grad. Der Austausch mit anderen in den sozialen Medien hat uns viel dabei geholfen herauszufinden, was möglich ist.

Kalte Nahwärme

Nahwärmenetze werden üblicherweise mit hoher Temperatur gefahren, was zu erheblichen Netzverlusten führen kann (⇢ Seite 125). Auch die Wärmequellen für diese Netze müssen dann auf hoher Temperatur arbeiten. Es gibt jedoch zahlreiche Wärmequellen, die besonders effizient nur geringe Temperaturen von beispielsweise 30 °C liefern können, sei es industrielle Abwärme, seien es Solarkollektoranlagen. Ein Netz, das auf einem solchen Temperaturniveau arbeitet, wird kalte Nahwärme genannt. Mit diesen Temperaturen können Wärmeübergabestationen (⇢ Seite 122) zwar nicht betrieben werden. Solch ein Netz liefert jedoch ideale Bedingungen für den Betrieb von Wärmepumpen, die bei dieser Wärmequelle sehr hohe Jahresarbeitszahlen (JAZ ⇢ Seite 128) erreichen können. Das Wärmenetz selbst ist kostengünstiger als ein übliches Fernwärmenetz und hat erheblich weniger Wärmeverluste. Beispielsweise in Schleswig wird ein Baugebiet mit kalter Nahwärme versorgt, hier aus einem großen Erdkollektor. Die Stadtwerke bieten ein Komplettpaket mit Wärmepumpe und Wartung an: **www.schleswiger-stadtwerke.de** ⇢ „Produkte" ⇢ Wärme ⇢ „kalteNAHWÄRME". Bei kalter Nahwärme fallen verglichen mit Fernwärmenetzen hohe Stromkosten für die Quellenpumpen an, bezogen auf die übertragene Wärme. Interessante Quartierslösungen arbeiten mit ungedämmten Rohrleitungen, über die Wärme aus dem Erdreich gesammelt wird, in Verbindung mit Solarabsorbern auf den Dächern. Fragen Sie bei Ihrer Gemeinde oder Ihrem Stadtwerk nach, ob für Ihr Baugebiet eine kalte Nahwärmeversorgung geplant ist. Prüfen Sie aber Alternativen, beispielsweise eine eigene Wärmepumpenanlage, mit einer Vollkostenrechnung, also mit allen Kapital-, Verbrauchs- und Betriebskosten, bevor Sie einen Vertrag unterschreiben. Lassen Sie sich ggf. bei der Verbraucherzentrale beraten: **www.verbraucherzentrale-energieberatung.de**.

Checkliste: Wärmepumpen

- ☐ Welche Wärmequelle?
- ☐ Elektro- oder Gas-Wärmepumpe? Aus Klimaschutzgründen ist die Elektro-Wärmepumpe vorzuziehen.
- ☐ Ist die Grundwassernutzung möglich? (Genehmigung!)
- ☐ Ist die Grundwasserqualität gut? (Möglichst kein Mangan oder Eisen.)
- ☐ Ist die Ergiebigkeit des Brunnens ausreichend? Sie benötigen circa 200 Liter pro Stunde je kW Heizleistung.
- ☐ Hocheffiziente Grundwasserpumpe einbauen und möglichst kleiner Strömungswiderstand durch ausreichend dimensionierte Leitungen
- ☐ Bei Luft-Wasser-Wärmepumpe: Kann der Standort zu Lärmbelästigung führen? Bei dem Beispiel mit 10 kW Heizleistung müssen mehr als 5.000 m^3 Luft pro Stunde durch die Außeneinheit gepustet werden!
- ☐ Sie müssen mindestens 3 m Abstand zur Grundstücksgrenze einhalten.
- ☐ Split-Anlage (⇢ Seite 131)?
- ☐ Zweiter Wärmeerzeuger nötig? Kann dafür der vorhandene Heizkessel weiterbetrieben werden?
- ☐ Energiezaun/Energiewand möglich?
- ☐ Erdkollektor oder Erdsonde ausreichend dimensionieren
- ☐ Prüfen, ob Sonden gebohrt werden können (Platz, Zugang? – ca. 15 bis 25 m Sonde je kW).
- ☐ Ist der Standort geologisch geeignet?
- ☐ Vorlauftemperatur der Heizung möglichst niedrig (max. 55 °C, besser nur 35 °C). Prüfen ohne Nachtabsenkung
- ☐ Größere Heizkörper einbauen – spezielle Niedertemperatur-Heizkörper einbauen
- ☐ Ohne Fußbodenheizung und bei Wärmepumpentarif mit Abschaltzeiten sollte ein Pufferspeicher eingebaut werden.
- ☐ Hydraulischer Abgleich der Heizung
- ☐ Zuerst das Haus richtig dämmen, dann reicht eine kleinere (günstigere!) Wärmepumpenanlage
- ☐ Wärmemengenzähler und Stromzähler einbauen (Ermittlung der Jahresarbeitszahl)

- [ ] Bei modernen Wärmepumpen kann die Jahresarbeitszahl im Display angezeigt werden. Im Internet gibt es Verbrauchsdatenbanken. So können Sie die Güte Ihrer Anlage mit anderen vergleichen. Bei der Angebotsanfrage nach dem Herstellerservice fragen. Namhafte Hersteller nehmen die Anlage per Fernwartung unter ihre Fittiche.
- [ ] Auf SG-Ready Label achten (⇢ Seite 157)
- [ ] Anlage aus einer Hand durch Generalunternehmer. Der Anlagenbauer sollte eine Jahresarbeitszahl (JAZ) schriftlich zusichern: für Heizung und Warmwasser mindestens 3,3 (Luft-Wasser) bzw. 3,8 (Sole-Wasser), nur für Heizung: mindestens 3,5 (Luft-Wasser) bzw. 4,0 (Sole-Wasser).
- [ ] EHPA-Label vorhanden? Näheres unter **www.waermepumpe.de**, Suchwort „EHPA“
- [ ] Gibt es Fördermöglichkeiten? Wann muss der Antrag gestellt werden? Was sind die Förderbedingungen?
- [ ] Wärmepumpe mit Inverter-Technik?
- [ ] Soll die Anlage auch kühlen?
- [ ] Kombination mit Lüftungsanlage möglich?
- [ ] Heizstab gegen ungewolltes Einschalten verriegeln. Bei sorgfältiger Planung darf der Heizstab nicht mehr als 4 % der Jahresheizarbeit übernehmen.
- [ ] Ab und zu Wärmemengenzähler und Stromzähler ablesen, Arbeitszahl errechnen und mit Projektdaten vergleichen. Bei Abweichung Installationsfirma/ Generalunternehmer ansprechen

Wärmepumpe: Vorteile und Nachteile

⊕ Vorteile

- Bewährte Technik
- Einsatz fast immer möglich, auch im Altbau mit Heizkörpern
- Guter Primärenergiefaktor
- Kein Brennstofflager nötig
- Kein Schornstein nötig
- Niedrige Wartungs- und keine Schornsteinfegerkosten
- Gute Förderung bei der Altbausanierung
- Hilft im Neubau, förderfähig zu werden.
- Zukunftsfähig, passt in ein System mit 100 % erneuerbarer Energie
- Geringe Klimabelastung
- Klimabelastung sinkt, wenn der Anteil an erneuerbarem Strom zunimmt
- Hohe Autarkie bei Wärme

⊖ Nachteile

- Luft-Wärmepumpe nur möglich, wenn Lärmbelästigung der Nachbarn ausgeschlossen ist
- Erd-Wärmepumpe nur möglich, wenn der Untergrund geologisch geeignet ist
- Gute Planung und Ausführung nötig
- Für eine hohe Jahresarbeitszahl ist der Einbau von Flächenheizungen nötig (⇢ Seite 132).
- Im Altbau sind eventuell Dämmmaßnahmen und/ oder ein Heizkörperaustausch nötig.
- Nur wenige Anbieter von Wärmepumpen-Sondertarifen
- Strompreise können steigen
- Hohe Belastung des Stromnetzes im Winter

7.7 Warmwasser

Der Anteil für die Warmwasserbereitung am gesamten Energieverbrauch wird umso größer, je besser das Gebäude wärmegedämmt ist. Beim gut gedämmten Haus ist es im Sinne des Klimaschutzes sinnvoller, die Verluste der Warmwasserbereitung zu verringern, als noch weitere Maßnahmen zur Verringerung des Heizwärmeverbrauchs zu unternehmen.

Das fängt an bei der Verringerung des Warmwasserverbrauchs durch Duschen statt Baden, seltener Duschen, kürzer Duschen und geht weiter mit der Wahl eines Spar-Duschkopfs oder anderer Spar-Armaturen bis zu einer effizienten Warmwasserbereitung mit einem möglichst hohen Anteil erneuerbarer Energie.

Duschköpfe und Armaturen

Ein wesentlicher Faktor für Ihren Verbrauch an Warmwasser ist die Durchflussmenge, die je nach den verwendeten Duschköpfen und Armaturen variiert. Für Ihren Geldbeutel und die Umwelt ist entscheidend, wie viel Wasser pro Minute durch den Duschkopf fließen kann (Schüttmenge). Prüfen Sie Ihren aktuellen Duschkopf durch das „Auslitern“ (siehe Tipp unten). Duschköpfe, die weniger als neun Liter pro Minute verbrauchen, sind sparsam. Wenn das Auslitern Ihres Duschkopfs eine zu kurze Zeit ergeben hat, sollten Sie sich einen Sparduschkopf anschaffen. Vor einem Komfortverlust brauchen Sie dabei keine Angst zu haben: Viele Sparduschen erreichen trotz der geringeren Wassermenge einen angenehmen, vollen Wasserstrahl, indem sie Luft untermischen.

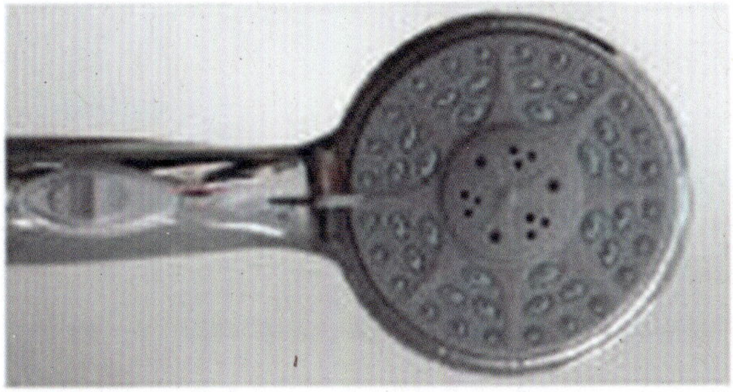

Abb. 10: Duschkopf

Tipp

Auslitern: Messen Sie die Zeit, wie lange es dauert, bis ein Eimer mit 10 Litern Wasser gefüllt ist. In der Regel gibt es dafür eine Markierung im Eimer. Dauert es länger als 67 Sekunden, kann der Duschkopf bleiben. So können Sie Ihren Wasserverbrauch beim Duschen abschätzen: **www.verbraucherzentrale.nrw/duschrechner**

Auswahl eines Sparduschkopfs

Begriffe wie „eco“ oder „sparsam“ in der Beschreibung eines Duschkopfs sind nicht geschützt und deshalb kein Beleg für wirkliche Sparsamkeit. Achten Sie beim Kauf lieber darauf, dass eine konkrete, geringe Schüttmenge in Litern pro Minute angegeben ist. Sparduschköpfe funktionieren mit fast allen Warmwassersystemen ohne Einschränkung. Einzige Ausnahme: Hydraulische Durchlauferhitzer. Diese Geräte benötigen einen Mindestdurchfluss, um zu funktionieren. Die Anschlüsse sind in Deutschland genormt – jeder Duschkopf wird an Ihren Duschschlauch passen. Hinweise für die Auswahl eines sparsamen und ökologisch vorteilhaften Duschkopfs finden Sie auch bei „ecotopten“, einer Internetplattform für ökologische Produkte: **www.ecotopten.de/kleine-haushaltsgeraete/duschbrausen**.

Sparsame Armaturen

Sie können Ihren Wasserverbrauch nicht nur durch einen Sparduschkopf, sondern auch durch wassersparende Armaturen (Wasserhähne, Mischbatterien) verringern. Am einfachsten funktioniert das bei einem

Wasserhahn mit Mischdüse. Um Wasser zu sparen, ersetzen Sie die alte Mischdüse („Perlator“, auch Strahlregler) durch einen Spar-Strahlregler, der den Durchfluss begrenzt.

Abb. 11: Spar-Strahlregler

Tipp

Strahlregler austauschen: Schrauben Sie den alten Strahlregler einfach ab und ersetzen Sie ihn durch einen neuen – wenn dieser auch optisch zur alten Armatur passt. Ansonsten können Sie den alten Siebeinsatz durch den eines Sparmodells ersetzen. Ein Spar-Strahlregler kostet nur wenige Euro und senkt den Verbrauch am Wasserhahn um bis zu 30 %.

Auch durch die Wahl der Armatur können Sie Warmwasser sparen:

Bei einer **Zweigriff-Armatur** müssen Sie jedes Mal aufs Neue die Temperatur einregeln, nachdem Sie das Wasser abgestellt haben. Dadurch läuft das Wasser länger.

Beim **Einhebelmischer** ist die eingestellte Temperatur bei jedem Einsatz sofort wieder verfügbar.

Beim **thermostatischen Mischer** können Sie exakt wählen, welche Temperatur das Wasser haben soll. Auch steht Ihnen die eingestellte Temperatur jedes Mal direkt wieder zur Verfügung.

Tipp

Die goldene Mitte? Steht der Einhebelmischer bei Ihnen auch immer in der Mittelstellung? Damit sind Sie nicht allein. Aber diese Position ist ungünstig. Besser wäre es, Sie würden den Einhebelmischer immer in die „Kalt“-Position schwenken. Inzwischen haben einige Hersteller auf die Gewohnheiten der Verbraucher reagiert und bieten Waschtischarmaturen an, bei denen in der beliebten Mittelstellung nur kaltes Wasser kommt. Achten Sie beim Neukauf auf diese Funktion.

!

Achtung! Armaturen mit Durchflussbegrenzern sind ebenso wie Einhebelmischer und thermostatische Mischbatterien sowie Sparduschköpfe für hydraulische Durchlauferhitzer häufig nicht geeignet, da das Wasser bei zu geringem Durchfluss kalt bleibt. Weil dadurch viele Sparmöglichkeiten eingeschränkt sind, wäre es am sinnvollsten, den hydraulischen gegen einen elektronischen Durchlauferhitzer auszutauschen.

Dezentrale Wassererwärmung

Bei einem dezentralen Wassersystem wird das Wasser unmittelbar an den einzelnen Zapfstellen erwärmt – zumeist mit Durchlauferhitzern. Bei Durchlauferhitzern entstehen keine Verluste durch Speicherung. Durch kurze Leitungswege gibt es kaum Verteilungsverluste. Für eine zukunftsweisende Hausinstallation mit Nutzung erneuerbarer Energien sind sie wegen der benötigten hohen Anschlussleistung ungeeignet. Auch die Nutzung von Gas für diesen Zweck ist problematisch (→ Seite 115).

Mini-Durchlauferhitzer

Ein Untertischgerät an Spüle oder Waschbecken (Kleinspeicher) hat Speicherverluste, abhängig von der Qualität der Wärmedämmung. Deshalb muss es das Wasser immer wieder nachheizen. Ersetzen Sie den Kleinspeicher durch einen Mini-Durchlauferhitzer, den Sie an eine normale Steckdose anschließen können. Dieser funktioniert ähnlich wie die größeren Varianten und erwärmt das Wasser nur bei Bedarf. Ein solches Gerät könnte auch von einer Photovoltaikanlage versorgt werden.

Gut zu wissen

Eine Frischwasserstation (→ Seite 142) funktioniert ähnlich wie ein Durchlauferhitzer, bezieht die Wärme aber aus einem zentralen Heizwärmespeicher im Haus. Sie erwärmt das Trinkwasser über einen Plattenwärmetauscher, ohne es zu speichern.

Zentrale Wassererwärmung

Bei einer zentralen Wassererwärmung werden im ganzen Haus alle Zapfstellen von einer Stelle mit Warmwasser versorgt. In der Regel benötigen Sie nur ein Gerät zur Raumheizung und für Warmwasser. Es gibt nun die Möglichkeit für Kombinationen mit erneuerbaren Energieträgern. Ein Durchlauferhitzer ist für eine zentrale Wassererwärmung ungeeignet. Hier kommen nur Systeme mit einem Speicher oder mit sogenannten Frischwasserstationen infrage.

Wenn es längere Leitungen zu den Zapfstellen gibt, kann es länger dauern, bis dort warmes Wasser ankommt. Deswegen gibt es oft eine Warmwasserzirkulationsleitung. Prüfen Sie durch Absperren und Ausschalten der Zirkulation, ob dies bei Ihnen nötig ist. Durch Zirkulation erhöht sich der Energieaufwand, denn in den Rohrleitungen entstehen Wärmeverluste und eine Zirkulationspumpe benötigt zusätzlichen Strom. Ohne Pumpe zirkuliert das warme Wasser durch die Schwerkraft. Eine solche Schwerkraftzirkulation benötigt zwar keinen Strom, läuft allerdings rund um die Uhr mit besonders hohen Wärmeverlusten. Hier sollten Sie unbedingt eine zeitgesteuerte Pumpe nachrüsten lassen. Diese Investition erwirtschaftet sich in wenigen Jahren.

Auszeit für die Pumpe

Stimmen Sie die Zirkulationszeiten auf Ihre Gewohnheiten ab. Wenn alle schlafen oder niemand zu Hause ist, kann die Pumpe abgestellt sein. Das spart Wärmeverluste und Strom. Oft ist das über die Heizungsregelung möglich. Oder Sie können den Betrieb über eine Zeitschaltuhr regeln. Auch eine Fernsteuerung von der Zapfstelle aus ist denkbar. Inzwischen gibt es sogar „selbstlernende“ Pumpen, die sich auf Ihren Bedarf einstellen. Eine Nachrüstung kann sich lohnen.

Warmwasserspeicher

Die meisten zentralen Warmwassersysteme haben einen Speicher. Er verliert Wärme an die Umgebung, und zwar umso mehr, je höher die Temperatur und je schlechter er gedämmt ist. Die höchsten Verluste haben direkt beheizte Speicher, da sie ständig von kalter Luft durchströmt werden. Neue Speicher müssen seit Ende September 2017 der EU-Ökodesign-Richtlinie entsprechen und damit erheblich geringere Warmhalteverluste nachweisen. Durch die neuen Vorgaben kann der Energieverbrauch um mehrere Hundert kWh pro Jahr sinken. Bei der Speichertemperatur können Sie nicht frei entscheiden: Haben Sie bis maximal 400 l Warmwasser gespeichert und nicht zu lange Rohrleitungen, müssen Sie die Temperatur des Speichers auf mindestens 55 °C halten. Das hat hygienische Gründe und dient dem Schutz vor gesundheitsgefährdenden Bakterien, den Legionellen (→ Seite 142). Die zulässige Rohrlänge ergibt sich aus der Trinkwasserverordnung. Die verlangt außerdem bei größeren Systemen, dass Sie die Temperatur in regelmäßigen Abständen auf über 60 °C erhöhen. Legionellen können Sie auch vermeiden, indem Sie zwar die Wärme zentral speichern, nicht aber erwärmtes Trinkwasser. Das geht mit Frischwasserstationen (→ „Gut zu Wissen“ oben auf der Seite).

Wärmequellen

Aus Klimaschutzgründen sollten Sie keinen Heizkessel einsetzen, der fossile Brennstoffe benötigt. Ein Holz- oder Holzpelletkessel (zur Problematik ⇢ Seite 121), eine Wärmepumpe oder ein Blockheizkraftwerk kommen als Wärmequellen für Wärmetauscher im Speicher infrage (⇢ Seiten 94, 116, 127). Im Sommer bietet es sich an, den Heizkessel in den Urlaub zu schicken und mit der Sonne eine weitere Wärmequelle anzuzapfen (siehe unten). Eine zweite Möglichkeit ist es, Sonnenstrom aus einer Photovoltaikanlage für die Beheizung von Warmwasserspeichern einzusetzen (⇢ Seite 147).

Durchheizen unnötig

Stellen Sie die Nachheizzeiten des Warmwasserspeichers passend für sich ein. Oft ist das an der Heizungsregelung möglich. Es ist sinnvoll, den Speicher nur dann nachzuheizen, wenn Sie das Warmwasser benötigen. Nachts und in Zeiten regelmäßiger Abwesenheit können Sie die Nachheizung blockieren. Damit verhindern Sie, dass der Wärmeerzeuger ständig ein- und ausschaltet.

Energie zurückgewinnen

Im warmen Duschwasser steckt viel Energie. Da liegt es nahe, diese Energie teilweise zurückzugewinnen. Es gibt für diesen Zweck spezielle Wärmetauscher, um die Wärme des Duschabwassers auf das zu erwärmende Kaltwasser zu übertragen. So können Sie rund die Hälfte der Kosten für das Duschwasser einsparen. Fragen Sie bei einem Fachbetrieb, ob bei Ihrer Anlage die Nachrüstung einer Wärmerückgewinnung möglich ist. Die Installation ist vor allem dann sinnvoll, wenn Sie ohnehin Maßnahmen im Bad oder bei der Wassererwärmung planen.

7.8 Thermische Solaranlagen

Viele Häuser verfügen mittlerweile über Solaranlagen. Es gibt zwei verschiedene Anlagentypen:

Abb. 12: Photovoltaikanlage (links) und Solarkollektoranlage (rechts).

- Photovoltaik mit Modulen (⇢ Seite 98), die Strom erzeugen (auch Solarstromanlage genannt, Abb. 12 links) und
- Solarkollektoranlagen, thermische Solaranlagen mit Solarkollektoren auf dem Dach oder an Wänden, die aus der Sonnenstrahlung Wärme gewinnen (Abb. 12 rechts).

Die Wärmegewinnung aus Sonne ist ein guter Weg, um den Wärmebedarf für Warmwasser und eventuell Heizung zu decken. Das Problem bei der solaren Heizung: Im Winter scheint kaum Sonne und es muss trotzdem geheizt werden. Im Sommer ist reichlich Sonne vorhanden, aber nur ein geringer Wärmebedarf. Es ist denkbar, die Überschusswärme des Sommers mit Großspeichern für den Winter aufzubewahren. Benötigt werden dann Speicher in der Größe eines Kellerraums. Dieses Konzept liegt sogenannten Son-

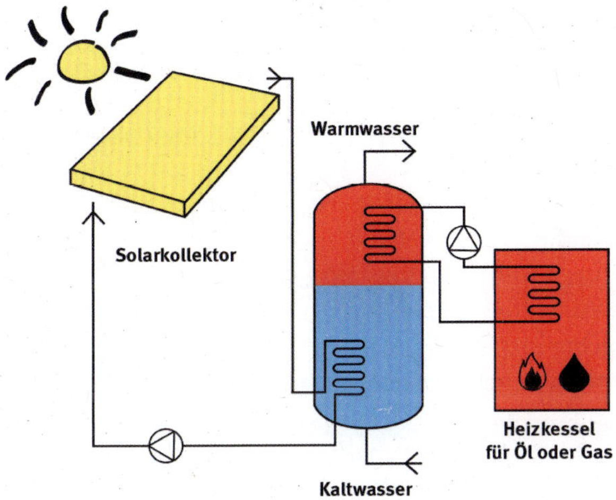

Abb. 13: Schema einer Brauchwassersolaranlage; Spiralen = Wärmetauscher.

nenhäusern zugrunde: **www.sonnenhaus-institut.de**. Ein sehr großer Solarkollektor auf dem Dach ist mit einem Großspeicher verbunden (⇢ Seite 149).

Weit verbreitet sind kleine Solaranlagen für die **Brauchwassererwärmung**, denn der Bedarf für Warmwasser ist sommers wie winters annähernd gleich. Bei gut gedämmten Häusern kann der Energiebedarf für die Warmwasserbereitung der entscheidende Faktor sein. Dann ist die Brauchwassersolaranlage sehr sinnvoll. Die Anlage wird so groß ausgewählt, dass der Bedarf in der Übergangszeit gerade gedeckt wird. Im Sommer gibt es dann einen ungenutzten Überschuss, während im Winter zugeheizt werden muss (Abb. 13). Zentraler Baustein ist auch bei dieser Anlage ein Warmwasserspeicher; denn in der Dunkelheit wollen Sie trotzdem duschen. Der Speicher wird von zwei Quellen beheizt: Ein Wärmetauscher ganz unten ist mit den Kollektoren verbunden. Im Solarkreis (Kollektoren mit in der Regel Wärmetauscher und Verbindungsrohren) befindet sich ein Frostschutzmittel, damit in kalten Winternächten der Kollektor nicht einfriert. Deswegen muss der Solarkreis vom Brauchwasser über einen Wärmetauscher getrennt werden, spezielle Anlagetechniken können auf Frostschutzmittel verzichten (⇢ Seite 143).

Bei ausreichender Sonnenstrahlung schaltet die Regelung die Solarkreispumpe ein und warmes Wasser aus den Kollektoren heizt den Speicher über diesen Wärmetauscher. Das Warmwasser kann direkt oben aus dem Speicher entnommen werden und Kaltwasser strömt unten nach. Ohne ausreichende Sonnenstrahlung kühlt der Speicher ab. Dann übernimmt eine Zusatzheizung und erwärmt den oberen Teil des Speichers (Bereitschaftsteil).

Für eine solche Anlage reichen kleine Kollektorflächen, für die sich meist ein sonniges Plätzchen findet. Günstig ist eine möglichst unverschattete Ausrichtung nach Süden (⇢ Seite 98). Thermische Solaranlagen reagieren im Gegensatz zur Photovoltaikanlage weniger auf Schatten. So verursacht ein kleiner wandernder Schornsteinschatten keine große Ertragseinbuße. Ausrichtungen zwischen Südost und Südwest mit Neigungen zwischen 30 und 60 Grad haben nahezu denselben Ertrag. Der Warmwasserspeicher sollte etwa den doppelten Tages-Warmwasserbedarf decken. Günstig wäre es, diesen zu prüfen (Tipp). Pro 50 Liter Speichervolumen wird etwa ein Quadratmeter Kollektorfläche benötigt. Im Beispiel: 250- bis 300-Liter-Speicher mit fünf bis sechs Quadratmeter Kollektorfläche. Genauere Auslegungen erhalten Sie durch Ihren Installateur oder einen Energieberater (**www.verbraucherzentrale-energieberatung.de**).

Tipp

Warmwasserbedarf bestimmen: Teilen Sie Ihren jährlichen Kaltwasserverbrauch (in Kubikmetern (m^3) pro Jahr) durch 365 Tage und nehmen das Ergebnis mal 1.000. Ihr täglicher Warmwasserverbrauch ist davon annähernd 30 %. Beispiel: Ein 4-Personen-Haushalt verbraucht jährlich 150 m^3 Wasser. Der Kaltwasserverbrauch ist 411 Liter pro Tag (1.000 l/m^3 x 150 m^3 / 365 Tage). Warmwasserverbrauch sind 123 Liter pro Tag (411 l/d x 30 / 100). Pro Person 31 Liter täglich (123 l/d / 4 Personen). Der Bundesdurchschnitt pro Person liegt täglich zwischen 30 und 50 Litern. Aber auch bis zu 100 Liter sind nicht ungewöhnlich.

Hintergrund: Speicher

Wenn die Erzeugung und der Verbrauch nicht zeitlich übereinstimmen, dann brauchen Sie einen Speicher. Sonst liefert eine thermische Solaranlage nur warmes Wasser, wenn die Sonne scheint. Sie möchten aber auch nach Sonnenuntergang noch duschen können. Deswegen ist in einer Brauchwasser-Solaranlage immer ein Speicher eingebaut, in diesem Beispiel ein gut gedämmter, wassergefüllter Behälter mit 300 bis 400 Liter Inhalt. Wenn Sie das Speicherwasser entnehmen und dabei von beispielsweise 60 auf 40 Grad abkühlen, so haben Sie eine gespeicherte Wärmemenge von 7 bis 9,3 kWh genutzt.

Solarkollektoranlagen zur **Warmwasserbereitung und Raumheizung** werden meist recht klein gewählt. Sie können dann in der Übergangszeit zur Heizung beitragen, im Winter liefern sie allerdings kaum einen Nutzen. Auch die Größe dieser Heizungsunterstützungsanlagen orientiert sich am Warmwasserbedarf – die Anlage wird etwa doppelt so groß wie die Brauchwassersolaranlage. Im Beispiel wäre es ein 500- bis 600-Liter-Speicher mit zehn bis zwölf Quadratmeter Kollektor. Allerdings ist hier ein anderer Speicher erforderlich. Viele heizungsunterstützende Anlagen nutzen einen Kombispeicher. Im äußeren Speicherbereich befindet sich das Heizungswasser und darin hängt ein nicht wärmegedämmter Brauchwasserspeicher, der über seine Wände vom Heizungswasser erwärmt wird. Der Solarkreis ist wie bei der Brauchwassersolaranlage aufgebaut. Der Wärmeerzeuger nutzt hier allerdings den Speicher als Pufferspeicher ohne Wärmetauscher. Die Heizungsanlage wird aus dem mittleren Speicherbereich mit nicht so hohen Temperaturen versorgt. Eine Heizungsunterstützungsanlage funktioniert besonders gut mit einem Niedertemperaturheizsystem, beispielsweise mit einer Flächenheizung (⇢ Seite 132).

Legionellen

Gespeichertes Warmwasser kann durch Legionellen-Bakterien zum Gesundheitsproblem werden. Darum wird das Wasser zur Desinfektion in bestimmten Abständen auf mindestens 60 °C erhitzt (⇢ Seite 139) und die Keime sterben ab. Nachteil: Bei einer Solaranlage wird der Ertrag dadurch geringer. Thermische Desinfektion ist bei Leitungen unter drei Liter Volumen nicht nötig, das wäre eine halbzöllige Leitung von knapp 17 m Länge. Eine sichere Lösung ohne Ertragseinbuße bietet eine Frischwasserstation. Im Speicher befindet sich nur Heizungswasser. Bei Warmwasserbedarf springt eine Pumpe an, holt heißes Wasser oben aus dem Speicher und pumpt es durch das Plattenpaket im Wärmetauscher. Auf der anderen Seite wird Kaltwasser wie im Durchlauferhitzer erwärmt. Diese Wärmetauscher sind sehr effizient und klein.

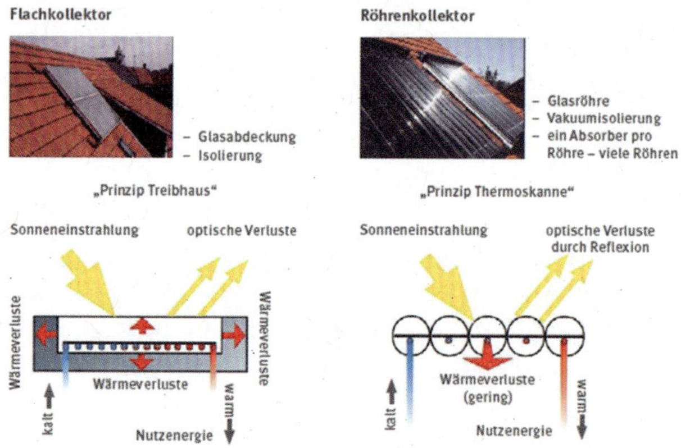

Abb. 14: Bauarten von Solarkollektoren

Bauteile

Das wärmegewinnende Element jeder Solaranlage ist der Sonnenkollektor. Zwei Bauarten kommen hier in Betracht – der Flachkollektor und der Röhrenkollektor.

Flachkollektor: Er arbeitet nach dem „Prinzip Treibhaus“ (Abb. 14 links). Sonnenstrahlung fällt durch die Glasabdeckung auf den Absorber und erwärmt diesen.

Das Abdeckglas ist für die vom Absorber kommende Wärmestrahlung fast undurchlässig. Nach hinten ist der Kollektor gut wärmegedämmt. Der Absorber verliert dadurch wenig Wärme. Zum Abtransport der Wärme wird er von kaltem Wasser durchströmt und heizt dieses auf. An sonnigen Tagen können im Stillstand Absorbertemperaturen von weit über 100 °C entstehen. Der Absorber hat eine spezielle, selektive Beschichtung, sodass möglichst viel Sonnenstrahlung aufgenommen und möglichst wenig Wärmestrahlung abgegeben wird. Flachkollektoren können über 50 % der Sonnenstrahlung in Wärme umsetzen. Sie arbeiten umso effizienter, je kälter das durchströmende Wasser ist und je wärmer die Umgebung. Im Winter können sie nur noch wenig Wärme liefern. Sie können dachintegriert, wie ein Dachflächenfenster, eingebaut werden und einen Teil der Dacheindeckung ersetzen.

Röhrenkollektor: Er ist fleißiger und arbeitet effizienter als der Flachkollektor. Wie beim „Prinzip Thermoskanne“ sorgt ein luftleerer Raum (Vakuum) für möglichst geringe Wärmeverluste (Abb. 14 rechts). Der Absorber befindet sich in einer luftleeren Röhre oder eine doppelwandige luftleere Röhre wird darübergestülpt. Manche Absorber werden direkt vom Wasser durchströmt. Bei anderen gibt es einen inneren Kreislauf mit einer speziellen Flüssigkeit (Heat-Pipe), dann wird die Wärme am Kopf der Röhre abgenommen. Viele Einzelröhren werden zum Kollektor verbunden. Bei CPC-Kollektoren (Compound Parabolic Concentrators) sorgt ein unter den Röhren liegender Spiegel für zusätzlichen Strahlungsgewinn. Röhrenkollektoren können auch im Winter beachtliche Solargewinne erzielen. Für die gleiche Wärmeausbeute reicht gegenüber Flachkollektoren eine geringere Fläche. Röhrenkollektoren können um einige Grad Richtung Sonne gedreht werden, sie sind jedoch teurer als Flachkollektoren und deshalb nicht so weit verbreitet wie Anlagen mit Flachkollektoren. Röhrenkollektoren frieren dank der Vakuumdämmung nicht ein, sodass auf ein Frostschutzmittel im Solarkreislauf und einen Wärmetauscher zum Pufferspeicher verzichtet werden kann – dieses effiziente System nennt sich Aquasystem.

Solarspeicher sollen die gewonnene Wärme möglichst komplett speichern. Sie sind deswegen besonders gut wärmegedämmt. Die nötigen Rohrleitungen sollten möglichst von unten kommen – denn Wärme steigt immer nach oben. Im Solarspeicher für eine Brauchwassersolaranlage sind zwei Wärmetauscher in Form von gewendelten Rohren eingebaut. Der Sonnenkollektor arbeitet am effizientesten, wenn er von möglichst kaltem Wasser durchströmt wird. Der Wärmetauscher für den Solarkreis liegt deswegen möglichst tief im Speicher. Im Speicher sollte eine stabile Temperaturschichtung vorliegen. Wichtig: Wählen Sie möglichst hohe, schlanke Speicher, die Vorkehrungen gegen die Verwirbelung durch einströmendes Wasser eingebaut haben. Es gibt auch spezielle Schichtenspeicher, die durch Einbauten dafür sorgen, dass die gewonnene Sonnenwärme immer in der richtigen Temperaturschicht eingebracht wird. Der Solarkreistauscher befindet sich somit in kaltem Wasser, sodass der Kollektor schon bei geringer Sonneneinstrahlung Wärme in den Speicher abgeben kann.

Die **Regelung** vergleicht die Temperatur am Kollektorausgang mit der mittleren Speichertemperatur. Liegt die Kollektortemperatur um einen voreingestellten Betrag über der Speichertemperatur, läuft die Solarkreispumpe. Nach oben hin wird im Speicher die Wassertemperatur immer höher. Das Brauchwarmwasser wird an der höchsten Stelle im Speicher entnommen. Dort befindet sich auch der Wärmetauscher für die Nachheizung über den Wärmeerzeuger. An der tiefsten Stelle fließt Kaltwasser nach, sodass der Solarkreistauscher im Kalten bleibt.

Luftkollektoren

Sonnenwärme kann auch durch Luft ins Gebäude gelangen. Ein Luftkollektor ist im Prinzip wie ein Flachkollektor aufgebaut. Luft kann jedoch pro Volumeneinheit wesentlich weniger Wärme als Wasser transportieren. Es müssen also große Luftmengen bewegt werden. Die Luftkanäle sind deswegen erheblich größer als die Absorberrohre im Solarflachkollektor. Die Luft wird mit einem Gebläse durch den Kollektor gepustet und als Warmluft ins Gebäude geleitet. So schlagen Sie zwei Fliegen mit einer Klappe: Sie erhalten eine Lüftungs- und eine Heizungsanlage. Besonders interessant ist das für wenig genutzte Ferienhäuser, um Feuchtigkeit und Schimmel zu vermeiden.

Finanzierung

Für thermische Solaranlagen erhalten Sie Zuschüsse der Bundesförderung (BEG ⇢ Seite 112). Auch von einigen Bundesländern oder Kommunen kann es Geld geben. Den aktuellen Stand finden Sie unter **www.verbraucherzentrale.nrw/wissen/energie/foerderprogramme** oder unter **www.foerderdatenbank.de** ⇢ „Förderrecherche", dort im Assistenten die gesuchten Begriffe eingeben. Bei Neubauten werden ausschließlich Effizienzhäuser gefördert (⇢ Seiten 28, 111). Jahresbetriebskosten fallen für den Strom der Pumpen und für die Anlagenwartung an. Je größer die Anlage, desto höher die Kosten. Wartungskosten können pauschal mit 1 % der Investitionskosten angesetzt werden. Sie sind niedriger als bei Photovoltaikanlagen (denn bei thermischen Solaranlagen sind bis auf die Pumpe alle Bauteile langlebig). Sie können bei einer gut gebauten Anlage mit einer Lebensdauer von 20, ja sogar 30 Jahren rechnen. Studienergebnisse belegen dies. Heizungsunterstützungsanlagen arbeiten wesentlich effizienter, wenn nur geringe Vorlauftemperaturen erreicht werden müssen. Somit ist eventuell der Einbau einer Flächenheizung sinnvoll. Wer einen Altbau mit Fußbodenheizung nachrüsten möchte, wählt Systeme mit sehr geringer Aufbauhöhe oder Methoden zum Einfräsen in den Estrich. Eine Wandflächenheizung ist ohne diesen Aufwand zu installieren und sehr empfehlenswert (⇢ Seite 132).

Solarer Deckungsgrad

Was bei stromerzeugenden Anlagen als Autarkiegrad bezeichnet wird, ist bei thermischen Solaranlagen der solare Deckungsgrad: das Verhältnis von solar erzeugter Wärme zum gesamten Wärmebedarf. Wird für Heizung und Warmwasser ein solarer Deckungsgrad von über 50 % erzielt, so handelt es sich um ein Sonnenhaus (⇢ Seite 149). Die ertragsabhängige Förderung gibt es seit 15.8.2022 nicht mehr.

Kollektorflächen anpassen

CARSTEN KÖRNIG ist Hauptgeschäftsführer des Bundesverbandes Solarwirtschaft e. V., der Interessenvertretung der Solar- und Speicherbranche.

„Wichtig ist, dass die Kollektorfläche und der Wärmespeicher den örtlichen und individuellen Anforderungen entsprechend dimensioniert sind. Ein kompetenter Installationsbetrieb – zu finden auf solartechnikberater.de – weiß das zu berücksichtigen und wird qualitativ hochwertige Komponenten so installieren, dass sie über viele Jahre zuverlässig günstige Wärme liefern. Eine Förderung aus der Bundesförderung für effiziente Gebäude muss beantragt werden, bevor der Installationsauftrag erteilt wird."

Checkliste: Thermische Solaranlagen I

- [ ] Damit eine thermische Solaranlage effizient arbeiten kann, sind eine sorgfältige Planung und Ausführung bis ins Detail das A und O.
- [ ] Solarkreis: Wichtig ist eine dauerhafte, lückenlose Dämmung aller Rohre und Armaturen in ausreichender Stärke. Die Dämmung sollte mindestens bis 170 Grad beständig sein. Die Rohrdämmung im Außenbereich muss vor UV-Strahlung und Tierbissen, etwa von Vögeln, Mäusen oder Mardern, geschützt werden.
- [ ] Speicheranschluss: Die Dämmung soll lückenlos bis an den Speicher reichen – blankes Metall darf nicht sichtbar sein. In der Nacht kann sich ein Speicher über den Kollektor entladen. Wichtig ist deshalb eine Rücklaufverhinderung durch Rücklaufsperren und den Einbau von Siphons (die Leitung wird u-förmig nach unten geführt und dadurch verhindert, dass warmes Wasser vom Speicher zum Kollektor strömt). Alle Leitungen sollten unten in den Speicher geführt werden. Keinesfalls dürfen Vorlauf und Rücklauf vertauscht werden.
- [ ] Warmwasseranschluss: Auch die Warmwasserleitung wird vollständig gedämmt und gegen Rücklauf gesichert. Sollte es in Ihrem Haus eine Warmwasserzirkulation (→ Seite 139) geben, so ist zu überlegen, ob diese tatsächlich nötig ist. Warmwasserzirkulation zerstört die Temperaturschichtung im Speicher. Mindestens jedoch sollte die Laufzeit der Zirkulationspumpe mit Zeitschaltuhr auf die absolut notwendigen Zeiten beschränkt werden. Achtung: Auch die Zirkulationsleitung muss lückenlos wärmegedämmt sein.
- [ ] Heizungsanlage: Bei Anlagen mit Heizungsunterstützung ist es wichtig, dass die Heizungsanlage mit möglichst niedrigen Temperaturen arbeitet. Ein hydraulischer Abgleich des Heizungssystems ist unbedingt erforderlich (→ Seite 110).
- [ ] Sicherheit der Anlage: Ein ausreichend großes Ausdehnungsgefäß im Solarkreis ist notwendig, das beim Stillstand den Inhalt der Kollektoren aufnehmen kann. (Stillstand: Die Sonne scheint, es wird keine Wärme abgenommen, der Kollektor beginnt zu kochen und verdrängt das Wasser-Frostschutzmittel-Gemisch.) Trotzdem kann sich das Sicherheitsventil öffnen. Wichtig ist deswegen eine Leitung am Sicherheitsventil, die in ein Auffanggefäß führt, das nicht mal eben weggenommen und zweckentfremdet werden kann. Die Temperaturen im Speicher können recht hoch sein: Ein Verbrühschutz mit thermostatischem Mischer am Speicher ist ein Muss. Alle Fühlerkabel sollten gegen Herausziehen gesichert und die Rohre im Außenbereich mit Ummantelung geschützt werden. Hat das Haus eine Blitzschutzanlage? Dann die Solaranlage mit all ihren Leitungen einbinden!
- [ ] Kundeneinweisung: Lassen Sie sich von Ihrem Anbieter die Anlage und deren Bedienung bis ins Detail erklären und verlangen Sie eine ausführliche schriftliche Dokumentation aller Anlagenteile.
- [ ] Funktionskontrolle: Am einfachsten können Sie feststellen, ob die Anlage ordnungsgemäß arbeitet, indem Sie im Sommer den Wärmeerzeuger ausschalten. Wenn Sie dann nicht ausreichend Warmwasser erhalten, verlangen Sie eine Nachbesserung.

Checkliste: Thermische Solaranlagen II

- [ ] Es empfiehlt sich, Ihre Planung durch einen Energieberater vor Ort oder in den Beratungsstellen der Verbraucherzentralen überprufen zu lassen: **www.verbraucherzentrale-energieberatung.de.**
- [ ] Brauchwasserverbrauch und Heizenergieverbrauch feststellen.
- [ ] Möglichst mit Heizungserneuerung kombinieren.
- [ ] Förderbedingungen beachten und Förderanträge stellen. Die Antragstellung muss vor Auftragserteilung erfolgen.
- [ ] Prüfen, ob die Dachsteine noch eine ausreichende Lebensdauer erwarten lassen oder besser vorher ausgetauscht werden sollten.

- ☐ Im Einzelfall kann es sinnvoll sein, einen noch gut funktionierenden Heizkessel (z. B. Gasbrennwertkessel) mit einer thermischen Solaranlage zu ergänzen. Fragen Sie Ihren Energieberater.
- ☐ Möglicherweise ist eine Dachintegration sinnvoll.
- ☐ Dachflächen von beheizten Dachräumen sollten vorher gedämmt werden.
- ☐ Statik des Dachs überprüfen lassen
- ☐ Prüfen, ob eine Leitung vom Dach zum Warmwasserspeicher geführt werden kann
- ☐ Kollektoren können auch vor einer Südfassade angebracht werden.
- ☐ Auf gute und temperaturbeständige Wärmedämmung der Leitungen achten
- ☐ Auf Verbrühschutz achten (Kaltwasser-Mischventil)
- ☐ Möglichst Siphons in alle warmen Leitungen einbauen zur Verhinderung von Rezirkulation
- ☐ Auf sorgfältige Planung und Ausführung der Anlage achten (→ Checkliste Thermische Solaranlagen I, → Seite 145)
- ☐ Unter **www.gg-solar.de** finden Sie Informationen, Checklisten und Kontaktmöglichkeiten in Bezug auf das Gütezeichen RAL Solar.

Thermische Solaranlage: Vorteile und Nachteile

⊕ Vorteile

- Weit verbreitete Technik
- Guter Primärenergiefaktor
- Mehr Wärmeautarkie dank thermischer Solaranlage
- Bei einem gut wärmegedämmten Haus ist der Anteil an Warmwassererwärmung hoch. Da hilft die thermische Solaranlage zur entscheidenden Verringerung der Klimabelastung.
- Niedrige Energiekosten, besonders hohe Einsparung bei hohen Energiekosten
- Mittlere Wartungskosten
- Bei guter Planung und Ausführung hohe Effizienz
- Passt ins regenerative Versorgungssystem, wenn im Gasnetz zunehmend Bio-, Wind- und Sonnengas transportiert wird oder bei der Kombination mit Biomasseheizung oder Wärmepumpe.
- Möglichkeit zur Langzeitspeicherung von Sommerwärme in den Winter.

⊖ Nachteile

- Zweiter Wärmeerzeuger nötig
- Anlage muss sorgfältig gebaut werden.
- Dach muss für thermische Solaranlage geeignet sein
- Je nach Zusatzwärmeerzeuger Umweltbelastung durch Kohlendioxid und andere Stoffe
- Mittlere Klimaentlastung
- Mittlere Investitionskosten
- Falls mit Gaskessel kombiniert → Brennwertkessel, Seite 115
- Großer Platzbedarf für Langzeitspeicher

7.9 Wärme durch Photovoltaikstrom

Im Kapitel „Strom selber machen“ finden Sie Grundlegendes zur Photovoltaik. Im Folgenden geht es um den Einsatz von Solarstrom für die Wärmeerzeugung. Bei der Wärmeerzeugung durch Sonnenenergie gibt es zwei Wege für Sie: eine thermische Solaranlage, die direkt Wasser oder Luft erhitzt (⇢ Seite 140), oder eine Photovoltaikanlage, die den benötigten Strom zur Verfügung stellt.

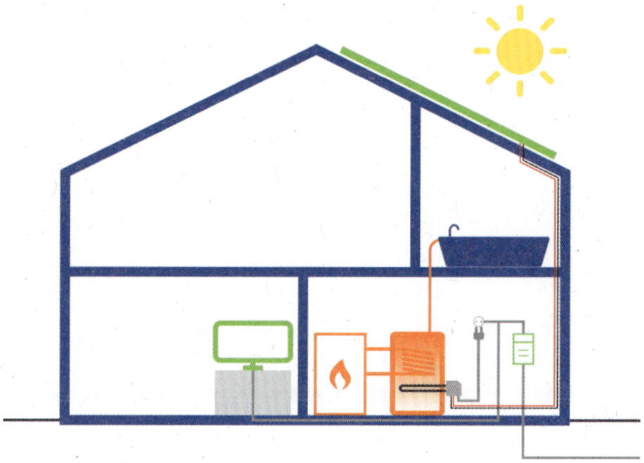

Abb. 15: Prinzip einer Anlage zur direkten Wassererwärmung mit Photovoltaikstrom

So wird die Wärme erzeugt

Die meisten Photovoltaikanlagen sind in Sachen Stromerzeugung und -verbrauch vernetzt (fachlich: netzgekoppelt). Auch für die Versorgung einer Wärmepumpe ist eine netzgekoppelte Anlage nötig (⇢ Seite 157). Soll die Photovoltaikanlage allein zur Wärmeerzeugung beitragen, ist ein einfacherer Aufbau möglich (Abb. 15): Die Solarmodule auf dem Dach liefern Gleichstrom. Dieser wird direkt zum Wassererwärmer geleitet, der mithilfe der eingebauten Elektronik einen elektrischen Heizstab versorgt. Der Solarstrom muss nicht in Wechselstrom umgewandelt werden. Wechselrichter und Zähler können entfallen. Die Elektronik im Wassererwärmer gewinnt möglichst viel Strom aus den Modulen, steuert die Aufheizung nach dem Solarstromangebot und schaltet ggf. auf (gekauften) Haushaltsstrom, für den Fall, dass Warmwasserbedarf besteht, aber kein Sonnenstrom zur Verfügung steht. Das sollte jedoch nur im Notfall geschehen, da Haushaltsstrom nach wie vor teurer als Öl oder Gas ist. Der Heizstab des Wassererwärmers wird in den Warmwasserspeicher geschoben und dicht verschraubt. Der vorhandene Brauchwasserspeicher der Heizungsanlage kann genutzt werden, wenn es dort noch einen unbenutzten Flansch (einen verschraubten Deckel) zur Montage des Heizstabes gibt. Das Gerät übernimmt nur die Erwärmung des Speicherwassers. Die Solarmodule auf dem Dach werden durch Kabel direkt mit dem Wassererwärmer verbunden. Das ist sicher ein geringerer Aufwand als die Installation einer Kollektoranlage mit gut gedämmten Rohren vom Keller zum Dach.

Tipp

Sollten Sie Ihr Warmwasser elektrisch erwärmen, so ist eine thermische Solaranlage oder eine Photovoltaikanlage mit Wassererwärmer ab einem Zweipersonenhaushalt günstiger als Ihre bisherige Warmwasserbereitung. Sie haben zwar Investitionskosten, doch die Betriebskosten sind gering. Unter dem Strich hat sich – gemessen am üblichen hohen Haushaltsstrompreis – Ihre Anlage bereits lange vor Erreichen der Lebensdauer von vermutlich weit über 20 Jahren bezahlt gemacht. Ob sich der zusätzliche Aufwand lohnt, sollte Ihr Energieberater wissen.

Heizungsunterstützung

Die in Abbildung 15 dargestellte Anlage kann nicht nur Warmwasser bereiten, sondern auch die Heizung unterstützen. Eine Solaranlage zur Heizungsunterstützung benötigt immer einen Speicher. Als Speicher genügt ein einfacher, gut gedämmter und damit energiesparender sogenannter Pufferspeicher mit etwa 800 Liter Volumen, in den unten der Wassererwärmer eingebaut wird. Der vorhandene Heizkessel übernimmt die Nachheizung dieses Pufferspeichers und die Heizungsanlage holt bei Bedarf die Wärme aus diesem Speicher. Ein Pufferspeicher verringert das Ein- und Ausschalten des Heizungsbrenners und spart dadurch Energie. Wird die Photovoltaikanlage nur für die Heizung eingesetzt, so verbleiben im Sommer sehr große Überschüsse. Diese sollten für die Brauchwassererwärmung genutzt werden, wie im vorigen Abschnitt erläutert. Wenn der Pufferspeicher daneben passt, kann Ihr Brauchwasserspeicher stehen bleiben. Sollte nicht genügend Platz in Ihrem Heizungskeller sein, so ist auch eine Einspeicheranlage mit Kombispeicher oder Frischwasserstation möglich, wie sie im Abschnitt über Solarkollektoranlagen beschrieben ist (→ Seite 142).

Überschüssiger Photovoltaikstrom für Wärme und Warmwasser

Es gibt Wassererwärmer, die mit einer netzgekoppelten Photovoltaikanlage betrieben werden. Sie ermöglichen es, überschüssigen Photovoltaik-Strom, der nicht im eigenen Netz genutzt wird, für Warmwasserbereitung und/oder Heizungsunterstützung einzusetzen. Diesen könnten Sie jedoch auch für 8,2 Cent pro Kilowattstunde Einspeisevergütung (Stand 07/22, bis 10 kWp, festgeschrieben bis 2024) ins öffentliche Netz abgeben. Die Speicherung des Überschussstroms als Wärme ist demnach nur dann sinnvoll, wenn der Wärmepreis über 8,2 Cent pro Kilowattstunde liegt. Dies gilt in jedem Fall bei elektrischer Wärmeerzeugung und mittlerweile auch bei Öl, Gas, Flüssiggas oder Fernwärme, weil es zusätzlich zum hohen Preis des Energieträgers Verluste gibt.

Beispiel

Familie Korte besitzt bereits eine Photovoltaikanlage. Kortes heizen mit Flüssiggas zu 12 Cent pro kWh. Die etwas ältere Heizungsanlage hat einen Wirkungsgrad von 85 %. Dann kostet die Wärme 12*100/85 Cent pro kWh – gut 14 Cent pro kWh. Demnach wäre für Kortes die elektrische Wärmeerzeugung mit überschüssigem Photovoltaikstrom ihrer vorhandenen Anlage wirtschaftlich.

Checkliste: Wärmeerzeugung mit Photovoltaikstrom

- ☐ Bestimmen Sie Ihren Warmwasserverbrauch (→ Seite 141).
- ☐ Ab einem Vier-Personen-Haushalt ist eine thermische Solaranlage (→ Seite 140) vorzuziehen.
- ☐ Sind bei Ihnen die Module unterschiedlich ausgerichtet? Dann setzen Sie mehrere Strings und Wassererwärmer ein.
- ☐ Auslegung der Anlage passend zum Wärmebedarf.
- ☐ Liegen Zertifikate für Wassererwärmer vor?
- ☐ Kann der Wassererwärmer in den vorhandenen Speicher eingebaut werden?
- ☐ Beachten Sie die Checkliste zur Photovoltaik (→ Seite 100)

Bei elektrischer Warmwasserbereitung:

- ☐ Gibt es einen Speicher?
- ☐ Gibt es einen elektronisch geregelten Durchlauferhitzer?
- ☐ Kann der Speicher aufgestellt werden?
- ☐ Kann eine Warmwasserleitung zwischen Speicher und Durchlauferhitzer verlegt werden?

Wärmeerzeugung mit Photovoltaikanlage: Vorteile und Nachteile

Vorteile

- Einfache Anlagentechnik
- Beitrag zur Autarkie Wärme
- Geringe bis mittlere Investitionskosten
- Niedrige Betriebskosten
- Niedrige Wartungskosten
- Bei guter Planung und Ausführung hohe Effizienz
- Beim Passivhaus Wegfall des herkömmlichen Heizungssystems
- Passt ins regenerative Versorgungssystem

Nachteile

- Dach muss für Photovoltaikanlage geeignet sein
- Bei zusätzlicher Elektroheizung Belastung des Stromnetzes im Winter
- Ab vier Personen ist eine thermische Solaranlage sinnvoller.
- Eine große Photovoltaikanlage mit Wärmepumpe trägt mehr zum Klimaschutz bei.
- Die Wärmeerzeugung über eine PV-Anlage ist weniger effizient als die Kombination einer PV-Anlage mit einer Wärmepumpe.

7.10 Holzheizung plus thermische Solaranlage

Im Winter können thermische Solaranlagen (→ Seite 140) den Wärmebedarf nicht vollständig decken, sie können gut mit einer Holzheizung kombiniert werden. Thermische Solaranlagen arbeiten am besten in Kombination mit einer Niedertemperaturheizung, beispielsweise mit einer Fußbodenheizung. Weil eine Holzheizung aber hohe Temperaturen bereitstellen kann, lassen sich damit auch klassische Heizkörper gut aufheizen. Dagegen ist eine Holzheizung im Sommer problematisch, da sie dann nur für die Warmwasserbereitung benötigt würde. Werden dafür Kaminöfen eingesetzt, kann die Wohnung überhitzen. Beide Techniken (Holzheizungen und thermische Solaranlagen) benötigen einen großen Warmwasserspeicher, den sie einfach gemeinsam nutzen können (Technikkopplung; Abb. 16). Das ist ein Vorteil. Die thermische Solaranlage verringert den Einsatz des nicht unbeschränkt vorhandenen Holzes und damit Ihre Brennstoffkosten. Die Kopplung von Solarthermie mit Holzheizung liegt auch dem Konzept des Sonnenhauses (→ auch Seite 144) zugrunde. Das Sonnenhaus-Institut: **www.sonnenhaus-institut.de** hat mehrere Referenzobjekte dokumentiert. Das Sonnenhaus Renningen ist ein Neubau mit großer Sonnenkollektoranlage, Kombispeicher und Holzheizung.

Tipp

Förderung sichern! Thermische Solaranlagen sowie Holzheizungen werden im Rahmen der „Bundesförderung für effiziente Gebäude“ (BEG → Seite 112) berücksichtigt. Landesförderprogramme sind im Allgemeinen bis zu einer Quote von 60 % mit der Bundesförderung kombinierbar. Es gibt Programme, die eine Holzheizung nur fördern, wenn sie mit einer thermischen Solaranlage gekoppelt ist (den aktuellen Stand unter **www.foerderdatenbank.de**, Rubrik „Förderrecherche“, dort unter Förderassistenten die gesuchten Begriffe eingeben; eventuell müssen Sie es mit mehreren Begriffen versuchen). Eine Kombination von Förderprogrammen verschiedener Fördergeldgeber ist für Privatpersonen meist möglich, solange die Gesamtförderung nicht die zu fördernde Summe übersteigt. Die BEG wird ab 60 % gekürzt.

In Abbildung 16 sehen Sie die zentrale Bedeutung des großen Kombispeichers im Zentrum des Hauses. Über einen Wärmetauscher im unteren Teil des Speichers ist der Solarkreis an die – wegen der tiefstehenden Wintersonne – steil stehenden Kollektoren angebunden. Im mittleren oder oberen Bereich kann der Holzofen mit Wassertasche (⟶ Seite 116) die Nacherwärmung übernehmen. Der Holzofen gibt 75 % seiner Wärme an den Speicher ab. Das restliche Viertel heizt direkt den Wohnraum. Die Fußbodenheizung erhält aus dem mittleren Speicherbereich mit der passenden Temperatur ihre Wärme. Das Warmwasser ist im ungedämmt eingehängten Speicher enthalten und wird aus der obersten, heißesten Temperaturschicht entnommen. Die Restverluste des zwar sehr gut gedämmten Großspeichers kommen der Beheizung des Hauses zugute. Über vier Heizperioden wurde im Sonnenhaus Renningen gemessen, welche Energie aus der Solaranlage kommt und wie viel zugeheizt werden musste. Nur im tiefsten Winter wurde der Holzofen benötigt, hauptsächlich in den Monaten Dezember, Januar und Februar. Der gemessene solare Deckungsgrad betrug übers Jahr zwischen 66 und 75 %.

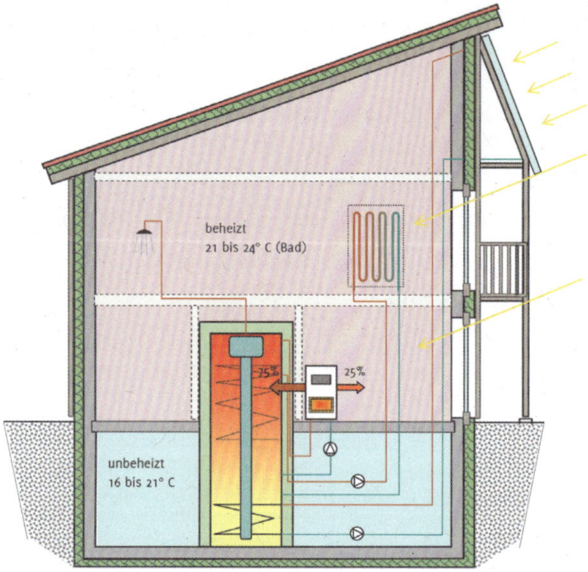

Abb. 16: Schema des Sonnenhauses Renningen

Fortschrittliche Wärmeversorgung

MATTHIAS HÜTTMANN ist Chefredakteur der Zeitschrift „Sonnenenergie“, dem offiziellen Fachorgan der Deutschen Gesellschaft für Sonnenenergie e. V. (DGS).

„Der Anteil von Solarthermie im Wärmemarkt ist nach wie vor viel zu gering, ein Wechsel von fossil zu regenerativ findet nur auf einem niedrigen Level statt. Von einer Solarisierung unserer Wärmeversorgung sind wir demzufolge weit entfernt, genau genommen bewegen wir uns auch nicht in diese Richtung. Denn auch wenn Solarwärme installiert wird, kommt sie meist nicht über den Status einer Alibi-Technologie hinaus. Dabei kann Solarwärme entscheidend zur Dekarbonisierung (CO_2-Reduktion) beitragen. Es ist strategisch von Bedeutung, den Ausstieg aus der fossilen Verbrennungstechnik nicht über die Umwege von Brückentechnologien und Hybridsystemen, sondern über den massiven Einsatz von regenerativen Heizungssystemen zu gehen. Solarthermie muss als wesentlicher Bestandteil von Verbundlösungen sowie als Schlüsseltechnologie verstanden werden.“

Checkliste: Holzheizung plus thermische Solaranlage

- [ ] Pufferspeicher muss Anschlussmöglichkeit für Holzkessel bzw. Wassertasche des Holzofens haben.
- [ ] Beachten Sie die Checklisten „Thermische Solaranlage“ (→ Seite 145) und „Holzheizung“ (→ Seite 119).

Holzheizung mit thermischer Solaranlage: Vorteile und Nachteile

Vorteile

- Eingeführte Technik
- Kein Gasanschluss nötig
- Guter Primärenergiefaktor
- Hohe Förderung, wenn Wärmeerzeuger ersetzt wird
- Niedrige Energiekosten durch günstigen Holzpreis
- Sehr niedrige Energiekosten, wenn Holz selber im Wald aufbereitet wird
- Mittlere Wartungskosten
- Bei guter Planung und Ausführung hohe Effizienz
- Normale Heizkörper einsetzbar wegen hoher Vorlauftemperatur
- Geringe Klimabelastung durch zusätzliche solarthermische Nutzung
- Passt ins regenerative Versorgungssystem
- Autarkie Wärme durch thermische Solaranlage

Nachteile

- Holzlager nötig
- Schornstein nötig
- Brennstoff muss vorfinanziert werden
- Hohe Investitionskosten
- Bei Scheitholz weniger Komfort und viel Handarbeit
- Dach muss für thermische Solaranlage geeignet sein
- Feinstaub und Stickoxide entstehen bei der Verbrennung
- Keine Technik für alle, da nicht genügend nachhaltig gewinnbares Holz vorhanden
- Falls hohe Nachfrage besteht, können die Holz- und Pelletpreise steigen
- Nur Klimaentlastung durch die thermische Solaranlage – Holzverbrennung belastet das Klima durch CO_2-Ausstoß bei der Verbrennung.

7.11 Hybrid-Wärmepumpen

Eine Luft-Wasser-Wärmepumpe ist im kältesten Winter nicht sehr effizient. Sie benötigt Unterstützung durch eine weitere Wärmequelle – diese Kombination wird Hybrid-Wärmepumpe genannt. Sie besteht aus einem Heizkessel (meist ein Gas-Brennwertgerät), der über eine intelligente Regelung mit einer Luft-Wasser-Wärmepumpe gekoppelt ist. Diese Regelung errechnet aufgrund des Gas- und Strompreises sowie der Temperaturbedingungen, ob es günstiger ist, mit dem Brennwertkessel zu heizen oder die Wärmepumpe zu nutzen. Es gibt wandhängende Geräte, die direkt gegen eine Heiztherme ausgetauscht werden können – nur die Außeneinheit mit Ventilator und Verdampfer muss über dünne Kältemittelleitungen angeschlossen werden. Andere Hersteller bieten zwei getrennte Geräte an. Auch vorhandene Öl- oder Gasheizungen können über spezielle Regelungen mit der entsprechenden Luft-Wasser-Wärmepumpe gekoppelt werden. Wegen des Brennwertkessels kann die Wärmepumpe im günstigen Bereich betrieben werden und erreicht dadurch hohe Arbeitszahlen (JAZ → Seite 128). Außerdem ist es nun möglich, ein Heizsystem mit höherer Vorlauftemperatur einzusetzen. Vorhandene Heizkörper können weiter genutzt werden und der Einbau größerer Heizflächen ist nicht nötig. Eine Bundesförderung kann für die Wärmepumpe beantragt werden, wenn sie die Effizienzanforderungen einhält. Die Art des bereits bestehenden Heizsystems ist weniger entscheidend. Der Einbau neuer Gasheizungen oder auch Gas-Hybridheizungen wird nicht mehr gefördert. Ihr Heizsystem wird üblicherweise für den Wärmepumpenbetrieb optimiert.

Hybridsysteme

Bei Hybridsystemen gibt es zwei Komponenten, die zusammenarbeiten, um ein gemeinsames Ziel zu erreichen. Ein gutes Beispiel dafür ist das Hybridauto. Es enthält einen Elektromotor mit Batterie. Das reicht für kurze Strecken. Wollen Sie längere Strecken fahren, kann problemlos ein Benzinmotor eingeschaltet werden. Auch Kopplungen einer Wärmepumpe mit Solarthermie oder Photovoltaik werden bisweilen als Hybridanlagen bezeichnet. Und die Entwicklungen schreiten voran: Eine Hybrid-Wärmepumpe in Kombi-

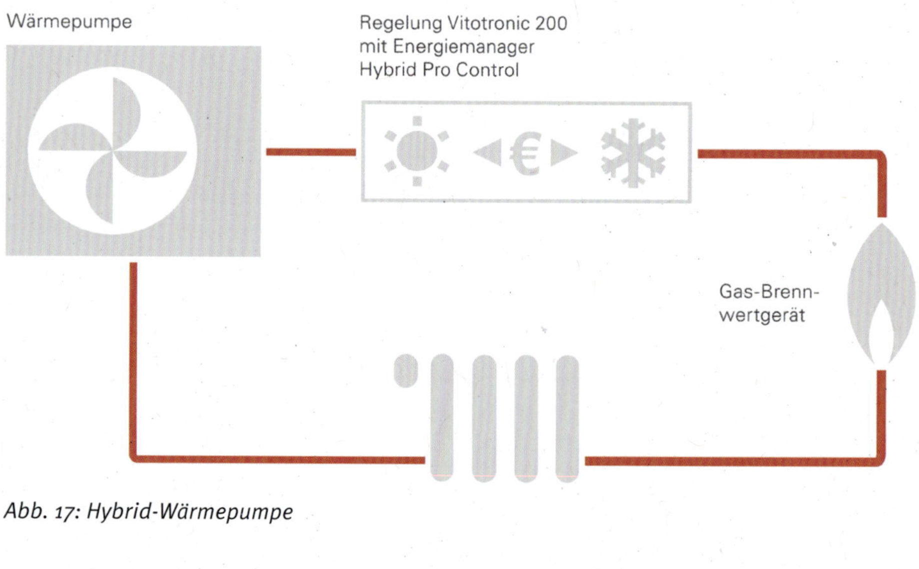

Abb. 17: Hybrid-Wärmepumpe

nation mit einem Pelletkessel wurde von einem österreichischen Anbieter auf den Markt gebracht. Eine solche Anlage kann sinnvoll sein, wenn Sie keinen Gasanschluss möchten. Ein anderer Anbieter hat eine Anlage entwickelt, die zwischen den Wärmequellen Luft, Erde und thermischer Solaranlage umschaltet, je nachdem, welche gerade am günstigsten ist. Hier liegen jedoch noch keine Langzeiterfahrungen vor.

Checkliste: Hybrid-Wärmepumpe

- [ ] Beachten Sie bitte die Checklisten zu „Wärmepumpe" (→ Seite 135) „Brennwertkessel" (→ Seite 115) und eventuell „Holzheizung" (→ Seite 119).

Hybrid-Wärmepumpe: Vorteile und Nachteile

Vorteile

- Einsatz fast immer möglich
- Guter Primärenergiefaktor
- Für die Wärmepumpe ist kein Brennstofflager nötig.
- Die Pellet-Hybridwärmepumpe benötigt lediglich ein kleines Lager und keinen Gasanschluss.
- Für eine hohe Jahresarbeitszahl sind keine großen Flächenheizungen nötig.
- Mittlere Wartungskosten
- Keine hohe Belastung des Stromnetzes im Winter
- Passt ins regenerative Versorgungssystem, wenn im Gasnetz zunehmend Bio-, Wind- und Sonnengas transportiert wird. Die Pellet-Hybridwärmepumpe nutzt erneuerbare Biomasse.
- Die Klimabelastung sinkt, wenn der Anteil an erneuerbarem Strom zunimmt.
- Mittlere Autarkie Wärme

Nachteile

- Schornstein nötig
- Hohe Investitionskosten
- Keine Förderung für Gasanlagen
- Bei Gas-Hybridwärmepumpe Gasanschluss nötig
- Abhängigkeit von Gaslieferanten
- Gastarife können geändert werden – es kann Preissteigerungen geben
- Hybrid-Wärmepumpe nur möglich, wenn Lärmbelästigung der Nachbarn ausgeschlossen ist
- Gute Planung und Ausführung nötig
- Nur wenige Anbieter von Wärmepumpen-Sondertarifen
- Strompreise können steigen
- Mittlerer Energieverbrauch
- Umweltbelastung durch Kohlendioxid und andere Stoffe
- Aussterbende Technik, falls kein Bio-, Wind- oder Sonnengas im Gasnetz
- Vermutlich wird erneuerbar erzeugtes Gas für Industrie und Schwerverkehr benötigt und für Haushalte bleibt nichts übrig.
- Erneuerbares Gas könnte sehr teuer sein.
- Bei Erdgas Abhängigkeit von unzuverlässigen Staaten
- Unsichere Preisentwicklung

7.12 Wärmepumpe plus thermische Solaranlage

Eine Wärmepumpe arbeitet besonders effizient, wenn die Wärmequelle eine hohe Temperatur hat und das Heizungssystem keine hohe Temperatur verlangt. Dies kann durch eine thermische Solaranlage erreicht werden.

Erste Möglichkeit: Die thermische Solaranlage übernimmt vorrangig die Wärmelieferung. Die Wärmepumpe muss dann einerseits weniger Wärme bereitstellen und andererseits arbeitet sie seltener im ungünstigen Bereich mit hoher Temperatur für die Warmwasserbereitung. Folge: Die Jahresarbeitszahl steigt und der Stromverbrauch nimmt ab. Beide Anlagen nutzen unabhängig voneinander denselben Brauchwasserspeicher. Als Speicher für die Heizungswärme dient die träge Fußbodenheizung.

Zweite Möglichkeit: Die Solaranlage erhöht die Wärmequellentemperatur der Wärmepumpe durch überschüssige Sonnenwärme. Besonders gut gelingt das bei einer Erdwärmepumpe durch Speicherung von ungenutzter Sommerwärme im Erdreich. Die Temperatur der Wärmequelle wird dadurch für den Winter um einige Grad angehoben. Auch bei Luft-Wasser-Wärmepumpen gibt es Anbieter von Systemen mit direkter Einspeisung von Wärme aus den Kollektoren in den Verdampfer der Wärmepumpe. In Abbildung 18 sehen Sie, wie eine solare Heizungsunterstützungsanlage mit der Wärmepumpe gekoppelt ist. Die Wärmepumpe nutzt den Pufferspeicher der solarthermischen Anlage und die Solarkollektoren werden zur Erwärmung der Sonde eingesetzt, wenn es solare Überschüsse gibt. So wird eine Überhitzung der Kollektoren verhindert und die Wärmepumpe nutzt eine wärmere Wärmequelle, es fallen allerdings höhere Pumpenstromkosten an, um die Wärme ins Erdreich zu bringen.

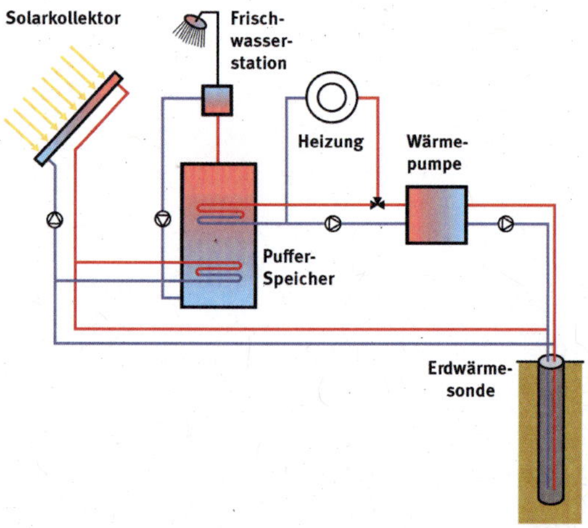

Abb. 18: Schema der Kopplung einer solaren Heizungsunterstützungsanlage, die auch die Erdreichtemperatur regeneriert, mit einer Erdwärmepumpe

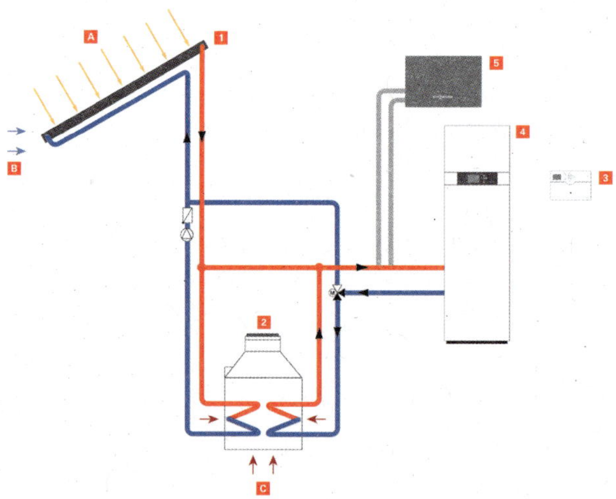

Abb. 19: Schema einer Anlage mit Solar-Luftabsorbern, Langzeit-Eisspeicher und Wärmepumpe. (A) Energie aus solarer Einstrahlung, (B) Energie aus der Umgebungsluft, (C) Energie aus dem Erdreich, (1) Solar-Luftabsorber, (2) Eisspeicher, (3) Wärmequellen, (4) Vitocal Wärmepumpe, (5) NC-Box für „natural cooling"

Dies ist **eine** Möglichkeit der Langzeitspeicherung von Sommerwärme in den Winter. Bei Sonnenhäusern (⟶ Seite 149) wird meist ein sehr großer Wasserspeicher für diesen Zweck genutzt. Andere Anlagen nutzen Eis- oder Erdreichspeicher. Sie benötigen dann keine Erdbohrung mehr, sondern nutzen als Wärmequelle Solarkollektoren auf dem Dach. Oft sind dies Spezialkollektoren als Kombination aus Luft- und Wasserkollektor (Abb. 19) oder auch Hybridkollektoren (⟶ Seite 159). Solche Möglichkeiten werden ausführlich dargestellt im Ratgeber „Strom und Wärme – Wege zum energieautarken Haus", erhältlich unter **www.ratgeber-verbraucherzentrale.de.**

Rekord-Jahresarbeitszahl

Forscher haben die Messergebnisse des „Effizienzhaus Plus Schlagmann/BayWa" in Raitenhaslach bei Burghausen bekanntgegeben. Die Kombination einer großen solarthermischen Anlage mit einer Wärmepumpe hat für diese Wärmepumpe eine Rekord-Jahresarbeitszahl erzielt: Im zweiten Messjahr wurde für das Solar-Wärmepumpen-System eine Arbeitszahl von 10,7 ermittelt. Weitere Informationen: Sonnenhaus-Institut e.V.: **www.sonnenhaus-institut.de**

„Wie passen Wärmepumpe und thermische Solaranlage sinnvoll zusammen?"

BERND MOLITOR ist 1. Vorsitzender des Vereins Renergie Ruhr-Hellweg e. V. Er hat in seinem eigenen Haus erfolgreich eine Wärmepumpe mit einer thermischen Solaranlage kombiniert.

Das Niedrigenergiehaus wurde 1999 gebaut, mit Gas-Brennwertgerät und kompletter groß ausgelegter Fußbodenheizung in allen Etagen inklusive Kellerwohnräume. Ab Mitte 2001 wurde eine thermische Solaranlage mit 16 m^2 Flachkollektor und einem 1000-l-Wasserspeicher zur Heizungsunterstützung installiert. 2014 wurde das Gasbrennwertgerät gegen eine Sole-Wasser-Wärmepumpe getauscht. Als Wärmequelle wurde im Garten auf einer Fläche von 250 m^2 circa 500 m Erdwärmerohr in 1,6 m Tiefe verlegt. Die bestehende thermische Solaranlage wurde nun zusätzlich zur Regeneration des Erdreichkollektors herangezogen.

Gab es Probleme bei der Kombination der thermischen Solaranlage mit der Wärmepumpe?
BERND MOLITOR: Nein, obwohl einige Wärmepumpenhersteller Sorge hatten, dass es beim parallelen Betrieb der thermischen Solaranlage und der Wärmepumpe zu hohen Temperaturen im Erdreichkollektor und damit auch als Vorlauf in die Wärmepumpe kommen könnte. Dies wurde mittels eines Wärmetauschers zwischen Solarkreis und Erdreichkollektorkreis verhindert, sodass nur Temperaturen ‹25 °C in das Erdreich gelangen.

Welche Einsparung an Strom für die Wärmepumpe hat die thermische Solaranlage bewirkt?
Von Mitte Mai bis Anfang Oktober ist die Wärmepumpe aus. Das Warmwasser wird

dann zu 100 % von der Solarthermie erhitzt. Im Frühjahr und Herbst gibt es einen besonders guten Effekt der thermischen Solaranlage. Am 1. November 2022 z. B. ist das Warmwasser auf 50 °C und der 1000-l-Pufferbehälter auf 45 °C durch die Solarthermie aufgeheizt, sodass die Wärmepumpe vielleicht erst in der Nacht anspringt.

Die Einsparung der thermischen Solaranlage kann ich am besten aus den ersten Jahren ermitteln, als wir noch mindestens ein volles Jahr (2000) ohne Thermie waren und der Gasverbrauch sich in den Folgejahren mindestens um 20 % reduziert hatte.

Welchen Rat geben Sie jemandem, der eine Wärmepumpe mit einer thermischen Solaranlage kombinieren möchte?
Wärmetechnisch finde ich die Kombination der Wärmepumpe mit einer thermischen Solaranlage immer noch beeindruckend gut, insbesondere wenn man sie zur Regeneration der Erdwärme oder auch eines Erdspeichers nutzen kann. Dies hat den Vorteil, dass man die überschüssige Wärme der thermischen Solaranlage im Sommer gut einsetzen kann und die hohen Stillstandstemperaturen von bis zu 150 °C vermeidet. Die thermische Solaranlage hält durchaus über 20 Jahre (einige Dichtungen sind porös und müssten getauscht werden). Ich habe allerdings mit der Wärmepumpe 2014 eine neue übergeordnete Steuerung vorgesehen.

Heute empfehlen Klimaschützer bei einer Neuanschaffung eher die Kombination Wärmepumpe mit Photovoltaik und sagen, dass man im Sommer überschüssigen Strom anstatt für wenig Geld ins Netz entweder über die Wärmepumpe oder auch direkt per Heizstab zur Warmwasseraufbereitung nutzt.
Bei mir sträuben sich immer ein wenig die Haare, wenn man den edlen Strom nur 1 zu 1 zur Wärmeerzeugung nutzt. Es ist natürlich eine doppelte Investition und man kann das Dach auch nur einmal nutzen.

Kurz und gut: Habe ich eine thermische Solaranlage, dann unbedingt weiter laufen lassen, bei einer Neuinvestition empfehle ich Photovoltaik mit Wärmepumpe. Eine Photovoltaikanlage springt im Winter bei viel schlechteren Bedingungen bereits an und erzeugt Strom, da ist die thermische Solaranlage noch lange nicht bereit.

Checkliste: Wärmepumpe plus thermische Solaranlage

- [ ] Soll auf Erdsonde oder Erdkollektor verzichtet werden (⟶ Ratgeber „Strom und Wärme“)?
- [ ] Pufferspeicher muss Anschlussmöglichkeit für Wärmepumpe haben
- [ ] Beachten Sie auch die Checklisten „Thermische Solaranlage“ und „Wärmepumpe“ (⟶ Seite 145 und 157)

Wärmepumpe mit thermischer Solaranlage: Vorteile und Nachteile

Vorteile

- Bewährte Technik
- Guter Primärenergiefaktor
- Kein Brennstofflager nötig
- Kein Schornstein nötig
- Bei manchen Ausführungen ist der Solarkollektor die einzige Wärmequelle – es entfallen dann die Nachteile der Erd- und Luftwärmepumpe
- Langzeitspeicherung der Sommerwärme möglich
- Niedrige Energiekosten
- Niedrige Wartungs- und keine Schornsteinfegerkosten
- Wegen guter Förderung mittlere Investitionskosten
- Zukunftsfähig
- Geringe Klimabelastung
- Klimabelastung sinkt, wenn der Anteil an erneuerbarem Strom zunimmt
- Hohe Autarkie Wärme

Nachteile

- Erd-Wärmepumpe nur möglich, wenn der Untergrund geologisch geeignet ist
- Luft-Wärmepumpe nur möglich, wenn Lärmbelästigung ausgeschlossen werden kann
- Dach muss für thermische Solaranlage geeignet sein
- Gute Planung und Ausführung nötig
- Für hohe Jahresarbeitszahl ist Einbau einer Flächenheizung nötig
- Nur wenige Anbieter von Wärmepumpen-Sondertarifen
- Strompreise können steigen
- Belastung des Stromnetzes im Winter

7.13 Wärmepumpe plus Photovoltaik

Es liegt nahe, den Strom für die Wärmepumpe mit einer eigenen Photovoltaikanlage zu gewinnen. Fast alle Wärmepumpen sind für den Anschluss an eine Photovoltaikanlage vorgesehen und tragen das „SG-Ready“-Label (SG = „Smart Grid“: intelligentes Stromnetz). Eine Liste von Geräten finden Sie auf der Seite des BWP: **www.waermepumpe.de**, Suchwort „sg-ready“. Eine solche Wärmepumpe kann durch einen digitalen Steuerbefehl des Wechselrichters oder Energiemanagementsystems anlaufen, wenn ausreichend Photovoltaikstrom zur Verfügung steht. Sie kann auf ein solches Signal hin auch den angeschlossenen Speicher auf eine etwas höhere Temperatur bringen, um Überschüsse zu speichern. Besonders gut funktioniert die Zusammenarbeit mit der Photovoltaikanlage, wenn die Wärmepumpe ihre Leistung anpassen kann.

In Abbildung 20 ist dargestellt, wie der zeitliche Verlauf des Photovoltaikstroms zu zwei verschiedenen Wärmepumpentypen passt. Eines der Wärmepumpenmodelle hat eine feste Leistung und muss deswegen abschalten, wenn kein Wärmebedarf besteht. Diese „An-Aus“-Betriebsweise passt schlecht zur Produktion der Photovoltaikanlage und es kann wenig Photovoltaikstrom für die Wärmepumpe genutzt werden. Anders

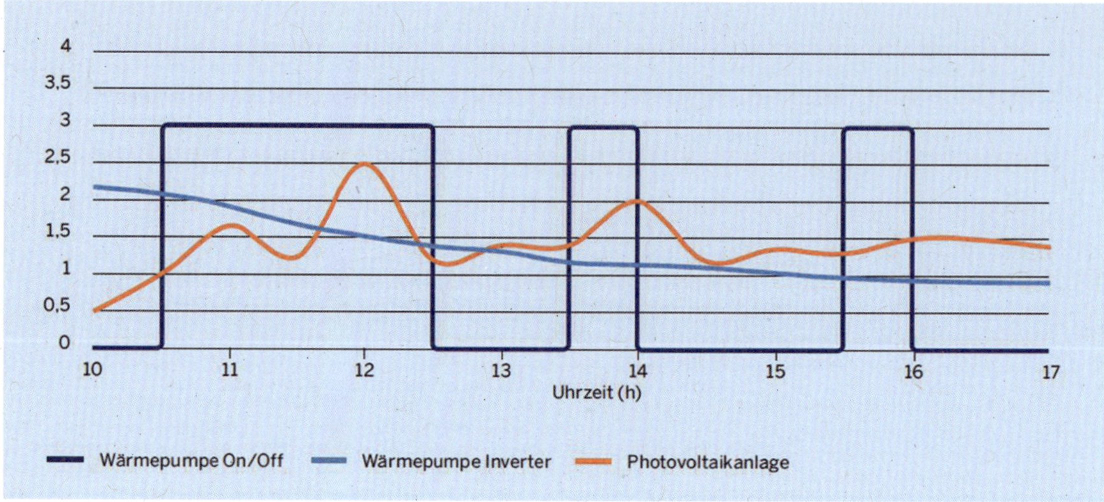

Abb. 20: Leistungsverlauf von Wärmepumpen mit und ohne Invertertechnik im Vergleich zur Photovoltaikerzeugung

bei einer Wärmepumpe, die ihre Leistung mithilfe von Invertertechnik (⇢ Seite 129) anpasst. Im Beispiel kann diese ab der Mittagszeit vollständig mit selbst erzeugtem Strom betrieben werden, da sie moduliert und lange im Teillastbereich arbeitet.

Brauchwasserwärmepumpen haben einen größeren Warmwasserspeicher und können diesen aufladen, wenn ausreichend Photovoltaikstrom zur Verfügung steht. Wie im Abschnitt „Wärme durch Photovoltaikstrom" (⇢ Seite 147) beschrieben, wird ein Warmwasserbereiter mit Heizstab ohne Netzanschluss direkt mit einer Photovoltaikanlage verbunden. Genau so kann eine Brauchwasserwärmepumpe betrieben werden. Ein Anschluss ans öffentliche Stromnetz ist nicht in jedem Fall nötig. Allerdings braucht die Photovoltaikanlage einen sogenannten Wechselrichter, denn die Wärmepumpe braucht Wechselstrom. Zeiten ohne ausreichende Sonneneinstrahlung können entweder durch einen Elektroheizstab mit Netzanschluss, einen Wärmetauscher im Speicher der vorhandenen Heizungsanlage oder den Betrieb der Wärmepumpe mit Netzstrom überbrückt werden. Wenn ausreichend Solarstrom vorhanden ist, kann die Wärmepumpe den Brauchwasserspeicher auf etwas höhere Temperatur bringen und speichert so warmes Wasser für die Nacht.

Heizungswärmepumpen haben manchmal einen Pufferspeicher oder sie nutzen bei Fußbodenheizung den Heizestrich zur Zwischenspeicherung. Auch hier ist eine geringe Temperaturerhöhung zur Überbrückung von sonnenarmen Zeiten möglich. Der Strombedarf für die Wärmepumpe ist aber so groß, dass eine herkömmliche, netzgekoppelte Photovoltaikanlage nötig ist. Diese Anlage wird so betrieben, dass vorrangig der Haushaltsstrombedarf gedeckt wird; denn Haushaltsstrom ist die teuerste Energieart. Die Wärmepumpe wird dann mit dem überschüssigen Strom betrieben, der ansonsten ins Netz eingespeist würde. Auf den günstigen Wärmepumpentarif müssen Sie dann in vielen Fällen verzichten. Das ist jedoch zu verschmerzen, da Sie bei der Kopplung mit einer großen Photovoltaikanlage etwa 30 % des Stroms für die Wärmepumpe aus der Anlage gewinnen können. Außerdem sparen Sie die Grundgebühr für Wärmepumpenstrom, sodass der Verzicht auf den Sondertarif meistens sinnvoll ist. Bedenken Sie auch, dass die Einspeisevergütung über 20 Jahre gleichbleibt, während der Wärmepumpenstromtarif vermutlich steigen wird. Und: Sie erhöhen erheblich Ihre Unabhängigkeit, Ihre Autarkie. Alle netzgekoppelten Photovoltaikanlagen rentieren sich vor allem durch die Eigenstromnutzung und daneben durch die Einspeisevergütung für den Überschuss.

Mittlerweile sind auch die Kosten für Batteriespeicher so weit gesunken, dass die meisten Neuanlagen damit ausgerüstet werden, was den Eigenverbrauchsanteil und die von der Wärmepumpe genutzte Strommenge erheblich vergrößert. Näheres zu netzgekoppelten Photovoltaikanlagen und Batteriespeichern im „Ratgeber Photovoltaik" der Verbraucherzentrale: **www.ratgeber-verbraucherzentrale.de.**

Strom-Flatrate und -Clouds

Es gibt einige Stromhändler und Speicherhersteller, die ein Kombipaket von Stromlieferung und Batteriespeicher anbieten. Sie erhalten beispielsweise eine „Strom-Flatrate", wenn Sie den Speicher bei einem bestimmten Hersteller gekauft haben und die Be- und Entladung Ihres Speichers dem Anbieter überlassen. Der kann dann mehrere solcher Speicher bündeln und so Regelleistung im Strommarkt zur Verfügung stellen, um beispielsweise Spitzen und Senken der Windstromerzeugung auszugleichen. Es gibt unterschiedliche Geschäftsmodelle. Näheres unter: **www.pv-magazine.de**, Suchwort „Stromflatrate" sowie unter **www.verbraucherzentrale.nrw**, Suchwort „Stromcloud".

Ausgeklügelte Regelungen

Die hier beschriebenen Systeme sind recht komplex, erst recht, wenn Sie außerdem die Kopplung mit einer thermischen Solaranlage betreffen. Sie benötigen eine Regelung, die die Komponenten passend zueinander schaltet, beispielsweise sollte die Wärmepumpe möglichst weitgehend mit Strom aus der Photovoltaikanlage versorgt werden. Die SG-Ready-Schnittstelle ist dafür eine einfache Möglichkeit (⇢ Seite 157), es gibt jedoch ausgeklügelte Regelungen, die der Wärmepumpe vorgeben, mit welcher Leistung sie arbeiten darf. Das geht allerdings nur bei Wärmepumpen mit Invertertechnik (⇢ Seite 129). Auch muss die Regelung merken, ob Wärmebedarf vorliegt, ob die thermische Solaranlage vermutlich in nächster Zeit Wärme liefern kann, ob Solarstrom zu erwarten ist. Es gibt Regelungen, die eine solche Wetterprognose enthalten. Es besteht weiterhin die Möglichkeit, diese Regelungsanlage mit der gesamten Haustechnik zu vernetzen und durch Ihr Smartphone zu steuern (Smarthome ⇢ Seite 164). Fragen Sie Ihren Haustechniker, ob er Erfahrung mit solch komplexen Systemen hat und ob es möglicherweise sogar Referenzobjekte zur Besichtigung gibt. Ideal ist eine Firma, die alle Maßnahmen durchführt.

Wärmepumpe im Winter

Wird eine Wärmepumpe teilweise mit PV-Strom betrieben, so reicht dies ganzjährig für Warmwasser und in der Übergangszeit für die Heizung. Im Winter allerdings, wenn die Wärmepumpe den meisten Strom benötigt, wird sie vorwiegend mit Netzstrom betrieben, der heute noch zum großen Teil aus Kohlekraftwerken mit hoher Klimabelastung stammt. Mit zunehmendem Anteil der erneuerbaren Stromerzeugung ändert sich dies.

Tipp

Besonders effizient ist die Kopplung einer Erd-Wärmepumpe mit einer solarthermischen und einer Photovoltaikanlage. Da kann es auf dem Dach Platzprobleme geben. Es gibt speziell für diesen Zweck konstruierte **Hybridkollektoren (PVT)**. Das sind Solarmodule mit darunter angebrachten Wasserrohren, die einerseits die Module kühlen und so die Stromausbeute erhöhen und andererseits eine gute Wärmequelle für die Wärmepumpe darstellen.
www.ise.fraunhofer.de, Suchwort „Integrate"

Checkliste: Wärmepumpe plus Photovoltaik

- [ ] Beachten Sie bitte die Checklisten zu „Photovoltaik" (⇢ Seite 100) und „Wärmepumpe" (⇢ Seite 135) sowie ggf. „Solarthermie" (⇢ Seite 145).

Wärmepumpe mit Photovoltaik: Vorteile und Nachteile

Vorteile

- Bewährte Technik
- Guter Primärenergiefaktor
- Förderung durch Land und Kommune für Batteriespeicher möglich
- Feste Einspeisevergütung für 20 Jahre
- Kein Gasanschluss oder Brennstofflager nötig
- Kein Schornstein nötig
- Mittlere Wartungs- und keine Schornsteinfegerkosten
- Zukunftsfähig
- Passt ins regenerative Versorgungssystem
- Klimaentlastung durch Nutzung von Umweltwärme und Verdrängung von Kohlestrom
- Hohe Autarkie Wärme
- Geringe, mit Batteriespeicher mittlere Autarkie Strom

Nachteile

- Luft-Wärmepumpe nur möglich, wenn Lärmbelästigung der Nachbarn ausgeschlossen ist
- Erd-Wärmepumpe nur möglich, wenn der Untergrund geologisch geeignet ist
- Dach muss für Photovoltaikanlage geeignet sein
- Gute Planung und Ausführung nötig
- Für hohe Jahresarbeitszahl ist Einbau einer Flächenheizung nötig
- Abhängigkeit von Stromlieferanten
- Wärmepumpen-Sondertarif nicht immer möglich
- Strompreise können steigen
- Belastung des Stromnetzes im Winter

Erd-Wärmepumpe mit thermischer Solaranlage und Photovoltaik: Vorteile und Nachteile

Vorteile

- Bewährte Technik
- Guter Primärenergiefaktor
- Feste Einspeisevergütung für 20 Jahre
- Kein Gasanschluss oder Brennstofflager nötig
- Kein Schornstein nötig
- Mittlere Wartungs- und keine Schornsteinfegerkosten
- Zukunftsfähig
- Passt ins regenerative Versorgungssystem
- Klimaentlastung durch Nutzung von Umweltwärme und Verdrängung von Kohlestrom
- Hohe Autarkie Wärme
- Mittlere, mit Batteriespeicher hohe Autarkie Strom, Plusenergiehaus möglich
- Nur geringe Belastung des Stromnetzes im Winter

Nachteile

- Erd-Wärmepumpe nur möglich, wenn der Untergrund geologisch geeignet ist
- Dach muss für Photovoltaik- und thermische Solaranlage geeignet und ausreichend groß sein
- Hohe Investitionskosten
- Gute Planung und Ausführung nötig
- Komplexes System benötigt gute Regelung und Energiemanagementsystem
- Für hohe Jahresarbeitszahl ist der Einbau einer Flächenheizung nötig
- Abhängigkeit von Stromlieferanten
- Kein Wärmepumpen-Sondertarif
- Strompreise können steigen

7.14 Gute Luft und Lüftungsanlagen

Je besser ein Gebäude wärmegedämmt ist, umso wichtiger wird es, für eine optimale Lüftung zu sorgen. Sie müssen lüften, um Gerüche zu beseitigen, um „frische“, sauerstoffreiche Luft zu erhalten und Feuchtigkeit sicher abzuführen. Dadurch verlieren Sie Heizenergie: warme Raumluft gegen kalte Außenluft. Das nennen Fachleute Lüftungswärmeverluste. Weil wir Energie sparen wollen und Wohnkomfort schätzen, werden Häuser immer „dichter“ – wer möchte schon in einer zugigen Wohnung leben. Deshalb sollte gezielter gelüftet werden. Rund 10 % aller Wohnungen hierzulande haben nachweislich Feuchtigkeitsprobleme. Etwa 5 % trifft Schimmelbefall. Probleme entstehen, wenn warme, feuchte Luft auf kalte Bauteile trifft. Dies verhindern Sie durch ausreichendes Heizen und geringe relative Luftfeuchte. Sie senken die Luftfeuchte, indem Sie kalte Luft von außen holen und diese erwärmen. Denn kalte Luft kann nur sehr wenig Feuchtigkeit enthalten, auch wenn es regnet oder schneit. Anwärmen auf Raumtemperatur trocknet die Luft und sie kann erneut Feuchte aufnehmen. Die nötige Luftmenge ist umso größer, je wärmer es draußen ist. In den meisten Häusern wird per Fenster gelüftet. Effiziente Fensterlüftung ist Stoßlüftung, möglichst mit Durchzug. So werden große Luftmengen in kurzer Zeit ausgetauscht.

Beispiel

Achtung Schimmelgefahr! In der Wohnung von Familie Schulte hat die Luft 20 °C und 50 % relative Feuchte. Schultes heizen das Schlafzimmer kaum, die Raumtemperatur liegt dort bei 16 °C. Gelangt nun die Luft aus Wohnräumen durch die offen stehende Tür ins Schlafzimmer, so erhöht sich dort die Feuchte auf einen noch unkritischen Wert. Gibt es im Schlafzimmer aber Raumecken, die nur 12,6 °C warm sind, so kann dort Schimmel entstehen. Denn Ecken und Kanten sind immer kälter als die Wände, da dort über die größere Oberfläche mehr Wärme abfließt, als über die kleine Oberfläche von innen nachströmt.

Im Winter reichen meist wenige Minuten. Wird zu lange gelüftet, verlieren Sie unnötig viel Wärme und kühlen die Wände aus, sodass die Schimmelgefahr steigt. Effizientes Lüften mit Fenstern ist schwierig. Deswegen empfiehlt sich im klimagerechten Haus der Einbau einer Lüftungsanlage.

Tipp

Lüftungskonzept: Wenn neue Fenster eingebaut werden oder das Dach neu abgedichtet wird, benötigen Sie möglicherweise ein Lüftungskonzept. Darin wird untersucht, ob zur Erhaltung der Bausubstanz weitergehende Maßnahmen notwendig sind, um eine Mindestlüftung sicherzustellen. Hier finden Sie dazu eine Entscheidungshilfe: **www.verbraucherzentrale.nrw/lueftungsplanung**

Abluftanlagen

Wollen Sie sicherstellen, dass die Luftqualität immer gut ist? Dann kommt für Sie eine Abluftanlage in Betracht. Ein Ventilator saugt die belastete Luft samt Gerüchen aus Küche, Bad und WC ab und bläst Sie nach draußen, meist übers Dach. Durch Zuluftelemente in den Wänden oder den Fenstern strömt frische Luft von außen in die Reinlufträume Schlafzimmer, Kinderzimmer und Wohnzimmer. Sind die Türen geöffnet, die Türblätter gekürzt oder wurden Überströmöffnungen eingebaut, kommt es zu einer Luftströmung von der Zuluft- zur Abluftseite. Die kalte Außenluft wird auf dem Weg durch das Zuluftelement kaum erwärmt und strömt kalt in den Raum. Das empfinden Sie aber in der Regel nicht als unangenehm, weil die Zuluft langsam zur Decke strömt und sich dort bald mit dem Warmluftschleier mischt, der vom Heizkörper aufsteigt.

In den Zuluftelementen sind Filter eingebaut, die eine gute Luftqualität insbesondere für Allergiker sichern.

Selbstverständlich müssen Sie diese Filter in regelmäßigen Abständen reinigen und/oder ersetzen. Es gibt Zuluftelemente, die Sie selbst öffnen und schließen können, je nach Nutzung des Raums. Andere Modelle enthalten einen Feuchtefühler. Er öffnet rein mechanisch die Klappen und schließt sie – je nach Luftfeuchte im Raum. Es gibt Abluftventilatoren, die ihre Leistung ändern, je nachdem, wie viele Zuluftelemente geöffnet sind. In jedem Fall sollte der Ventilator effizient sein und wenig Strom benötigen. Einige Anlagen nutzen die warme Abluft als Wärmequelle für eine Wärmepumpe und ermöglichen so Wassererwärmung und/oder Heizungsunterstützung.

Abluftanlagen können auch für einzelne Räume vorgesehen werden, zum Beispiel für ein fensterloses Bad. Ein Abluftventilator wird eingebaut und die Zuluft kommt über die Tür. Meistens wird der Ventilator mit dem Lichtschalter gekoppelt und läuft eine gewisse Zeit nach. Sicherer ist ein feuchtegesteuerter Lüfter, der ab einer eingestellten Feuchteschwelle anläuft, unabhängig von der Nutzung des Bads. Planen Sie einen Neubau? Dann sollten Sie für ein angenehmes Wohnen mindestens eine Abluftanlage einplanen. Denken Sie bei der Planung daran, die Abluft- und Reinlufträume so zu verteilen, dass kurze Leitungen ausreichen.

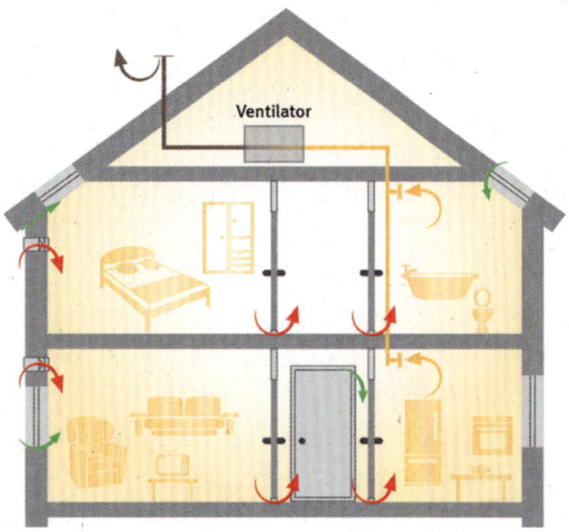

Abb. 21: Zentrale Abluftanlage und dezentrale Zuluft im Einfamilienhaus

Tipp

Beheizte Keller: Haben Sie ein ausgebautes Kellergeschoss? Dann ist die Lüftung im Sommer problematisch; denn die warme Luft von außen kann erhebliche Feuchtemengen in den kühlen Keller bringen und Schäden verursachen. Wohnungen im Untergeschoss dürfen im Sommer deswegen nur in den kühlen Nacht- und Morgenstunden gelüftet werden – über Tag müssen Sie die Fenster schließen. Ist Ihnen das zu umständlich? Es gibt spezielle Kellerlüftungssysteme, die mit Sensoren Temperatur und Feuchte außen und innen messen und den Ventilator nur einschalten, wenn eine Entfeuchtung möglich und nötig ist.

Zu- und Abluftanlagen mit Wärmerückgewinnung

In einem gut gedämmten Haus kann auch eine Lüftungsanlage mit Wärmerückgewinnung sinnvoll sein, die Abluftwärme auf die Zuluft überträgt. Es gibt Anlagen mit einem Zentralgerät oder dezentral in den Räumen angebrachten Lüftungseinheiten.

Bei der **zentralen** Lösung kommt Zuluft in Wohn- und Schlafräume durch Kanäle vom Zentralgerät, wo sie über Wärmetauscher oder eine kleine Wärmepumpe von der Abluft vorgewärmt wird. Die Wärmerückgewinnung aus Abluft beträgt je nach Gerät bis zu 90 %. Anlagen mit Wärmerückgewinnung haben gegenüber reinen Abluftanlagen einen höheren Stromverbrauch, da es zwei Ventilatoren und Kanalsysteme gibt und die Kanäle mit Schalldämpfern versehen sind, was zu Strömungsverlusten führt: Typischer Stromverbrauch einer guten Anlage im Einfamilienhaus zwischen 300 bis 450 kWh jährlich: das 2,5- bis 3-Fache der entsprechenden Abluftanlage. Die Wärmerückgewinnung muss diesen Aufwand rechtfertigen und bei mindestens dem fünffachen Wert liegen, demnach bei 1.500 bis 2.300 kWh jährlich.

Bei der Planung einer solchen Anlage muss stets auch berücksichtigt werden, dass durch Abkühlung der Luft Kondensat auftritt, die Rohrleitungen leicht zu reinigen sind und eine Schallübertragung verhindert wird.

Nachrüstung im Altbau ist meistens möglich. Es gibt flache Zentralgeräte zur Montage über dem Küchen-Oberschrank, und flache Luftkanäle, die in der abgehängten Flurdecke verschwinden. An der Innenwand werden Weitwurfdüsen montiert, damit die Luftkanäle die Zimmerdecke nicht verschandeln.

Planen Sie einen Neubau? Es gibt Zentralgeräte, sogenannte Kompaktgeräte, die neben der Lüftungsanlage eine Wärmepumpe und einen Speicher für Warmwasser enthalten. Solche Geräte können außerdem kühlen. In gut gedämmten Gebäuden, beispielsweise dem Passivhaus, sorgt die Zuluft dann für die Heizwärme, sodass ein konventionelles Heizungssystem überflüssig wird (→ Seite 54).

Luft ist ein Lebensmittel und darf nicht verschmutzt werden. Ein zentrales Lüftungssystem muss durch regelmäßigen Filterwechsel und zeitweilige Reinigung der Zuluftkanäle sauber gehalten werden. Haben Sie dabei kein gutes Gefühl? Dann kommt für Sie eine **dezentrale** Anlage mit Wärmerückgewinnung in Betracht. In der Außenwand oder im Fensterrahmen befinden sich einzelne Geräte, bisweilen mit reinen Zuluftelementen kombiniert. In der Altbausanierung kann die dezentrale Lösung ohne aufwendige Kanalführung ebenfalls sehr charmant sein.

Tipp

Fördermittel: Lüftungsanlagen können evtl. von Bund, Ländern und Kommunen gefördert werden. Fragen Sie bei Ihrer Kommune nach oder schauen Sie für Landes- und Bundesförderprogramme unter: **www.foerderdatenbank.de** und unter **www.verbraucherzentrale.nrw/wissen/energie/foerderprogramme**

Es gibt unterschiedliche Methoden der Wärmerückgewinnung. Einige Geräte enthalten einen Wärmetauscher und zwei kleine Ventilatoren und kurze, getrennte Zu- und Abluftkanäle. Bei anderen Geräten erfolgt die Zu- und Wegführung der Luft über denselben Mauerdurchbruch. Der Ventilator bläst eine Zeitlang die warme Luft aus dem Raum nach draußen durch einen Keramikblock, der die Wärme aufnimmt und speichert. Nach kurzer Zeit wird die Drehrichtung geändert und dieser Ventilator saugt nun die kalte Außenluft durch den warmen Keramikblock, erwärmt sie und bläst sie als Zuluft in den Raum. Dies wiederholt sich in kurzen Zeitabständen. Mindestens zwei Geräte wechseln sich mit den Drehrichtungen ab. Ein zentrales Steuergerät oder die Geräte selbst übernehmen diese Aufgabe. Eine solche Lüftungsanlage kann ohne Weiteres in einem Altbau nachgerüstet werden. Auch eine raumweise Installation nur für Zimmer mit Feuchteproblemen ist möglich.

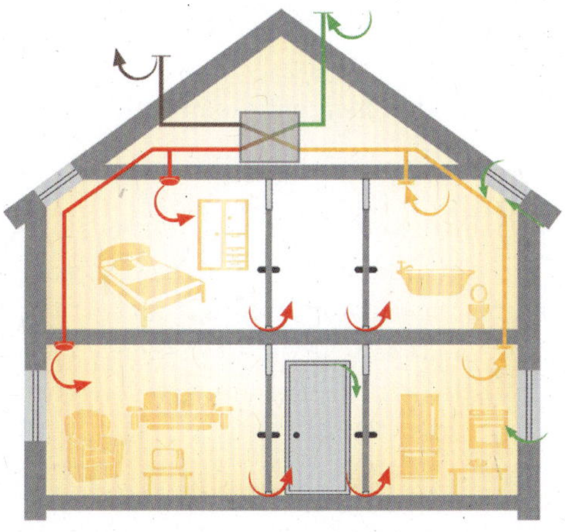

Abb. 22: Zentrale Zu- und Abluftanlage im Einfamilienhaus

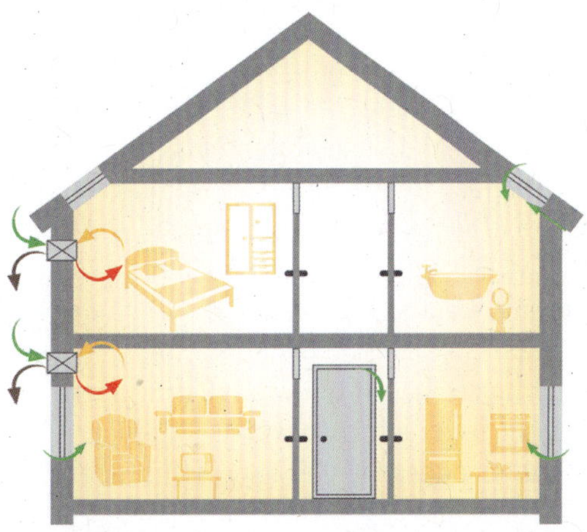

Abb. 23: Dezentrale Zu- und Abluftanlage (Einzelraumgeräte) im Einfamilienhaus

7.15 Smarthome-Systeme

Smarthome-Systeme sind mittlerweile sehr gefragte Haustechnik-Anlagen, die Geräte intelligent (smart) miteinander vernetzen. Diese Technik kann auch helfen, Heizkosten zu sparen – so die Hersteller. Und sie könnte sowohl Geldbeutel als auch das Klima schonen.

So funktioniert ein Smarthome-System

Ein Smarthome-System besteht aus einigen typischen Komponenten, unter anderem aus zahlreichen Sensoren (z. B. für die Messung der Raumtemperatur), Aktoren (Schaltern, Stellmotoren) und einem programmierbaren Steuergerät. Die von den Sensoren kommende Information wird im Steuergerät nach einem vorgegebenen Programm verarbeitet und den Aktoren ein entsprechender Steuerbefehl gegeben. Beispielsweise meldet der Temperatursensor im Wohnzimmer „19 °C". Im Programm ist aber für diese Tageszeit eine Raumtemperatur von 20 °C vorgegeben. Dann gibt das Steuergerät an den Stellmotor (Aktor) den Befehl „Heizkörperventil öffnen", bis der Sensor meldet „20 °C". Sie können jederzeit in das Programm eingreifen und beispielsweise von unterwegs über Ihr Smartphone andere Raumtemperaturen vorgeben. Eine raumweise Programmierung kann einen Beitrag zum Energiesparen leisten. Und Wettervorhersagen können anstelle der aktuellen Außentemperatur eine besonders energiesparende Heizungsregelung ermöglichen. Smarthome-Systeme steuern zahlreiche Endgeräte, etwa Heizungsanlagen, Haushaltsgeräte, die Beleuchtung, elektrische Rollläden, Alarmanlagen oder Batteriespeicher der Photovoltaikanlage. Sie können mit einem Eingabegerät wie Touchdisplays, Raumtemperaturregler oder mit Tablets und Smartphones eingreifen oder über klassisch anmutende Lichtschalter. Und Sie können jederzeit mit Ihrem Smartphone aus der Ferne die Abläufe in Ihrem Haus steuern. Meistens gibt es im Wohnbereich ein Display, das anschaulich Messwerte und Eingriffsmöglichkeiten anzeigt. Auch Sprachsteuerung ist möglich. Ein solches System ist stufenweise erweiterbar. Es gibt Systeme, die eine besondere Verkabelung erfordern, sowie spezielle Funksysteme, um Altbauten nachzurüsten. Die Komponenten sind teilweise so klein, dass sie in einer „intelligenten Lüsterklemme" Platz finden. Bei diesem System werden die Signale über die normalen Stromleitungen übertragen. Im Zählerkasten müssen dann entsprechende Server eingebaut werden, die wie Sicherungsautomaten aussehen.

Lassen Sie sich mehrere Angebote geben und fragen Sie die Handwerker nach Referenzen. Einige Systeme werden auch zur Selbstmontage angeboten. Zurzeit gibt es zahlreiche unterschiedliche Systeme, die nicht miteinander kompatibel sind, aber auch herstellerunabhängige Plattformen, sogenannte offene Systeme. Sie müssen sich konsequent für ein einziges System entscheiden. Fraglich bleibt hierbei stets der Aspekt der Datensicherheit: Hacker könnten sich Zugang zu Ihrer Haustechnik verschaffen. Oder Ihr Smartphone gelangt in kriminelle Hände. All diese Fragen sind noch nicht abschließend geklärt.
Mehr dazu: **www.verbraucherzentrale.nrw,** Suchwort „Smarthome".

Das System wird umso teurer, je umfangreicher es wird. Nach oben gibt es keine Grenze. Diese Systeme können im Rahmen der Bundesförderung für effiziente Gebäude (BEG → Seite 112) gefördert werden. Ein Energieeffizienzexperte ist für die Antragstellung notwendig.

8 Nachhaltige Projekte im Bestand und Neubau

Klimafreundliches Bauen hat viele Gesichter und braucht Visionen. Gerade im Fall von Sanierungen sind Vorstellungskraft, Mut und Erfahrung notwendig und lassen aus mancher unscheinbaren Hütte ein fantastisches Projekt entstehen. In diesem Praxisteil werden herausragende Projekte vorgestellt, die Pionierarbeit geleistet haben und neue Wege im Sinne des Klimaschutzes gehen. Dabei werden auch technische Aspekte wie Brandschutz, Klimafolgenanpassung und Schadstoffe in Interviews mit Expertinnen und Experten beleuchtet und Themen wie Baugemeinschaften, Fachwerksanierung, Strohbau und Lehmbau näher erläutert.

8.1 Sanierung Fachwerkhaus Steinweg

Architektin: Anne Raupach

Abb. 1: Ansicht des sanierten Fachwerkhauses von Süd-Ost

Fachwerkhäuser haben in Deutschland eine jahrhundertealte Tradition. Der besondere Charme des alten Holzes ist jedoch meist unter vielen Schichten nachträglicher Sanierungen verborgen.

Das Beispiel im Steinweg zeigt, wie aus einem unscheinbaren Wohnhaus mit kleinteiligem Grundriss und nachträglich eingebrachten „Bausünden", ein lichtdurchflutetes Wohnhaus mit großzügigen Wohnräumen werden kann, das durch die Wahl der nachhaltigen Baumaterialien und das Freilegen der alten Bausubstanz eine besondere Ausstrahlung erhält.

Steckbrief

- Gebäudetyp: Zweifamilienhaus, frei stehend
- Baujahr: 1912
- Energetische Sanierung: 2020
- Wohnfläche vor Sanierung: 140 m²
- Wohnfläche nach Sanierung: 200 m²
- Gebäudenutzfläche: 259 m²
- Anzahl der Wohneinheiten: 2–3 (flexibel trennbar)
- Bauweise: Fachwerkhaus mit Mauerwerkssockel
- Dämmstandard: Innen- bzw. Außendämmung der Außenwände mit Holzweichfaserdämmung, Dachdämmung mit Zellulose und Holzweichfaser
- Energiestandard: KfW-Effizienzhaus Denkmal
- Gebäudetechnik/Energiekonzept: Luft-Wasser-Wärmepumpe für Warmwasser und Heizung mit Flächenheizung in Wand und Boden, Photovoltaikanlage, Ladestation Elektroauto, außen liegender Sonnenschutz für sommerlichen Wärmeschutz
- Jahres-Heizwärmebedarf (errechneter Wert): 85,6 kWh/m²a, Endenergiebedarf für Heizung: 35,7 kWh/m²a
- Besonderheiten: Erhaltenswerte Bausubstanz mit Sichtfachwerk und Innendämmung, flexible Grundrisse, ökologische und klimafreundliche Baumaterialien

Projektbeschreibung

Das Fachwerkhaus und die dazugehörige Scheune wurden 1912 errichtet und als kleinbäuerliches Wohnhaus mit Gartenbau und Tierhaltung für den eigenen Bedarf genutzt.

Das Haus war bis zum Erwerb 2020 im Besitz der Erbauerfamilie. Es wurde in den 70er-Jahren saniert und an den damaligen Stand der Technik angepasst. Dazu gehörten Badezimmer in den Wohngeschossen, Küchenanschlüsse, Elektroausstattung, Innendämmung mit Styropor-Gipskartonplatten, Einbau von Kunst-

Abb. 2: Vor der Sanierung

Abb. 3, 4, 5: Vor der Sanierung und während des Abbruchs

stofffenstern, Ölzentralheizung, Austausch der Türen, Verlegen von PVC-Bodenbelägen, Austausch der Fensterbänke und Austausch der Dachziegel gegen Betondachsteine.

Alle diese nachträglichen Einbauten mussten bei der Sanierung im Jahr 2020 komplett entfernt und kostenintensiv entsorgt werden. Zum Teil handelte es sich um gesundheitsgefährdende Schadstoffe. Eines der Bäder hatte durch eine undichte Leitung einen Wasserschaden mit Schwammbefall verursacht.

Nach den Abbruchmaßnahmen blieb die Rohbaustruktur aus dem Erbauungsjahr zurück. Alle ursprünglich verbauten Materialien waren natürlichen Ursprungs und in guter Qualität erhalten geblieben – Tannenholz, Ziegelmauerwerk, Lehmschüttungen.

Reduziert auf den Rohbau begannen die Sanierungsarbeiten mit dem Wiederherstellen der Wohnqualität nach heutigem Stand der Technik und unter Einhaltung eines ökologischen, nachhaltigen Grundkonzepts.

Grundrissveränderungen

Im Sockelgeschoss befanden sich vor der Sanierung ausschließlich Nebenräume, wie eine Waschküche, Lagerräume, der Öltankraum und das erste, spartanische Badezimmer, das in den 60er-Jahren eingebaut worden war. Es wurde von beiden Familien im Haus genutzt, bis in den 70er-Jahren größere, komfortablere Badezimmer in den Wohngeschossen hinzukamen.

Der Öltank wurde durch den Ausbau der alten Ölheizung überflüssig und der abgetrennte Raum konnte durch einen breiten Durchbruch an die ehemalige Waschküche angeschlossen werden. Zusammen mit dem Bad und einer kleinen Küche entstand im Sockelgeschoss eine attraktive Einliegerwohnung mit 30 m² Wohnfläche. Durch vergrößerte Fensteröffnungen und einen neuen Durchbruch nach Westen konnte die Wohnung gut belichtet und direkt an den Garten angebunden werden.

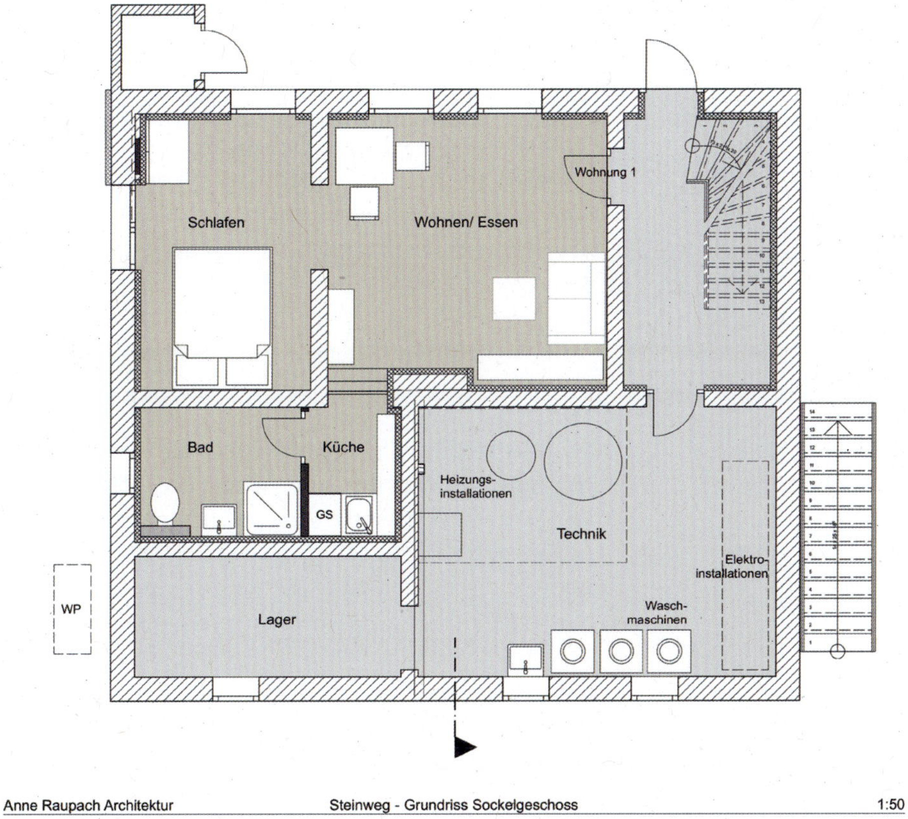

Abb. 6: Grundriss Sockelgeschoss mit Einliegerwohnung und Technikräumen

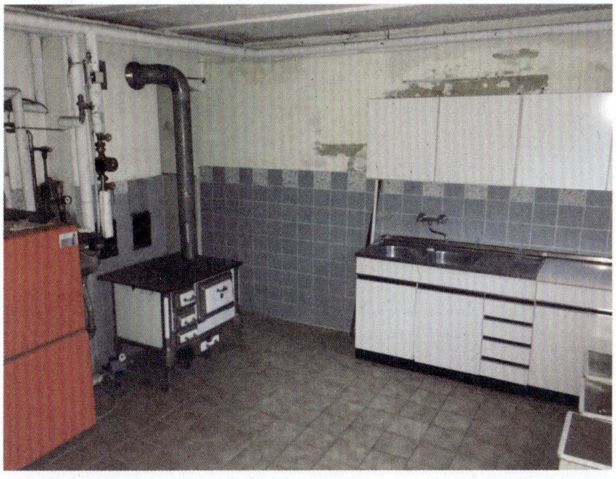

Abb. 7, 8: Räume im Sockelgeschoss, vor der Sanierung Waschküche und Heizungsraum und separater Raum mit Öltank – nach der Sanierung Einliegerwohnung mit fließenden Räumen und viel Licht

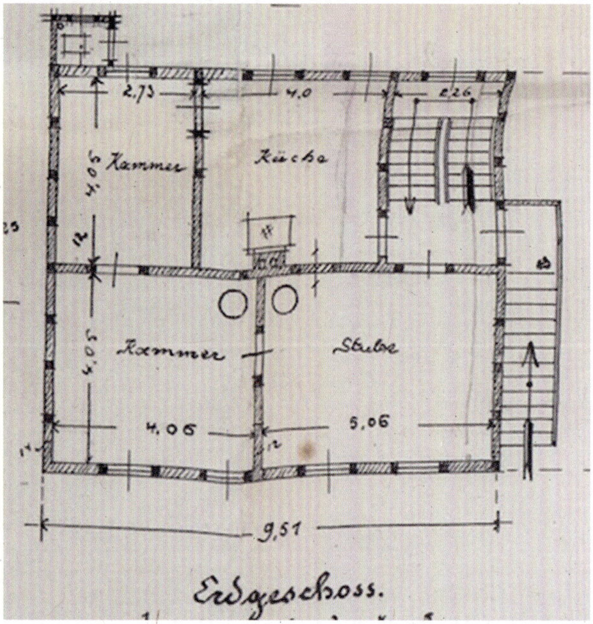

Im ersten Wohngeschoss befand sich eine abgetrennte Wohnung mit kleinen Räumen. Hier wurde die Raumaufteilung komplett verändert. Entstanden ist ein großer Raum mit fließenden Übergängen zwischen Wohnzimmer, Esszimmer und Küche. Durch zusätzliche Fenster in der Ost- und Westfassade werden die Räume nun aus jeder Himmelsrichtung belichtet. Ein kleines Bad sowie ein zusätzlicher, abgetrennter Raum, der als Schlafzimmer genutzt werden kann, ermöglichen in Zukunft die Trennung der Etage als eigenständige Wohnung.

Im zweiten Obergeschoss wurde ebenfalls eine neue Raumaufteilung vorgenommen. Das Bad wanderte, wie in der darunter liegenden Etage, in die Nord-West-Ecke des Hauses. Ein neuer Flur ermöglicht die unabhängige Erschließung der drei Schlafzimmer, des Badezimmers und der kleinen Kammer. Die beiden Kinderzimmer sind durch eine breite Türöffnung mitei-

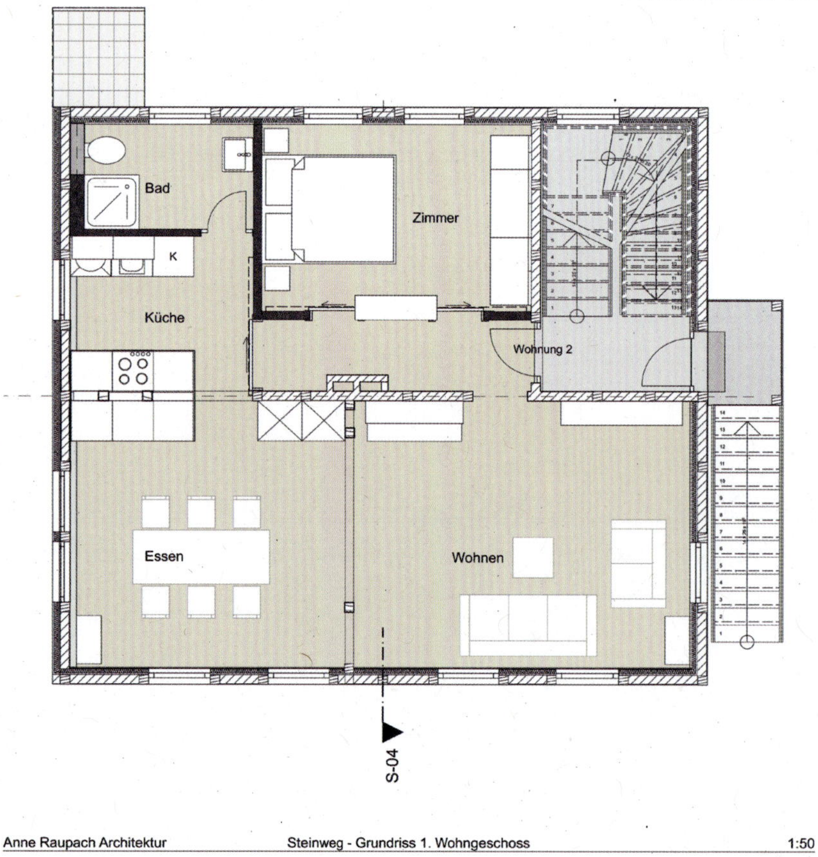

Abb. 9, 10: Grundriss 1. Wohngeschoss vor und nach der Sanierung

Abb. 10: Wohn-/Essbereich und Küche im ersten Wohngeschoss

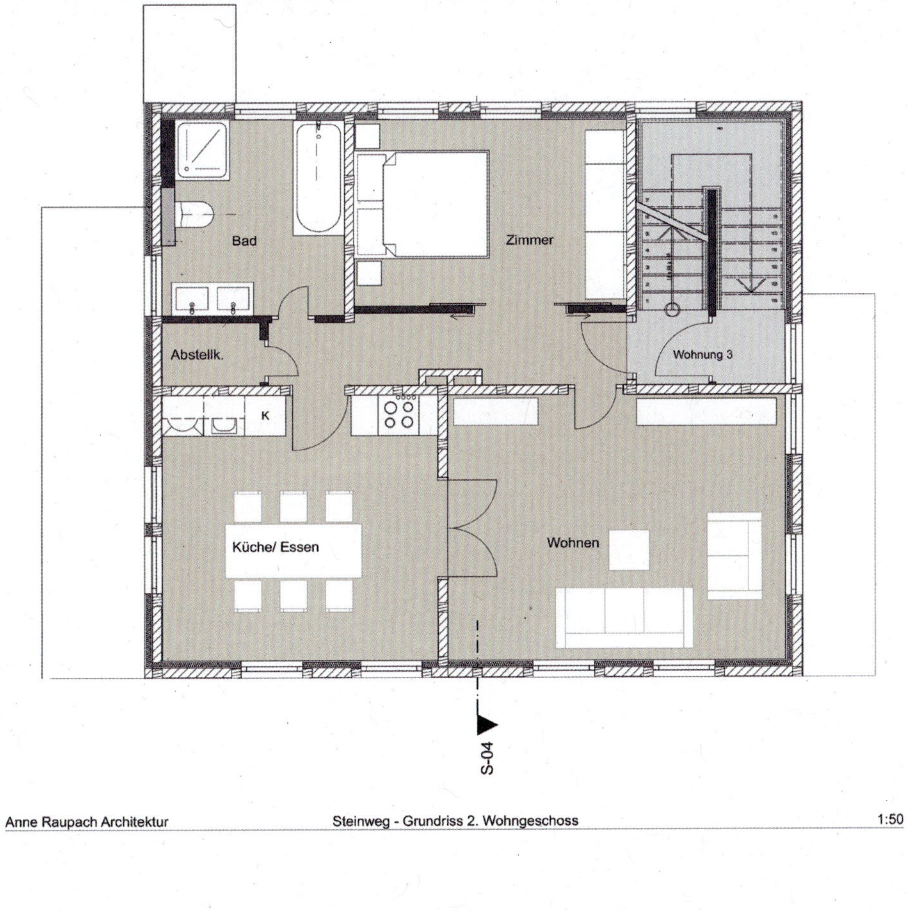

Abb. 12: Grundriss 2. Wohngeschoss nach der Sanierung, Nutzungsvariante als dritte Wohneinheit

Abb. 13: Kinderzimmer im zweiten Wohngeschoss

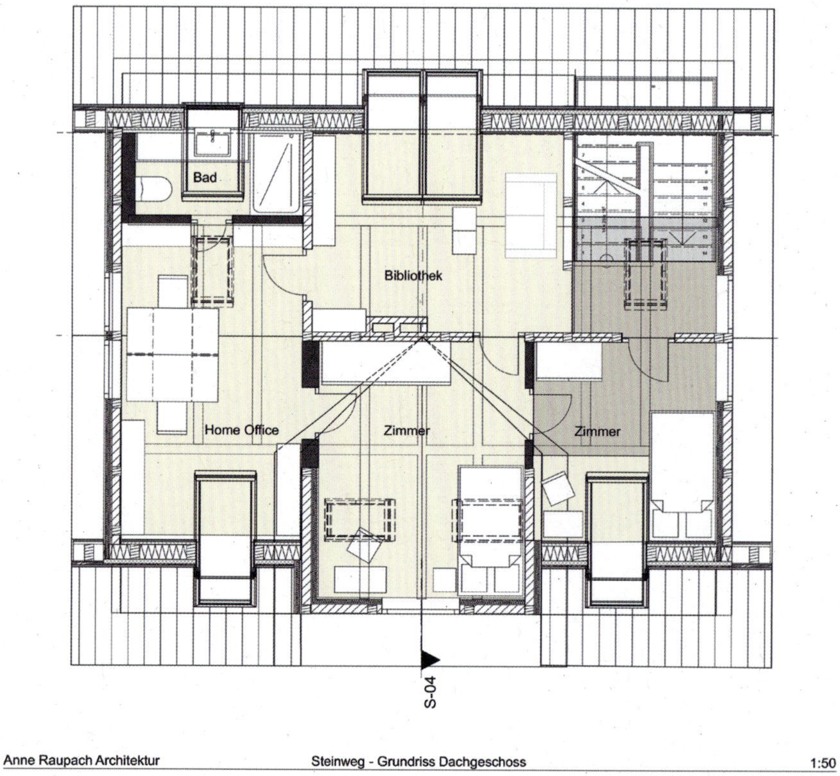

Abb. 14: Grundriss Dachgeschoss nach der Sanierung

Abb. 15, 16: Dachgeschoss

nander verbunden und können später durch eine doppelflügelige Tür voneinander getrennt werden.

Auch diese Etage kann mit dem darüber liegenden Dachgeschoss als eigenständige Wohnung bewohnt werden. Die beiden Kinderzimmer werden in diesem Fall zu Küche und Wohnzimmer, die dafür notwendigen Küchenanschlüsse sind bereits vorbereitet.

Im Dachgeschoss befand sich die Räucherkammer des Hauses. Hier wurde die regionale Spezialität „Ahle Wurscht" geräuchert. Das Fleisch stammte von den eigenen Schweinen, die im späteren Öltankraum im Haus untergebracht waren. Die Räucherkammer war schwarz und verkohlt, belichtet nur durch eine kleine Dachluke. Geblieben sind davon die Fleischerhaken, die jetzt in den freigelegten Deckenbalken der lichtdurchfluteten Bibliothek hängen.

Aus dem kleinteiligen, verschachtelten Grundriss wurde eine fließende Raumabfolge mit großem Raumvolumen, da der Zwischenboden zum Spitzgiebel entfernt wurde. Die gute Belichtung durch großflächige, bodentiefe Dachfenster ermöglicht die Nutzung der Räume als Büro.

Gebäudehülle

Dach

Das Dach wurde neu gedämmt und mit historischen Doppelmuldenfalzziegeln eingedeckt. Als Zwischensparrendämmung kam 16 cm Zellulose zum Einsatz, die neben dem winterlichen Wärmeschutz einen sehr guten sommerlichen Hitzeschutz gewährleistet. Wegen der geringen Sparrenquerschnitte wurde zusätzlich eine Aufsparrendämmung aus 8 cm Holzweichfaser als Unterdeckplatte eingebaut. Von innen wurden OSB-Platten mit verklebten Stößen als luftdichte und dampfbremsende Schicht eingebaut, die mit verspachtelten und gestrichenen Gipsbauplatten verkleidet wurden (U-Wert = 0,17 $W/(m^2 \cdot K)$).

Auf Kunststofffolien als Dampfsperre konnte im gesamten Haus verzichtet werden. Vielmehr wurde auf diffusionsoffene Baustoffe Wert gelegt.

Abb. 17, 18: Innendämmung mit Holzweichfaser – Wandheizung

Innendämmung

Da das Fachwerkhaus als erhaltenswerte Bausubstanz eingestuft worden war und der Charme nicht verloren gehen sollte, sollte das Sichtfachwerk erhalten bleiben. Drei der Außenwände wurden deshalb von innen gedämmt. Hier kamen 6 cm starke Holzweichfaserplatten zum Einsatz, die hohlraumfrei auf einer Ausgleichsschicht aus Lehm in der Wand verdübelt wurden. Auf den Holzweichfaserplatten wurde eine Wandheizung aufgebracht, die wiederum mit Lehm verputzt wurde. Den Abschluss bilden Unter- und Oberputz aus Lehm (Wärmedurchgangskoeffizient U-Wert = 0,5 W/(m²·K)).

Abb. 19: Ansicht Nord-West

Fassade

Die Gefache des Sichtfachwerks wurden von außen mit reinem Kalkputz verputzt und mit weißer Kalkfarbe gestrichen, die Balken wurden mit grau pigmentierter Leinölfarbe gestrichen.

Die Wetterfassade im Westen hatte einen Schlagregenschutz aus Zinkplatten. Diese wurden entfernt und die Fassade von außen mit 8 cm starken Holzweichfasermatten und 6 cm starken Holzweichfaserplatten gedämmt und mit heimischer Lärche verkleidet (U-Wert = 0,29 W/(m²·K)). Auch die Lärchenverschalung wurde aus gestalterischen Gründen mit grau pigmentierter Leinölfarbe gestrichen, um den sonst unregelmäßigen Vergrauungsprozess vorwegzunehmen.

Sockelgeschoss

Die Wände der neu entstandenen Wohnung im Sockelgeschoss wurden nach außen und zu den unbeheizten Nebenräumen mit Kalkdämmputz von innen gedämmt. Der zum Teil tiefergelegte Boden wurde unter dem Heizestrich mit Dämmplatten belegt.

In den unbeheizten Nebenräumen des Sockelgeschosses musste die Decke zu dem darüber liegenden Wohngeschoss ebenfalls gedämmt werden, um die Dämmung der Gebäudehülle lückenlos zu komplettieren.

Fenster

Die in den 70er-Jahren eingebauten Kunststofffenster wurden entfernt und durch dreifach verglaste Holzfenster ersetzt. Da im Süden, Westen und Norden unauffällige Markisen als sommerlicher Wärmeschutz flächenbündig in der Fensterlaibung integriert werden sollten, wurde ein Fenster mit tiefer Außenlaibung entwickelt, das an die Ebene der Innendämmung anschließt und damit gleichzeitig Wärmebrücken minimiert. (U-Wert der Fenster =1,1 W/(m²·K), U-Wert der Verglasung=0,7 W/(m²·K))

Abb. 20,21: Fenster der Südfassade mit Sonnenschutz, geöffnet und geschlossen

Die nach Süden orientierten Dachflächenfenster erhielten einen vom Fensterhersteller angebotenen außen liegenden Sonnenschutz.

Gebäudetechnik

Die alte Ölheizung mit großem Öltank, Heizungsrohren und Heizkörpern wurde entfernt. Als neuer Wärmeerzeuger kommt eine Luft-Wasser-Wärmepumpe zum Einsatz, die das Gebäude beheizt und das Brauchwasser erwärmt. Das Brauchwasser wird über eine Frischwasserstation mit Wärmetauscher erwärmt, sodass nicht die Gefahr von Legionellenbildung besteht. Durch den Einsatz von Flächenheizungen in Boden und Wand kann die Wärmepumpe im effizienten Niedertemperaturbereich laufen. Die großflächige Abstrahlung erzeugt eine gleichmäßige Verteilung der Wärme und damit einen Komfortgewinn selbst bei etwas niedrigeren Raumtemperaturen. Für die Lastspitzen im extrem kalten Winter wurde ein Heizstab eingebaut und auf eine zusätzliche Gastherme verzichtet. Das Haus ist komplett unabhängig von fossilen Energieträgern wie Gas oder Öl.

Zur Erzeugung von Strom wurde eine 5,4 kWp Photovoltaikanlage auf dem Süddach ohne Batteriespeicher installiert. Es wurden All-Black-Module mit schwarzen, monokristallinen Zellen und schwarzem Rahmen gewählt, die auf der dunklen Dacheindeckung sehr unauffällig sind. Für den vollelektrischen Pkw wurde eine 11-kW-Ladestation installiert, die über die PV-Anlage versorgt wird.

Wärmepumpe, Ladestation und gezielte Steuerung der Haushaltsgeräte führen dazu, dass über das ganze Jahr 50 % des selbst erzeugten Stroms im eigenen Haus verbraucht wird. Vom insgesamt verbrauchten

Abb. 22, 23: Fußbodenheizungssystem

Abb. 24, 25: Einbauküche – aufgearbeitete Treppe

Strom wird über das gesamte Jahr 25 % mit der eigenen PV-Anlage erzeugt, der Rest wird als Ökostrom hinzugekauft.

Die komplette Elektroinstallation im Haus musste erneuert werden, die spätere Aufteilung des Hauses in verschiedene Wohnungen wurde dabei durch getrennte Zählerplätze bereits berücksichtigt. Für die Beleuchtung kamen energiesparende LED-Leuchten zum Einsatz.

Auch die Sanitärinstallation wurde erneuert. Um möglichst viel Flexibilität bei der Grundrissaufteilung zu erhalten, wurde in jedem Geschoß ein Badezimmer eingebaut. Diese liegen übereinander, um den Aufwand für Schächte und Rohre gering zu halten.

Innenausstattung

Die neue Fußbodenheizung wurde in einem Trockenbausystem aus Holzweichfaserplatten verlegt, die auf eine trockene Schüttung aus Holzspänen gelegt werden. In die Holzweichfaserplatten wurden die Rohre der Fußbodenheizung eingelegt. Zwischen den Holzweichfaserplatten eingehängte Lagerhölzer dienen als Auflager für den Bodenbelag – in diesem Fall heimische Eichendielen. Das System hat den Vorteil, dass der Trittschallschutz inklusive ist und keine Feuchtigkeit durch Estrich eingebracht werden muss. Zudem wird auf klimaschädlichen Zement verzichtet. Nur in den Bädern wurde wegen der Feuchtebelastung eine sehr dünne Estrichschicht (1,5 bis 2 cm) auf spezielle Kunststoffplatten für die Fußbodenheizung aufgebracht. Darauf wurden die Fliesen verlegt.

Bei den vom Schreiner eingebauten Einbaumöbeln wie der Küche wurde auf haltbare Vollholzplatten Wert gelegt, die im Fall des Rückbaus recycelt werden können und nicht als Sondermüll entsorgt werden müssen. Eichenholzarbeitsplatten korrespondieren mit den Eichendielen am Boden. Die alte Hartholztreppe wurde aufgearbeitet, neu gestrichen und zum Höhenausgleich mit Eichendielen belegt.

An vielen Wänden und Decken sind die Balken der Fachwerkkonstruktion sichtbar geblieben. Das Holz wurde von Nägeln und Schmutz befreit und abgeschliffen, jedoch nicht beschichtet, da dies im Innenraum nicht notwendig ist und zur Verdunklung des Holzes führt. Die Gefache zwischen den Balken wurden mit Lehm verputzt und glatt geschwämmt. Da die Oberfläche samtig weich ist und einen warmen rostbraunen Farbton hat, wurde größtenteils auf die Beschichtung des Lehms verzichtet. Durch die gute Belichtung wirken die Räume sehr hell und freundlich.

Klimafreundliche Besonderheiten

Für die Sanierung kamen fast ausschließlich ökologische und klimafreundliche Baumaterialien wie Holz, Lehm, Zellulose, Kalk und Ziegel zum Einsatz. Der Einsatz von zement- oder erdölhaltigen Produkten wurde auf ein Minimum reduziert. Es wurde Wert auf den Einsatz regionaler Baustoffe gelegt. Lehm, Lärchenverschalung, Dachziegel, Eichendielen, Kalkputz und die Wärmepumpe stammen aus einem Umkreis von nicht mehr als 100 km.

Die Grundrisse sind maximal flexibel, um auf spätere Änderungen der Lebensverhältnisse einzugehen. Das Haus kann von einer Familie mit Büronutzung im Dachgeschoss und Gästewohnung im Sockelgeschoss bewohnt werden oder in drei Wohnungen aufgeteilt werden. So kann die Wohnfläche mit den Bedürfnissen wachsen und schrumpfen. Nicht notwendiger Flächenverbrauch und damit verbundener Energieaufwand wird dadurch vermieden.

Vorteile des Projekts

Sanierungsvorhaben sind grundsätzlich nachhaltiger als Neubauten, da Ressourcen gespart und keine neuen Flächen versiegelt werden. Die vorhandene Infrastruktur kann genutzt werden und muss nicht neu aufgebaut werden.

Durch den Ausbau des Dach- und des Sockelgeschosses konnte in der gleichen Gebäudehülle 60 m² Wohnfläche gewonnen werden. Die freistehende Lage und die zusätzlichen Fenster ermöglichen die Nutzung von viel passiver Sonnenenergie. Der städtebauliche Charme wurde durch den Erhalt und die Sanierung des Sichtfachwerkes erhöht. Der Lehmputz führt zur Luftreinheit, indem er Geruch absorbiert und die Raumluftfeuchte reguliert.

Nachteile des Projekts

Da es sich um erhaltenswerte Bausubstanz handelt, bei der das Fachwerk sichtbar bleiben sollte, mussten die Wände von innen gedämmt werden. Dies führt unter Berücksichtigung des konstruktiven Holzschutzes dazu, dass der Dämmwert der fachwerksichtigen Außenwände im Vergleich zu hochgedämmten Neubauten rein rechnerisch niedriger ist.

Exkurs: Fachwerk

Fachwerkhäuser sind Holzständerkonstruktionen, die oft bereits mehrere Jahrhunderte überdauert haben. Traditionell wurde Eichenholz für das Fachwerk und ein mit Lehm verputztes Flechtwerk für die Ausfachung verwendet, das meist von außen mit Kalkputz geschützt wurde. Später kamen auch Nadelhölzer und für die Ausfachung Ziegelsteine zum Einsatz, die wiederum mit Kalk verputzt wurden. Um die Konstruktion vor Schlagregen zu schützen, wurde häufig auf der Wetterseite eine regionaltypische außen liegende Verkleidung aus Holz, Schiefer, Dachziegeln oder Zink aufgebracht. Zum Schutz vor aufsteigender Feuchtigkeit dient ein Sockel aus Naturstein oder Klinker, auf dem der Schwellbalken aufgelegt wird.

Holz ist ein sehr vielseitiges Baumaterial, das Jahrhunderte überdauern kann, wenn es richtig verbaut und konstruktiv vor Feuchtigkeit geschützt wird. Die frühen Baumeister hatten aus Erfahrung gelernt und bewährte Konstruktionen entwickelt.

Leider wurde diesem Erfahrungsschatz im Zuge der Entwicklung von vermeintlichen Hochleistungsbaustoffen wie Styropor, Bitumen, Zement und Gips oft keine Beachtung mehr geschenkt. Viele Fachwerkhäuser wurden durch den unsachgemäßen Gebrauch dieser Baustoffe in den letzten 50 Jahren regelrecht kaputt saniert. Vergessen wurde dabei, dass Holz im Einbaustadium austrocknen können muss. Anstauende Feuchtigkeit ist unbedingt zu vermeiden. Dies ist nur mit sehr diffusionsoffenen, natürlichen Baustoffen wie Lehm, Kalkputz, Leinölanstrichen und Holzfaserdämmung möglich. Diese Baustoffe ermöglichen den Abtransport von Feuchtigkeit und halten damit das Holz trocken. Im Gegensatz dazu führt der Einsatz von Zementputz, Polystyroldämmung oder Bitumenabdichtungen zu Staunässe und zum Verrotten des Holzes. Pilze wie der Echte Hausschwamm fühlen sich in geschädigtem, feuchtem Holz wohl und können große Schäden anrichten. Aufwendige Sanierungen mit Austausch ganzer Balken werden dann notwendig. Insbesondere zwischen Außenwand und Dämmschichten ist jede Hohlraumbildung zu vermeiden, denn dort können sich große Mengen Kondenswasser ansammeln und Schimmel bzw. holzzerstörende Pilze und Insekten befördern. Auch Vorsatzschalen aus Gipskarton können zu diesem Effekt führen.

Besser ist es, die Fachwerkwände hohlraumfrei mit natürlichen Materialien wie Holzweichfaser in Kombination mit Lehmputz von innen zu dämmen oder von außen eine Holzweichfaser-Plattendämmung mit hinterlüfteter Holzverkleidung aufzubringen. Für unebene Wände empfiehlt es sich, zweischichtig mit Holzweichfaser zu arbeiten: eine Mattendämmung als Ausgleich im Lattenrost und darauf eine Holzweichfaserplatte. Als Außenputz sollte in jedem Fall mineralischer Putz auf Kalkbasis bevorzugt und Zementputz vermieden werden.

Zur Begutachtung des Fachwerks empfiehlt es sich, vor der Sanierung einen Zimmermann zurate zu ziehen. Er kann am besten beurteilen, ob Holzbauteile bereits geschädigt sind. Vor allem die Bereiche der Schwellbalken, der Balkenauflager in der Außenwand, der Dachsparrenauflager, der Fensteranschlüsse oder hinter nachträglich aufgebrachten Wandverkleidungen sind besonders sensibel. Auch Bereiche mit Wasserinstallationen sollten unter die Lupe genommen werden.

Fachwerkhäuser können einen enormen Charme entwickeln, sollten jedoch mit Sachverstand und unter Beachtung der historisch übermittelten Techniken saniert werden.

Um die Flexibilität bei der Aufteilung der Wohnfläche in 2–3 Wohneinheiten zu gewährleisten, mussten zusätzliche Bäder und Küchenanschlüsse sowie Wasser- und Stromzähler vorgesehen werden.

Bei der Sanierung eines Fachwerkhauses fallen viele kleinteilige Arbeiten an (z. B. Schleifen der sichtbaren Balken), die kostenintensiv ausgeführt oder in Eigenleistung erbracht werden müssen.

Lehmbau

„Lehmprodukte sind in der Lage, das Klima von Innenräumen effektiv zu regulieren."

STEPHAN OELSNER Gestalter für Lehmputze, Greifswald

Was ist eigentlich Lehm?

STEPHAN OELSNER: Ganz allgemein ist Lehm ein Sand-Schluff-Ton-Gemisch, wobei der Ton, genauer gesagt die diversen Tonminerale, als Bindemittel fungieren. Sie sind auch für die besonderen Materialeigenschaften verantwortlich. So sind Lehmprodukte in der Lage, das Klima von Innenräumen effektiv zu regulieren. Dabei wird Feuchtigkeit nicht nur in den Poren und Kapillaren, sondern auch im Bindemittel gespeichert und ggf. wieder abgegeben. Bei ausreichender Masse stellt sich so eine relative Luftfeuchte von ungefähr 50 % ein. Dies entspricht dem mittleren Wohlfühlbereich, der zwischen 40 und 60 % Luftfeuchtigkeit liegt. Wer detaillierte Informationen zum Material und dessen Eigenschaften sucht, dem sei zum Beispiel das Handbuch Lehmbau von Gernot Minke empfohlen.

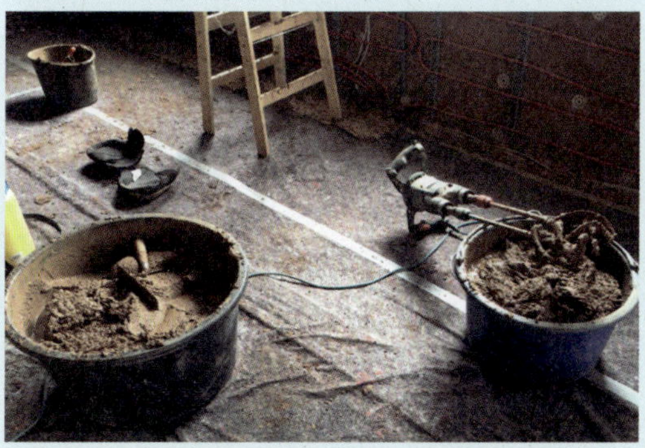

Abb. 26: Lehmputz für die manuelle Verarbeitung

Welche Einsatzmöglichkeiten für Lehm gibt es?

Es gibt verschiedene Lehmsteine für Mauerwerke, Lehmbauplatten zur Wandverkleidung oder als Trockenbausystem, diverse Stampflehme, Lehmschüttungen, Lehmputze und Lehmfarben. Eigentlich ist fast alles möglich, nur der direkte Kontakt mit Wasser sollte vermieden werden, da sich das Produkt in nicht modifizierter Form schlicht auflöst. Der Einsatz im Außenbereich ohne weitere Beschichtungen oder Wetterschutz ist daher stark eingeschränkt.

Gibt es unterschiedliche Lehmputze und wie werden sie verarbeitet?

Man arbeitet im Idealfall in einem Putzsystem, bestehend aus Unterputz und Oberputz. Die Produkte sind vom jeweiligen Hersteller

in ihrer Zusammensetzung an den Einsatzbereich angepasst. Im Allgemeinen ist ein Unterputz fetter als ein Oberputz, das heißt, er enthält mehr Bindemittel, also Tonminerale. Besonders bei Unterputzen in großen Stärken, also größer als 2 cm, ist mehrschichtiges Arbeiten und der Einsatz eines Armierungsgewebes (Flachs, Jute oder Glasfaser) empfehlenswert. Die Produkte können per Hand angeworfen, mit der Glättekelle aufgezogen oder maschinell gespritzt werden. Dabei eignet sich Lehm besonders gut für Einsteiger, da er im Gegensatz zu Kalk und Zement die Haut und Schleimhäute nicht reizt und in Reinform völlig ungefährlich ist.
Die Gestaltungsmöglichkeiten sind vielfältig. Oberputze können je nach Geschmack klassisch gerieben, geschwämmt oder geglättet werden. Es ist ratsam, Probeflächen zu erstellen, um das jeweilige Material kennenzulernen und die Ergebnisse den eigenen Vorstellungen anzupassen. Durch den Einsatz verschiedenster Zuschlagsstoffe wie beispielsweise Perlmutt, Glimmer, farbiges Glas oder diverse Pflanzenfasern kann die Raumgestaltung auch alternativ zu einem Anstrich individualisiert werden. Ist ein gewisses Know-how vorhanden, kann man auch über eine Endbeschichtung mit farbigen Designputzen, Lehmspachteln oder Lehmglätte sehr reizvolle Ergebnisse erzielen. Kompakte Verarbeitungshinweise bieten zum Beispiel die Lehmbauregeln vom Dachverband Lehmbau. Auch empfehlenswert ist das Buch Lehm und Kalkputze von Irmela Fromme und Uta Herz mit vielen praktischen Tipps und Bildmaterial.

Woher kommt Lehm?

Es gibt einige überregionale Firmen mit sehr ausdifferenzierten Produktpaletten, die vom Großhändler problemlos geliefert werden können. Die Herkunft des Materials müsste bei Interesse erfragt werden. Es lohnt sich aber auch, nach lokalen Produzenten zu suchen, die je nach Region aus den eigenen Lehmgruben fördern. Dies kann unter Umständen die Transportwege reduzieren und erhält die Vielfalt auf dem Markt.

Abb. 27: Der Auftrag von Lehmoberputz erfolgt am besten in Teamarbeit.

Brandschutz in der Fachwerksanierung

„... keine Angst vor Bauteilen (Wände, Decken, Dach) aus Holz ...“

REINHARD EBERL-PACAN Brandschutzsachverständiger

Was müssen Bauherren bei der Sanierung eines Fachwerkhauses hinsichtlich des Brandschutzes beachten?

REINHARD EBERL-PACAN: Insbesondere bei historischen Fachwerkhäusern spielt der Bestandsschutz für das Gebäude eine wichtige Rolle. Besonders bei höheren Gebäuden ab der sogenannten Gebäudeklasse 4 (die Oberkante des obersten Fußbodens liegt mehr als 7 m über dem Gelände) sollte der komplette oder teilweise Entfall des Bestandsschutzes wegen Umbauten oder Umnutzungen durch einen Architekten oder einen Fachplaner für Brandschutz untersucht werden. Dies gilt auch für niedrigere Gebäude, in denen z. B. in Dachgeschossen oder durch Aufstockungen neue Aufenthaltsräume geschaffen werden sollen. Wenn damit ein Wechsel in die Gebäudeklasse 4 verbunden ist, kann der zusätzliche Aufwand für den Brandschutz beträchtlich sein.

Wie können Fachwerkwohnhäuser verschiedener Größe brandsicher gemacht werden?

Zunächst geht es darum, keine Angst vor Bauteilen (Wände, Decken, Dach) aus Holz zu haben. Niedrige Gebäude bis Gebäudeklasse 3 (die Oberkante des obersten Fußbodens liegt nicht mehr als 7 m über dem Gelände) sind in der Regel für den Brandschutz ausreichend sicher. Auch bei höheren Gebäuden können die Aufwendungen für einen ausreichenden Brandschutz überschaubar bleiben, wenn frühzeitig erfahrene Architekten, Fachplaner für Brandschutz und ggf. Fachfirmen mit z. B. Gutachten zum Bestandsschutz, aber auch für eine ausgewogene Planung hinzugezogen werden.

Sind die Rahmenbedingungen der Bauordnungen bei der Sanierung von Fachwerkhäusern ohne Abweichungen einzuhalten? Wenn nicht, welche Abweichungen sind zu erwarten und wie sind diese zu erreichen?

Historische Fachwerkhäuser weichen gezwungenermaßen von aktuellen Bauordnungen ab, weil sich die Rahmenbedingungen – insbesondere seit dem 2. Weltkrieg – stark geändert haben. Diese Abweichungen sind grundsätzlich zulässig, soweit sie durch den Bestandsschutz abgedeckt werden. Bei teilweisem oder völligem Entfall des Bestandsschutzes kommen weitere Abweichungen vom Baurecht hinzu, zumindest wenn die bestehende Struktur und Bauart des Gebäudes nicht komplett verändert werden soll. Da die aktuellen Bauvorschriften immer noch für höhere Gebäude größtenteils Bauteile aus nichtbrennbaren Baustoffen fordern, ist bei der Sanierung, bei Nutzungsänderungen oder bei Erweiterungen (Dachgeschossausbau) von Fachwerkhäusern für eine sichere Brandschutzplanung und die Beantragung entsprechender Abweichungen viel Fingerspitzengefühl erforderlich.

Welchen Unterschied gibt es im Brandschutz zwischen einem Zweifamilien- und einem Dreifamilienwohnhaus, und was bedeutet dies in der Fachwerksanierung?
Die Anforderungen für den Brandschutz steigen erst bei höheren Gebäuden deutlich an. Die Zahl der Wohnungen (Nutzungseinheiten) spielt dabei eine untergeordnete Rolle. Eine Erweiterung eines Fachwerkhauses in der Fläche (Anbau) wirkt sich daher weniger stark auf den erforderlichen Brandschutz aus als eine Erweiterung in der Höhe (Aufstockung).

Wie können die Brandschutzanforderungen an Bauteile, z. B. F30/F60/F90 bei Geschossdecken und Wänden im Fachwerkbau eingehalten werden, ohne die Substanz zu stark zu verändern?
Der Brandschutz von Bauteilen aus Holz setzt immer noch weitgehend auf eine Bekleidung dieser Bauteile durch nichtbrennbare Baustoffe (Gips). Dies läuft insbesondere dem Gedanken zuwider, historische und attraktive Baustoffe und Bauteile sichtbar zu lassen. Eine ausgewogene Planung, die sowohl die bestehende Substanz als auch den erforderlichen Brandschutz berücksichtigt, kann daher nur bezogen auf das einzelne Gebäude und das einzelne Bauteil erfolgen.

Gibt es Einschränkungen für klimafreundliche Baustoffe wie Holz, Holzweichfaser, Zellulose, Hanffaser o. ä.? Wenn ja, können diese umgangen werden, damit möglichst viele nachwachsende Baustoffe eingesetzt werden können?
Alle klimafreundlichen und nachwachsenden Baustoffe haben hinsichtlich des Brandschutzes einen gemeinsamen Nachteil: Sie sind brennbar, also normal oder schwer entflammbar, was übrigens auch für erdölbasierte Baustoffe gilt. Dies muss nicht zwangsläufig bedeuten, dass sie für einen sicheren Brandschutz nicht geeignet sind, auch wenn diese Auffassung unter Brandschutzexperten noch weit verbreitet ist.

8.2 Sanierung, Umnutzung und Erweiterung – Baugemeinschaftshaus IDA

Architekten: Entwurfsplanung Reinhard Brügmann, Berlin

Überarbeitung Entwurfsplanung, Genehmigungsplanung, Ausführungsplanung und Bauleitung Scharabi Architekten, Berlin

Die Baugemeinschaft IDA aus Berlin hat sich an die herausfordernde Aufgabe gewagt, ein lange brach liegendes Umspannwerk zu attraktivem Wohnraum umzunutzen. Aus einem alten Industriestandort ist durch die Vision der Baugruppe und Architekten ein

Abb. 1: Straßenansicht – Aufstockung der alten Maschinenhalle

Abb. 2: Gartenansicht – Sanierung und Anbauten in Holzbauweise

Steckbrief

- Gebäudetyp: Sanierung und Umnutzung eines Umspannwerkes zu einem Mehrfamilienhaus
- Baujahr Umspannwerk: 1955
- Sanierung, Umnutzung und Neubau: 2019
- Nutzfläche vor Sanierung inkl. Lagergebäude: ca. 4000 m²
- Wohnfläche nach Sanierung: 980 m² Wohnfläche und 250 m² Ateliers
- Anzahl der Wohneinheiten: 9
- Anzahl der Ateliers: 7
- Bauweise: Sanierung des Bestands sowie Anbau und Aufstockung in Holzbauweise
- Dämmstandard: Dämmung der neuen Holzbauwände mit Zellulose und Holzfaser-WDVS, Dämmung der Bestandswände mit EPS-WDVS
- Energiestandard: EnEV 2014
- Haustechnik: Holzpelletheizung mit Fußbodenheizung, dezentrale Einzelraumlüfter in den Bädern mit Nachströmung über Fensterlüfter
- Jahres-Heizwärmebedarf: 47,2 kWh/m²a
- Besonderheiten: Das Haus ist sozusagen die bauliche Vermittlung zwischen einem denkmalwürdigen Bestandsgebäude und modernem Holzneubau mit sehr individuellen Grundrissen für eine Baugemeinschaft.

gemeinschaftlicher Wohnort entstanden, der viele Vorzüge wie ein großes Gartengrundstück, private Terrassen und Balkone und individuelle Wohnungszuschnitte mit einem nachhaltigen Gebäudekonzept verbindet. Das Beispiel zeigt, wie aus einem zunächst unattraktiven Standort ein klimafreundliches Traumhaus für eine Gruppe mutiger, visionärer Bauleute werden kann.

Projektbeschreibung

Die Baugemeinschaft IDA fand sich bereits im Jahr 2010 zusammen und erwarb 2014 das alte Umspannwerk in der Idastraße im Berliner Norden auf einem etwa 2.500 m² großen Grundstück. Ziel war es, abgetrennte Wohneinheiten für die Mitglieder und zusätzlich günstige Atelierräume als Arbeitsplatz für die überwiegend im künstlerischen Bereich tätigen Bewohner zu schaffen.

Das 1955 errichtete Umspannwerk stand zum Zeitpunkt der Übernahme schon einige Jahre leer. Das Grundstück war zu großen Teilen mit Werkstatt- und Lagerhallen bebaut und musste zunächst vom überflüssigen Altbestand befreit werden. Erhalten blieb die ehemalige Maschinenhalle sowie zwei anschließende Trafotürme.

Der Gebäudekomplex steht im Ensembleschutz neben dem als Einzeldenkmal eingetragenen ehemaligen Hauptgebäude des Umspannwerkes aus dem Jahr 1935, das sich auf dem Nachbargrundstück befindet. Daher mussten alle Um- und Neubaumaßnahmen mit dem Denkmalamt abgestimmt werden.

Die an der Straße gelegene Maschinenhalle wurde nur geringfügig saniert. Trockenbauwände, die von Mitgliedern der Baugemeinschaft selbst eingebaut wurden, teilen die 5,50 m hohe Halle in sieben Atelier-Einheiten. Jede der Einheiten verfügt über ein kleines Bad und ist damit unabhängig, vorrangig als Arbeitsraum, nutzbar.

Um ausreichend Wohnraum für die Baugemeinschaft zu schaffen, wurden eine Aufstockung und rückseitige Anbauten an die Maschinenhalle in Holzbauweise geplant. Die alten Trafotürme wurden ebenfalls in das

Abb. 3: Gartenansicht West – Bestandsgebäude mit Trafotürmen nach dem Abbruch und vor der Sanierung

Abb. 4: Gartenansicht mit Gemeinschaftsgarten kurz nach der Anlage

Gebäudekonzept integriert und beherbergen zum Teil mehrgeschossigen Wohnraum.

Entstanden sind neun sehr individuelle Wohneinheiten zwischen 75 und 135 m², die von Familien, Paaren und Einzelpersonen bewohnt werden.

Der Bereich unter der Maschinenhalle ist komplett unterkellert und steht den Bewohnern gemeinschaftlich zur Verfügung. Hier befindet sich neben Technik- und Abstellräumen eine sehr gut ausgestattete Werkstatt, in der schon nahezu jeder Bewohner gewerkelt hat, und sei es nur, um einen Stuhl abzuschleifen und neu zu streichen.

Der etwa 1000 m^2 große Garten hinter dem Haus wird gemeinschaftlich genutzt. Im südlichen Teil findet sich der „Kinderbereich“ mit Abenteuerspielplatz und Kleintierställen unter altem Baumbestand. Der ehemals mit Lagerhallen bebaute Gartenteil westlich der Gebäude musste nach der Baufertigstellung zunächst von restlichem Bauschutt und Altlasten befreit werden. Mehrere Fuhren Mutterboden ermöglichten die Anlage eines Gemeinschaftsgartens mit Hochbeeten, Blumenrabatten und Rasenflächen. Auch beim Garten brachte sich die Baugemeinschaft mit tatkräftigen Eigenleistungen ein. Entstanden ist ein Begegnungsort, an dem die Gemeinschaft sich zu einem Plausch treffen oder Stockbrot am Lagerfeuer rösten kann.

Grundrissveränderungen

Die vorherige Nutzung als Umspannwerk mit völlig anderen Voraussetzungen und Rahmenbedingungen erforderte eine komplette Neuentwicklung der Grundrisse hin zu Wohnraum. Die neuen Wohnungen mussten in und um die Bestandsgebäude herum geplant werden. Der neue Wohnraum entstand in einer Aufstockung auf der alten Maschinenhalle in einem Ge-

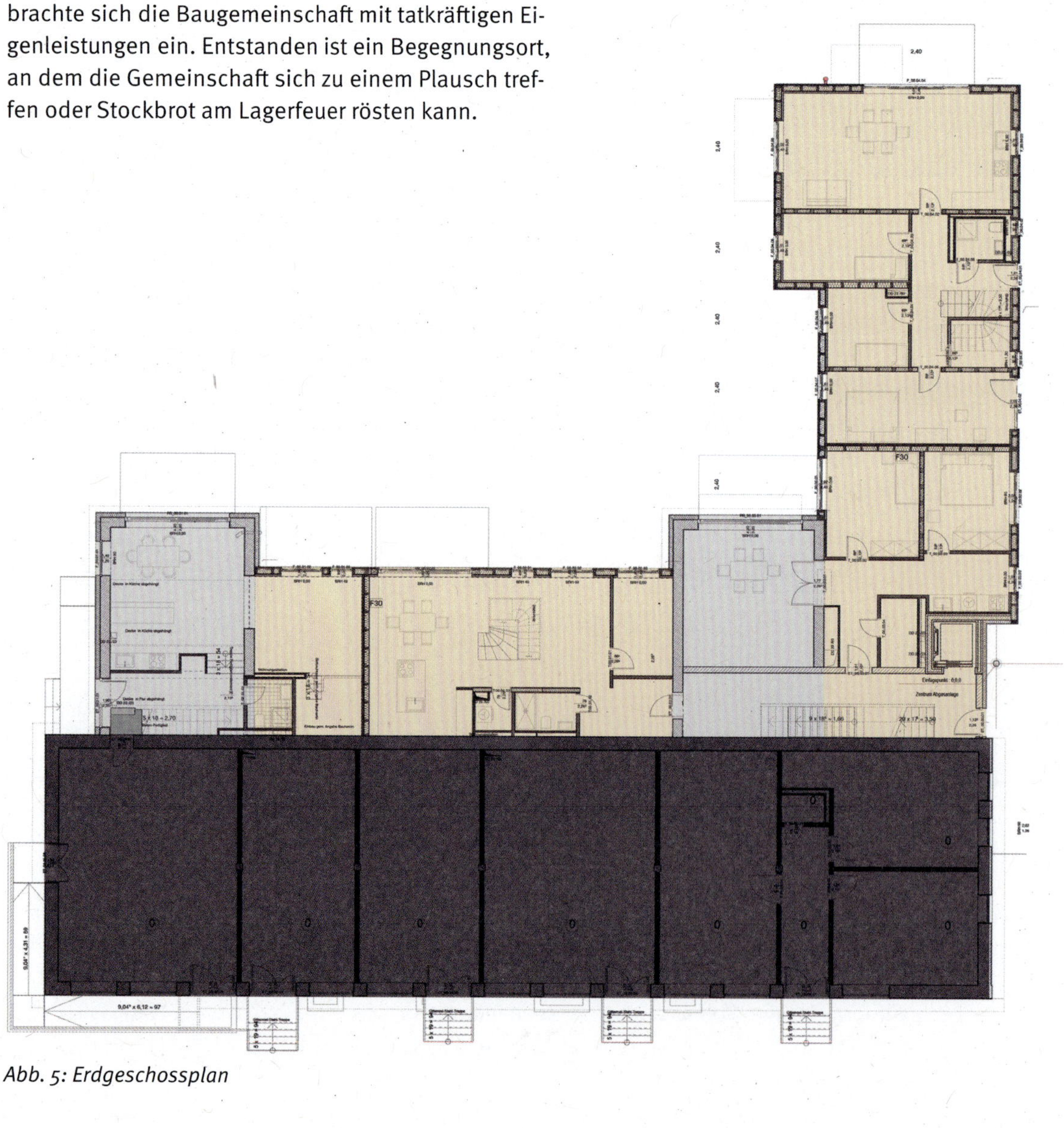

Abb. 5: Erdgeschossplan

bäudeteil, das westlich direkt an die Maschinenhalle angebaut wurde und die beiden ehemaligen Trafotürme verbindet, in einem L-förmigen Anbau, der sich nördlich anschließt, und in den beiden ehemaligen Trafotürmen. Der zwei- bis dreigeschossige Gebäudekomplex setzt sich also aus sehr unterschiedlichen Bauteilen zusammen.

Die Erschließung der meisten Wohneinheiten erfolgt über ein gemeinsames Treppenhaus mit Aufzug im Norden, zwei der Wohnungen sind erdgeschossig direkt über den Garten zu erreichen.

Die Grundrisse der neun Wohnungen wurden sehr individuell auf die Bedürfnisse der Nutzenden abgestimmt. Einige Wohnungen sind eingeschossig und barrierefrei über den Aufzug erschlossen, andere als zwei- oder dreigeschossige Maisonettewohnungen geplant.

Alle Wohnungen verfügen über Balkone oder Terrassen und orientieren sich zum gemeinschaftlichen Garten.

Konstruktion und Gebäudehülle

Die Bauweise unterscheidet sich bei den neuen und alten Gebäudeteilen sehr stark. Während bei den neuen Gebäudeteilen Holz und nachwachsende Rohstoffe zum Einsatz kamen, wurden bei den massiven Bestandsgebäuden alle Umbauten in Stahlbeton ausgeführt.

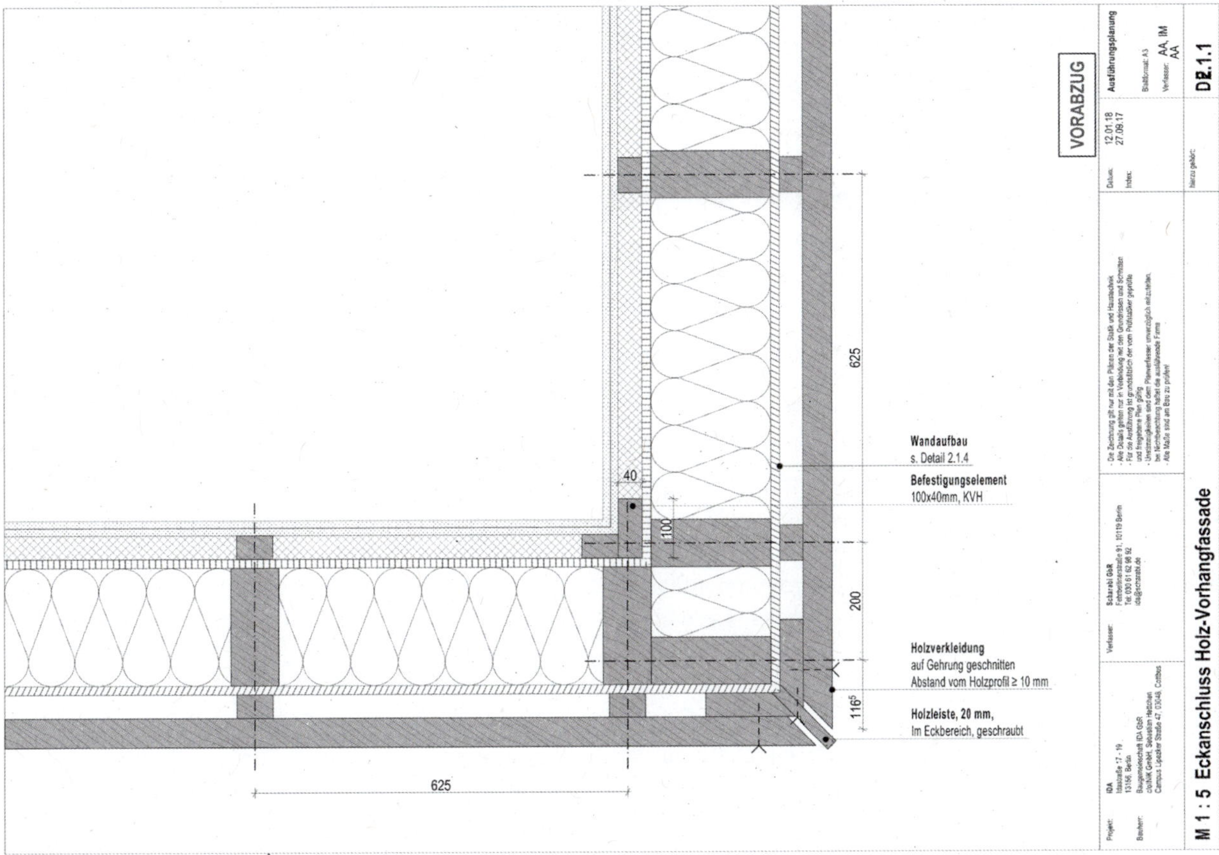

Abb. 6: Detail Holzaußenwand der Aufstockung in Holztafelbauweise

Abb. 7: Aufstockung mit Terrasse

Die tragenden Wände und Decken der neuen Gebäudeteile wurden in Holzbauweise errichtet, wobei die Decken aus massivem Brettsperrholz und die Wände in Holztafelbauweise erstellt wurden. In das 20 cm starke Ständerwerk der Außenwände wurde eine Zellulosedämmung eingeblasen. Außenseitig wurde zusätzlich ein Wärmedämmverbundsystem aus 6 cm starken Holzfaserdämmplatten und Putz aufgebracht (U-Wert = 0,17 W/(m^2·K)). Die Wand der Aufstockung erhielt statt dem Putz eine Bekleidung mit unbehandeltem Lärchenholz.

Die Dächer der neuen Gebäudeteile wurden ebenfalls in Holzbauweise als Sparrendach oder aus massivem Brettsperrholz erstellt. In der Ebene der Aufstockung auf dem Bestand wurden, wo keine Dachterrassen vorhanden sind, die Dachflächen mit einer extensiven Begrünung bepflanzt. Die Aufstockung selbst erhielt eine bituminöse Dachhaut.

Bei den Umbauten innerhalb der massiven Bestandsgebäude sowie bei den Treppenhauswänden kam dagegen Stahlbeton zum Einsatz. Diese Gebäudeteile wurden mit einem Wärmedämmverbundsystem aus 15 cm EPS-Dämmung und Putz verkleidet (U-Wert = 0,21 W/(m^2·K)). Die Holzfenster mit Dreifachverglasung erhielten einen außen liegenden Sonnenschutz in Form einer elektrisch bedienbaren textilen Markise, die senkrecht an Seilen geführt wird.

Die Farbgebung der Putzflächen wurde intensiv mit den Bewohnern und dem Denkmalamt abgestimmt. Die Farben heben die unterschiedlichen Bauteile voneinander ab, sie variieren zwischen Grau für Bestandsgebäudeteile und Beige für die neuen Holzgebäudeteile. Von außen ist also gut ablesbar, welche Bauteile neu sind und welche zum Bestand gehören. Die Originalfassade der Maschinenhalle mit rotbrauner Klinkerriemchenverkleidung blieb unverändert erhalten.

Abb. 8: Gartenansicht – Farbgebung der Gebäudeteile

Gebäudetechnik

Das Gebäude wurde neu an die Versorgungsleitungen für Wasser, Abwasser, Strom und Telekommunikation angeschlossen. Das Baugemeinschaftshaus wird über eine Holzpellet-Heizung beheizt. Die Heizungsanlage mit Pelletlager und Pufferspeichern befindet sich im Keller der alten Maschinenhalle. Die Wärmeverteilung erfolgt vorwiegend über Flächenheizungen im Fußboden. In Einzelfällen kommen Radiatoren zum Einsatz. Raumthermostate ermöglichen die bedarfsgerechte Beheizung der Räume. Die Wärmeverteilung erfolgt über außentemperaturabhängig geregelte Heizkreise.

Die Warmwasserbereitung erfolgt wohnungsweise über Frischwasserstationen. Die Wohnungen erhielten dezentrale Einzelraumlüfter in den Bädern. Die Abluft wird in den Bädern der Wohnungen abgesaugt und die Zuluft über Öffnungen im Bereich der Fensterrahmen zugeführt.

Die Elektroinstallation im gesamten Gebäude wurde erneuert und an die Bedürfnisse der Bewohner angepasst. Innerhalb der Wohnungen wurde ein Datennetz für Telefon und Netzwerk vorgesehen.

Innenausstattung

Die nichttragenden Wände innerhalb der Wohnungen und die Wohnungstrennwände wurden in Trockenbauweise erstellt. Die Decken sowie die Oberflächen der tragenden Holzwände sind in den Wohnbereichen nicht holzsichtig, sondern mit Abhängungen bzw. Verkleidungen in Trockenbauweise versehen.

Wo es aus Schallschutzgründen erforderlich war, wurde eine schwere Schüttung auf die Holzdecken aufgebracht. Darauf erfolgte ein konventioneller Aufbau mit Trittschalldämmung, Heizestrich und Mehrschichtparkett. Einbauten wie Küchen oder Einbaumöbel wurden von den Bewohnerinnen und Bewohnern selbst geplant und eingebaut.

Klimafreundliche Besonderheiten

Bei dem Projekt IDA handelt es sich um eine Sanierung, Erweiterung und Umnutzung. Dies ist grundsätzlich nachhaltiger als Abbruch und Neubau, da Ressourcen- und Flächenverbrauch reduziert sind. Der Bestand wurde nicht nur saniert und erweitert, sondern auch umgenutzt, was zu einer Aufwertung der lange Zeit brach liegenden Fläche geführt hat. Zudem ist die innerstädtische Nachverdichtung aus nachhaltiger Sicht sehr sinnvoll, da kein zusätzliches Grünland versiegelt wird und die vorhandene Infrastruktur genutzt werden kann.

Ein weiterer positiver Aspekt ist selbstverständlich die Holzbauweise, es wurden nachwachsende Rohstoffe für die Dämmung bei den neuen Gebäudeteilen verwendet.

Vorteile des Projekts

Im Projekt IDA ist attraktiver Wohnraum in einem nachhaltigen Projekt entstanden. Durch die Nutzung der geringfügig sanierten, alten Maschinenhalle konnte den Bewohnerinnen und Bewohnern günstige Atelierfläche zur Verfügung gestellt werden. Der für Berliner Verhältnisse sehr große Garten dient als Erholungs- und Begegnungsort für alle und wird vor allem von den Kindern der Hausgemeinschaft gerne genutzt. Die Baugruppe ist zu einer Gemeinschaft zusammengewachsen, die ein Wohnhaus mit gemeinsamem Garten und Werkstatt teilt.

Nachteile des Projekts

Das Projekt hatte eine verhältnismäßig lange Planungszeit und es mussten Lösungen für den Umgang mit dem Altbestand und den Altlasten gefunden werden. Die verschachtelten Grundrisse sorgten für mehr Aufwand auf der Baustelle. Wie bei Bestandsgebäuden üblich, sorgte der Altbau immer wieder für Überraschungen wie Feuchtigkeit, marode Bauteile oder unerwartete Altlasten und erforderte individuelle Lösungen.

Baugemeinschaft IDA

„Es ist mindestens so wichtig, sich um die Struktur der Gruppe zu kümmern wie um das Bauen."

PHILIPP DITTUS Baugemeinschaftsmitglied, www.phittus.de

Sie wohnen in einem sehr interessanten Baugemeinschaftshaus. Wie zufrieden sind Sie mit Ihrer Entscheidung, der Gruppe beigetreten zu sein?

PHILIPP DITTUS: Grundsätzlich sehr. Die vielen Vorteile überwiegen bei Weitem. Es ist ein Traum, hier zu leben, und es wird zum Glück nie langweilig.

Sie sind selbst Architekt. Was ist Ihrer Meinung nach das Besondere an dem Baugruppenhaus Idastraße?

Das Besondere ist die Kombination aus den sehr unterschiedlichen Wohnungen, den Atelierräumen, dem gemeinschaftlich genutzten Außenbereich und dem Luxus einer Gemeinschaftswerkstatt im Keller. Im Garten schlummert außerdem noch Potenzial in Form eines würfelförmigen, eingeschossigen Überbleibsels in Mauerwerksbauweise, das noch gar nicht weiter bearbeitet wurde.

Und die Bewohner sind natürlich nicht zu vergessen. Das sind nicht einfach nur nebeneinanderher lebende Nachbarn, sondern eher Mitbewohner im besten Sinne. Ohne die wäre das alles nur halb so viel wert.

Wie wird der Altbestand des Umspannwerks genutzt?

Die im Hochparterre gelegene Halle des ehemaligen Umspannwerkes bildete einen länglichen Raum von ca. 30 x 10 m bei ca. 5 m Höhe. Diesen hat die Gruppe größtenteils selbst ausgebaut. Es sind sieben Ateliers entstanden, die alle jeweils einer Wohnung zugeordnet sind. In den entstandenen Räumen arbeiten freie Künstlerinnen, Fotografen, GrafikerInnen, Designerinnen und Architekten, sie werden zum Teil aber auch als Hobbyraum oder Musizierzimmer genutzt.

Wie werden die Außenanlagen genutzt und gibt es außer den Außenbereichen weitere Gemeinschaftsflächen?

Grundsätzlich sind – bis auf die den Wohnungen im EG zugeordneten Terrassendecks – alle Außenflächen im Garten Gemeinschaftsflächen. Diese werden unterschiedlich genutzt. Es gibt Bereiche, die intensiv „begärtnert" werden, es gibt einen Naschgarten, wo Beeren wachsen, es gibt einige Hochbeete, eine Feuerstelle, einen Trockengarten, eine Kräuterspirale, einen alten Baumbestand von ca. 8 Ahornbäumen, auf dem Dach des Backsteinkubus im Garten wurden Bienen gehalten, es gibt einen Bereich mit Kleintierställen (Kaninchen, Meerschweinchen), eine Kompostierungsanlage, den Abschnitt, in dem Kinder bauen und spielen können, und auch Bereiche, die komplett verwildern dürfen und sollen. Darüber hinaus gibt es noch eine gemeinschaftliche Dachterrasse, deren Potenzial allerdings noch nicht ausgeschöpft wurde.

Baugemeinschaften entwickeln deutlich seltener Sanierungsprojekte als Neubauprojekte. Würden Sie anderen Gruppen empfehlen, sich an eine Sanierung zu wagen?
Grundsätzlich spricht nichts gegen eine Sanierung. Es muss viel mehr saniert und weitergenutzt werden, das ist klar. Natürlich ist eine Sanierung immer auch mit Risiken verbunden. Mit solider Grundlagenermittlung, entsprechender Auseinandersetzung mit dem Bestand, ggf. Gutachten, Aufmaßen und darauf aufbauend entsprechender Planung lassen sich diese jedoch beherrschen und minimieren.

Wohnt es sich Ihrer Meinung nach in einem Baugemeinschaftsprojekt anders als in einem Mehrfamilienhaus, das nicht in Eigenregie entstandenen ist?
Es gibt sicher auch Mehrfamilienhäuser mit guter Hausgemeinschaft, in denen ein gemeinschaftliches Beieinanderleben möglich ist. Über den Planungsprozess ist eine Baugruppe aber enger miteinander verwoben. Im Guten wie im Schlechten allerdings. Es ist mindestens so wichtig, sich um die Struktur der Gruppe zu kümmern wie um das Bauen. Das heißt alles nicht, dass man dann zwangsläufig kommunenartig zusammenlebt. Aber man lebt eben auch nicht alleine. Man lernt sich über den oft langen Planungsprozess sehr gut kennen und muss dann nach Einzug vielleicht auch lernen, dass es in Ordnung ist, ab und an seine Ruhe haben zu wollen.

Würden Sie anderen Bauwilligen empfehlen, sich einer Baugemeinschaft anzuschließen?
Wenn man sich so eine Art des Zusammenlebens vorstellen kann: Ja, unbedingt. Und dann viel mit der Gruppe auseinandersetzen und gute Partner für Planung und Steuerung des Projektes suchen.

8.3 Sanierung und Anbau Haus Wiebach

Entwurfsverfasser: Christian Stolz

In Bestandsgebäuden schlummert oft eine verborgene Schönheit, die aufgedeckt werden möchte.

So auch bei dem kleinen Wohnhaus aus den 1930er-Jahren im Hamburger Umland. Die behutsame, geschickte Sanierung und der monolithische Anbau aus Holz machten aus dem unscheinbaren, düsteren Häuschen ein familientaugliches, lichtdurchflutetes Idyll umgeben von altem Baumbestand.

Abb. 1: Monolithischer Anbau in Holzbauweise mit großen Fensteröffnungen und Terrassenpodest in den Garten

Steckbrief

- Gebäudetyp: Einfamilienhaus, frei stehend
- Baujahr: 1933
- Energetische Sanierung: 2014
- Wohnfläche vor Sanierung: 105 m²
- Wohnfläche nach Sanierung: 148 m²
- Anzahl der Wohneinheiten: 1
- Bauweise: Bestandsgebäude Ziegelmauerwerk, Anbau Holzrahmenbau
- Dämmstandard: Außenwände Anbau: Holzweichfaserdämmung, Dach: Holzweichfaser
- Energiestandard: EnEV 2009
- Energiekonzept: Austausch der Ölheizung gegen Gastherme mit Fußbodenheizung, Kaminofen, thermische Solaranlage
- Besonderheiten: Monolithischer Anbau in Holzbauweise, Öffnung zum Garten mit großen Fenstern und Terrassenpodest

Abb. 2: Wohnhaus vor der Sanierung

Projektbeschreibung

Nach langer Suche fand die Hamburger Baufamilie ein kleines, leer stehendes Siedlungshaus aus den 1930er-Jahren. Es stand im Hamburger Umland in einem verwilderten Garten mit altem Baumbestand und war deutlich in die Jahre gekommen. Es war für die vierköpfige Familie allerdings viel zu klein und die kleinteiligen Grundrisse und die düstere Ausstattung entsprachen nicht ihren Vorstellungen.

Die Bauleute entschieden sich dennoch, das Haus in Ahrensburg zu kaufen und an ihre Bedürfnisse anzupassen. Gemeinsam mit dem Entwurfsverfasser, Zimmermann und Bauunternehmer in einer Person, Christian Stolz, entschieden sie sich für die behutsame Sanierung des Bestands und einen monolithischen Anbau aus Holz.

Der neue Anbau knüpft mit seiner schlichten Form an die archetypisch einfache Form des alten Hauses an,

Abb. 3: Straßenansicht des sanierten Siedlungshauses aus den 30er-Jahren

Abb. 4: Gartenansicht mit Holz-Anbau

setzt sich jedoch durch die Materialwahl deutlich vom Bestand ab und erweitert die Wohnfläche um etwa 40 m². Große Fensterflächen und ein vorgelagertes Holz-Treppen-Podest verbinden die Wohnfläche mit dem eingewachsenen Garten. Entstanden ist ein helles, freundliches Familiendomizil mit genügend Platz für die Familie und hervorragender Wohnqualität.

Grundrissveränderungen

Bevor die Umbaumaßnahmen beginnen konnten, musste das Gebäude zunächst von nachträglich eingebrachten An- und Einbauten befreit werden:

- Die kleinteiligen und nicht mehr zeitgemäßen Grundrisse des Bestandsgebäudes wurden geöffnet und zugunsten einer offenen Raumfolge aufgelöst.
- Im Erdgeschoss des Anbaus wurde die neue, großzügige Wohnküche untergebracht. Raumbreite Durchbrüche in der alten Giebelfassade verbinden den Neubau mit dem Altbau. Das an die Küche angrenzende Wohnzimmer mit Arbeitsbereich erhält durch ein neues Fensterband zusätzliches Licht aus Süden.
- Die winzige ehemalige Küche wurde der Speisekammer und dem Gästebad zugeschlagen.

Gebäudehülle

Das Dach des Bestandsgebäudes wurde energetisch saniert und mit Holzfaser als Zwischen- und Aufsparrendämmung gedämmt. Ein zusätzliches Dachfenster belichtet das Elternschlafzimmer im Obergeschoss. Die Außenwände des Bestandsgebäudes wurden neu verputzt und weiß gestrichen.

Der Anbau wurde in Holztafelbauweise errichtet und sowohl Außenwand als auch Dach mit Holzweichfaser gedämmt. Die Holzfassade des Anbaus wurde gestalterisch maximal reduziert. Sämtliche Kanten wurden auf Gehrung geschnitten und die Fallrohre in die Fassade integriert. Die äußere Dachhaut des Anbaus besteht wie die Wandverkleidung aus einer offenen vertikalen Lärchenschalung.

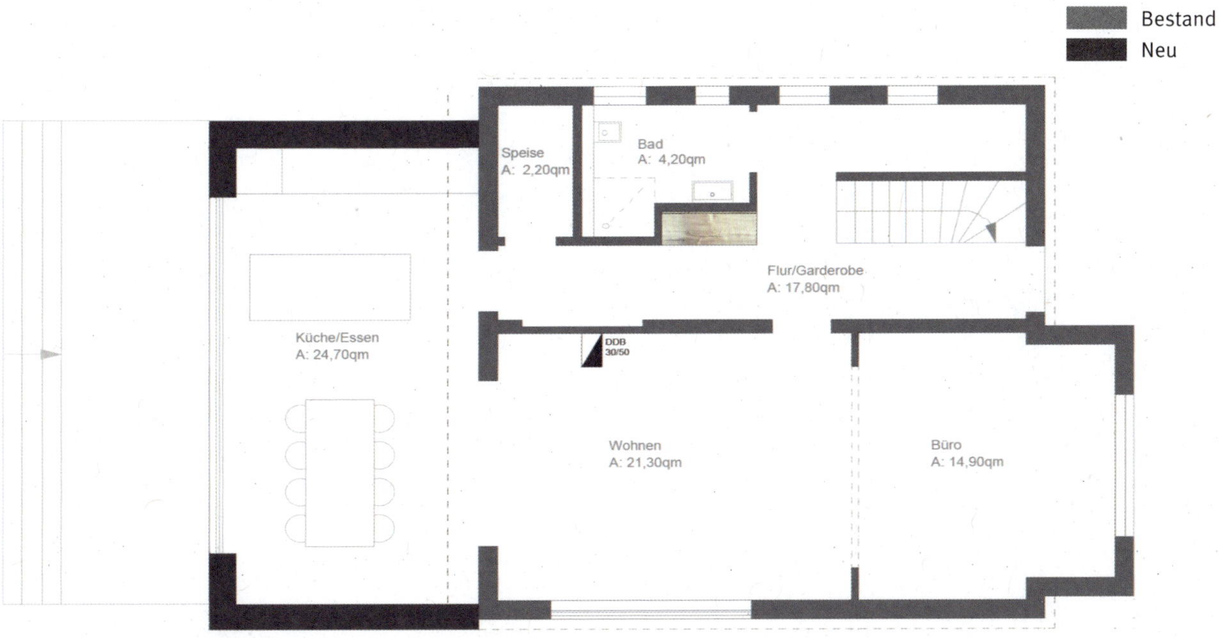

Abb. 5: Erdgeschossgrundriss

Abb. 6: Küche mit Essplatz und großen Fensteröffnungen in den Garten

Abb. 7: Große Durchbrüche in der alten Giebelfassade verbinden das Wohnzimmer mit der Küche im Anbau.

Die alten Fenster im Bestandsbau wurden durch energieeffiziente Holzfenster mit historischer Sprossenteilung und weißen Rahmen ersetzt. Die Fenster im Anbau sind dagegen moderner – ohne Sprossenteilung – und setzen sich gegenüber dem Altbau mit grauen Rahmen ab. Zusätzliche Fenster im Bestandsgebäude verbessern die Belichtungssituation der Räume.

Gebäudetechnik

Die alte Ölheizung wurde durch einen Gasbrennwertkessel mit unterstützender thermischer Solaranlage und Pufferspeicher ersetzt. Der alte Kamin wurde durch einen neuen Kaminofen ersetzt, der im Winter den Wohnraum im Erdgeschoss erwärmt. Im Altbau blieben die Heizkörper aus Kostengründen erhalten, im Anbau wurde dagegen eine Fußbodenheizung eingebaut. Die Bäder wurden komplett neu konzipiert und die Sanitär- und Elektroinstallation erneuert.

Innenausstattung

Den Innenraum gestalteten die neuen Bewohner schlicht und freundlich. Nachdem die Holzvertäfelungen der vorherigen Besitzer entfernt waren, wurden die vorhandenen alten Türen und Nadelholzdielen geschliffen und neu geölt und die Wände weiß gestrichen. Auch die alte Treppe wurde aufgearbeitet. Mit dem weiß gestrichenen Geländer wirkt sie hell und einladend. Die in Weiß gehaltene neue Küche fand im lichtdurchfluteten Anbau Platz.

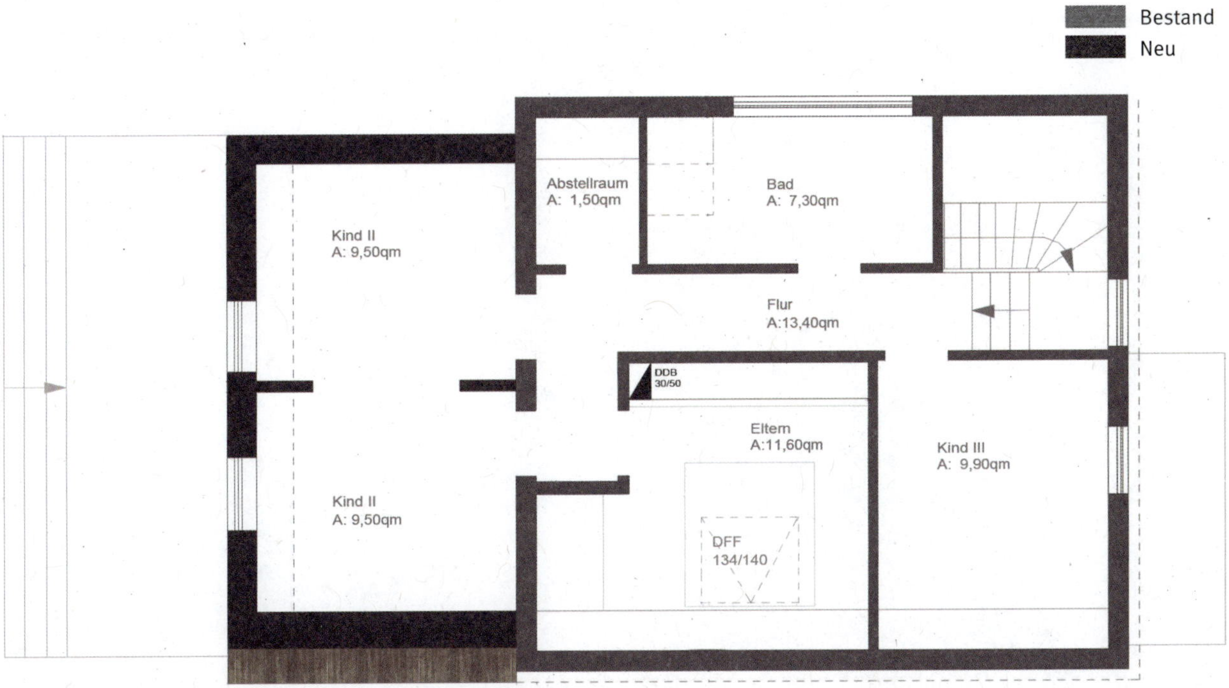

Abb. 7: Obergeschossgrundriss

Abb. 8: Helles, freundliches Treppenhaus nach der Sanierung mit aufgearbeiteter Treppe und guter Belichtung

Abb. 9: Arbeitsplatz im Erdgeschoss des Bestandsgebäudes

Klimafreundliche Besonderheiten

Neben der Entscheidung ein Bestandsgebäude zu sanieren, reduziert auch die Auswahl des Baustoffs Holz für die neuen Gebäudeteile den CO_2-Fußabdruck der Bewohner.

Die Sanierung eines Bestandsgebäudes ist gegenüber einem Abriss und Neubau immer klimaschonender, da CO_2-Emissionen, graue Energie und Baumaterialien eingespart und Bauabfälle vermieden werden. Zudem wird kein natürlich gewachsener Boden versiegelt und die vorhandene Infrastruktur genutzt.

Für das Haus Wiebach wurde – trotz zunächst ungeeignet erscheinender Substanz – eine gute Lösung gefunden, dem Flächenbedarf und den heutigen Wohnbedürfnissen mithilfe des Anbaus und der Veränderung der Grundrisse gerecht zu werden. So wird der nachwachsende Rohstoff Holz vom gelernten Zimmermann Stolz in zeitgemäßer Form sowohl als tragende Konstruktion als auch als Dämmmaterial und Fassaden- und Dachbekleidung eingesetzt.

Vorteile des Projekts

Das klassische, schlichte Siedlungshaus mit kleinteiligen Grundrissen wurde durch den Um- und Anbau zu einem großzügigen, hellen und modernen Familiendomizil aufgewertet. Durch seine reduzierte Formensprache schafft der nahtlos an den Bestand anknüpfende Anbau einen Ruhepol im heterogenen Umfeld.

Durch die Sanierung und den Anbau konnte mit verhältnismäßig kleinem Aufwand zeitgemäßer, hochwertiger Wohnraum für eine Familie in einem gewachsenen Wohnviertel geschaffen werden. Der städtebauliche Charme des Siedlungshauses aus den 1930er-Jahren konnte erhalten und aufgewertet werden.

Nachteile des Projekts

Wegen des knappen Budgets wurde auf die Dämmung der Außenwände des Bestandsgebäudes verzichtet. Auch die Wahl des Wärmeerzeugers ist aus Sicht des Klimaschutzes nicht ideal. Günstiger wäre eine Wärmepumpe in Kombination mit einer PV-Anlage.

Klimafolgenanpassung

„Ziel sollte immer sein, ein Gebäude so zu planen, dass man ohne eine aktive Kühlung auskommt."

INKEK GMBH Institut für Klima- und Energiekonzepte, Wiebke Kirchhof und Sebastian Kupski

Welche Auswirkungen hat der Klimawandel auf Wohnhäuser?

INKEK: Durch die Folgen des Klimawandels werden sich die Anforderungen an unsere Gebäude gravierend verändern. In unseren Breitengraden wird dies vor allem im Sommer spürbar werden bzw. ist es bereits. Wenn wir mit milderen Wintern und heißeren Sommern rechnen, so wirkt sich dies sowohl auf die Anlagentechnik als auch auf die bauliche Hülle, also auf Fenster, Dach, Außenwand aus. Bislang sehen wir den Fokus auf der Fragestellung, ein Gebäude warm zu bekommen. Gerade in Wohngebäuden gibt es meist eine zentrale Heizungsanlage, jedoch keine Kühlgeräte, wie dies etwa in südlichen Ländern flächendeckend der Fall ist. Besonders Hitzesommer, wie z. B. im Jahr 2019, machen aber deutlich, wie wenig die meisten Wohngebäude auf diese Extremtemperaturen ausgelegt sind. Bei 2 °C minus im Winter schafft dies die Heizungsanlage noch, haben wir aber mehrere Tropennächte (Nächte mit einer Lufttemperatur nicht unter 20 °C), in denen es keine merkliche Abkühlung gibt, so empfinden wir schnell Hitzestress und geraten an unsere Belastungsgrenze, was sich in mangelnder Schlafqualität und verminderter Leistungsfähigkeit niederschlägt. Besonders alte oder vorbelastete Menschen und Kinder kommen mit solchen Situationen noch schlechter klar. Während solcher Hitzewellen kann es durch die fehlende nächtliche Abkühlung zu einer Potenzierung dieses Zustands kommen, die Innentemperatur schaukelt sich von Tag zu Tag immer weiter auf. Gebäude kühlen somit auch über die Nachtstunden nicht ausreichend aus. Dieser Zustand potenziert sich, je länger eine Hitzeperiode anhält.

Was kann ich tun, um mein Haus auf den Klimawandel vorzubereiten?

Ein Gebäude resistenter gegenüber Hitze zu machen, wird in den kommenden Jahren an Bedeutung gewinnen. Häufig steht dabei die Frage im Raum, ob eine Dämmung dann überhaupt noch so sinnvoll ist. Dies ist jedoch gegeben, denn im Regelfall helfen energetische Sanierungsmaßnahmen sowohl gegen zu große Wärmeverluste im Winter als auch gegen zu starke Wärmeeinträge im Sommer. Große ausladende Fensterflächen bringen zwar viel Licht in den Innenraum, sind aber denkbar ungeeignet, um die Hitze draußen zu halten. Daher sollte immer überlegt werden, wie groß und vor allem in welche Himmelsrichtung Fenster dimensioniert werden müssen. Außerdem sollte eine außen liegende Verschattung, etwa in Form von Raffstores, Klappläden oder ähnlichem vorgesehen werden, um die Hitze gar nicht erst in den Innenraum zu lassen. Dämmpakete, besonders im Bereich von Dächern, tragen auch hier zur Entlastung für die Bewohnerinnen und Bewohner bei. Bewährt haben sich nachwachsende Rohstoffe wie zum Beispiel Zellulosefasern oder Produkte aus Holzweichfaser, die sich neben anderen Faktoren wie nächtliches Lüften durch ihre hohe spezifische Wärmekapazität positiv auswirken. Eine hohe Speichermasse ist auch bei Innenbauteilen von Vorteil. Etwa durch massive Innenwände hat ein Gebäude einen deutlichen Vorteil gegenüber Leichtbauwänden, da sie sich langsamer erwärmen und dadurch den Raum kühlen. Ziel sollte immer sein, ein Gebäude so zu planen, dass man ohne eine aktive Kühlung auskommt. Dies schafft nicht nur zusätzlichen Komfort und schont den Geldbeutel, sondern vermeidet außerdem schädliche Treibhausgase durch einen sparsamen Energieeinsatz.

Kann ich mit Maßnahmen an meinem Haus die Umgebung positiv beeinflussen?

Neben den Bauteilen am Haus spielt auch das direkte Umfeld eine entscheidende Rolle. Wenn die Umgebung großflächig versiegelt ist, erhalte ich ein Mikroklima, das den Hitzestress noch verstärkt. Hier gilt es, möglichst viele begrünte Ausgleichsflächen zu schaffen, die in sich schon eine geringere Oberflächentemperatur entwickeln. Durch eine große Blattoberfläche sorge ich für eine zusätzliche Verdunstungskühle, die sich bei einer Nachtlüftung des Gebäudes auch auf den Innenraum positiv auswirkt. Man kann also sagen, je mehr lebendiges Grün ich im Außenraum schaffe, umso ausgeglichener ist auch mein Klima im Gebäude. Großflächige Begrünung wie etwa Bäume oder auch Fassadenbegrünung sorgen dabei für zusätzliche Verschattung und verringern Temperaturspitzen. Aber auch kleinteilige Bepflanzungen haben einen positiven Ausgleich. In Bereichen, auf die ich direkt Einfluss nehmen kann, ist kritisch zu prüfen, ob ich nicht evtl. Bereiche entsiegeln kann. Steingärten sollten aufgrund der hohen Speichermassen ganz vermieden werden. Auch über die Art der Umsetzung nehme ich Einfluss. Ein kurzgemähter Rasen hat eine deutlich geringere Wirkung als eine hochgewachsene Graswiese, ein Blühstreifen oder auch ein Staudenbeet. Helle Bodenbeläge haben eine geringere Hitzeentwicklung als dunkle.

Abb.10: Foto und Themografie-Aufnahme eines Wohngebäudes im städtischen Straßenraum. Die Themografie verdeutlicht, dass der Schatten des Baumes die Fassade nachhaltig kühlt.

8.4 Neubau Baugemeinschaftshaus Walden 48

Architekten: Scharabi Architekten in Projektgemeinschaft mit Anne Raupach

Das Holzhaus für die Baugemeinschaft Walden 48 in Berlin ist ein Pionier seiner Art. Das Besondere ist die Verwendung von Massivholzwänden und -decken als sichtbare tragende Konstruktion bei einem innerstädtischen siebengeschossigen Wohnhaus. Auch die Außenwände wurden trotz sehr hoher Schallschutzanforderungen in Holzbauweise erstellt. Damit beweist das Gebäude, dass klimafreundliches Holz hinsichtlich Brandschutz, Statik und Schallschutz mit herkömmlichen Baumaterialien mithalten kann. Die Bewohner erfreuen sich an einem gemeinschaftlichen Wohnprojekt mit besonderer Atmosphäre und attraktiven Wohnungen, die mitten im Herzen der großen Stadt, einen fantastischen Ausblick ins Grüne haben.

Abb. 1: Straßenansicht

Steckbrief

- Gebäudetyp: Mehrfamilienhaus
- Fertigstellung: 2020
- Wohnfläche: 4800 m^2
- Anzahl der Wohneinheiten: 43
- Bauweise: Massivholzbauweise in Kombination mit Holz-Beton-Verbund-Decken, Außenwände als Holztafelbauelemente
- Dämmstandard: Dämmung der nichttragenden Holzrahmenaußenwände mit Holzweichfaser, Dachdämmung aus Foamglas und Mineralwolle
- Energiestandard: KfW-55
- Haustechnik: Bivalent betriebene Sole-Wärmepumpe für Warmwasser und Heizung mit Flächenheizung im Boden, die im Sommer zur passiven Kühlung verwendet wird, Lüftungsanlage als Zu- und Abluftanlage mit Wärmerückgewinnung, außen liegender Sonnenschutz für sommerlichen Wärmeschutz
- Jahres-Heizwärmebedarf: 13,7 kWh/m^2a (Nutzenergie); Endenergiebedarf für Heizung: 16 kWh/m^2a
- Besonderheiten: Holzmassivbauweise mit sichtbaren Holzoberflächen, gemeinschaftliches Wohnbauprojekt für 43 Parteien in Berlin-Friedrichshain mit Gemeinschaftsräumen und Fahrradtiefgarage.

Projektbeschreibung

Klimafreundliches Bauen geht auch gemeinsam. In innerstädtischen Wohnvierteln, in denen keine Einfamilienhäuser, sondern Mehrfamilienhäuser üblich sind, können sich Bauwillige zu einer Gruppe zusammenschließen und gemeinsam ein Haus planen und bauen (→ auch Exkurs Baugemeinschaften, Seite 213). So geschehen bei dem Projekt Walden 48 in Berlin-Friedrichshain. Das Mehrfamilienhaus für die Baugemeinschaft entstand am oberen Rand des Georgen-Parochial-Friedhofs direkt an der stark be-

Abb. 2: Hofansicht

Abb. 3: Holzschotten und Holzdecke während der Bauphase

fahrenen Landsberger Allee. Der Friedhof hatte das ehemals als Parkplatz genutzte Grundstück in einem Konzeptverfahren zum Verkauf angeboten. Die Baugemeinschaft Walden 48 erwarb das Grundstück und die Architektengemeinschaft Scharabi Architekten und Anne Raupach plante ein nachhaltiges Gebäude in Massivholzbauweise für 43 Parteien.

Die Herausforderungen waren in vieler Hinsicht groß. Einerseits musste ein auf das Vorhaben bezogener Bebauungsplan aufgestellt werden, um Planungsrecht zu schaffen. Andererseits waren die Bedürfnisse von 43 Baugemeinschaftsparteien in Einklang zu bringen und die besondere Lage zwischen stark lärmbelasteter Straße und denkmalgeschütztem Friedhof für einen optimalen Wohnkomfort zu berücksichtigen.

Die größte Herausforderung war jedoch, ein Wohnhaus der Gebäudeklasse 5 (→ auch Interview mit Brandschützer im mehrgeschossigen Holzbau, Seite 214) mit sieben Geschossen und 60 Metern Länge im Einklang mit den Anforderungen des Brand- und Schallschutzes zu entwickeln, bei dem so viel Holz wie möglich und nur so wenig Beton wie nötig eingesetzt werden sollte.

Gelungen ist dies mit einer Bauweise aus Massivholzschotten, die im Abstand von 7 m das Gebäude gliedern. Darauf liegen die Geschossdecken in Holz-Beton-Verbundbauweise. Gerne hätten die Architekten auf den Beton in den Decken verzichtet, aus Brand- und Schallschutzgründen war dies jedoch die wirtschaftlichste und pragmatischste Lösung, da andernfalls eine sehr hohe gebundene Schüttung notwendig gewesen wäre, die den Räumen lichte Raumhöhe genommen hätte. Die tragenden Bauteile aus Brettsperrholz wurden überdimensioniert und auf Abbrand berechnet (→ Interview mit Brandschützer, ab Seite 214) und konnten zum größten Teil sichtbar bleiben. Dadurch ist der Baustoff Holz mit seinen positiven Eigenschaften auch im Innenraum erlebbar. Lediglich jeweils drei von vier Treppenhauswänden sowie die Brandwand zum östlichen Nachbarn wurden in Beton ausgeführt. Die Treppenläufe sowie der Fahrstuhlschacht konnten jedoch aus Massivholz gefertigt werden.

In den Geschossen spannt sich zwischen den tragenden, massiven Schotten ein stützenfreier 13 bis 15 m tiefer Raum auf, der von den Bewohnerinnen und Bewohnern individuell gestaltet werden konnte. Entstanden sind sehr unterschiedliche Wohnungsgrundrisse und Ausstattungen, die die Architekten mit den 43 Parteien abstimmten. Sogar die Fenster der Hoffassade konnten in einem gewissen Rahmen frei gestaltet werden.

Auf der straßenabgewandten Seite sind allen Wohnungen durchgehende Loggien mit unbehandelter Lärchenholzwandverkleidung vorgestellt. Große, bodentiefe Fenster ermöglichen den Blick in den grünen, ruhigen Friedhofspark. Die Straßenfassade ist dagegen als schalldämmende Fassade ausgeführt, mit Schallschutzfenstern ausgestattet und mit einer schützenden Haut aus grüngrauem Schiefer verklei-

Abb. 4: Treppenhaus mit Treppenläufen und Fahrstuhlschacht aus Holz

Abb. 5: Loggia auf der Südseite

Abb. 6: Schallschutzfenster, Straßenseite

Abb. 7 und 8: Erschließungshof hinter der Friedhofsmauer

det. Über die Straße hinweg blickt man auf die historischen Klinkergebäude des Vivantes-Klinikums und den dahinter liegenden Volkspark Friedrichshain.

Das Sockelgeschoss des Gebäudes erhebt sich durch einen straßenseitigen Versatz über die denkmalgeschützte Friedhofsmauer, die gemäß den Vorgaben der Unteren Denkmalschutzbehörde nur minimal verändert werden durfte. Lediglich zwei Durchgänge ermöglichen den Zugang zu einem geschützten Erschließungshof hinter der Mauer, von dem man die drei Hauseingänge, die Treppenhäuser und über eine Rampe die Fahrradgarage im Untergeschoss des Hauses erreicht. Im Zentrum des Erdgeschosses befinden sich das Foyer sowie der Gemeinschaftsraum. Beide Räume lassen sich über eine raumbreite und deckenhohe Falttür miteinander verbinden und können von den Bewohnerinnen und Bewohnern, ergänzt durch eine Teeküche und eine Gemeinschaftstoilette, für verschiedene Veranstaltungen genutzt werden.

Um die große Raumhöhe des Sockelgeschosses auszunutzen, wurden hier Maisonettewohnungen geplant, bei denen sich das etwas abgesenkte untere Geschoss mit einer Terrasse zum Garten öffnet.

Abb. 9: Eingangshalle mit abtrennbarem Gemeinschaftsraum

Grundrisse und Innenausstattung

Die Grundrisse zwischen den tragenden Holzschotten konnten durch die Bewohner unter Berücksichtigung der Versorgungsschächte frei gestaltet werden. Für die Raumaufteilung kamen nichttragende Trockenbauwände zum Einsatz. Entstanden sind Wohnungen zwischen 50 und 160 m^2 Wohnfläche mit sehr unterschiedlichen Grundrissen, entsprechend der heterogenen Bewohnerschaft jeden Alters.

Neben den Grundrissen wurden auch die Ausstattung und die Oberflächen individuell abgestimmt. Türen, Bodenbeläge, Badausstattung und sogar die Oberfläche der tragenden Holzbauteile sind in jeder Wohnung einzigartig kombiniert.

Abb. 10: Maisonettewohnung im Erdgeschoss

Gebäudehülle

Die nichttragenden Außenwände in Holztafelbauweise wurden mit insgesamt 25 cm Holzweichfasermatten gedämmt (U-Wert = 0,18 W/(m^2·K)). Das Ständerwerk der Straßenfassade wurde aus Schallschutzgründen zweischichtig mit insgesamt 30 cm Holzweichfaser-

Abb. 11: Wohnung, Blick nach Süden

Abb. 12: Wohnung, Blick nach Norden

dämmstoff ausgeführt und erhielt ab dem 2. Obergeschoss eine Verkleidung aus graugrünen Schieferplatten auf einer Unterkonstruktion aus Rauspundschalung (U-Wert = 0,15 W/(m²·K). Brandriegel in jedem Geschoss verhindern im Brandfall einen möglichen Kamineffekt in der Belüftungsebene.

Die Hoffassade sowie die Fassaden des Sockel- und Dachgeschosses erhielten eine Verkleidung aus unbehandelter Lärche. Die durchgehenden Loggien fungieren hier als Brandriegel zwischen den Geschossen.

Die Tafelbauelemente der Fassade wurden inklusive Dämmung ebenso wie die tragenden Holzschotten und die Holzdecken vorgefertigt und just in time auf die Baustelle geliefert. Lediglich der Aufbeton der Decken sowie die Ortbetonwände der Treppenhäu-

Abb. 13: Straßenansicht

ser wurden vor Ort gegossen. Die Bauzeit und der Flächenbedarf auf der Baustelle wurden durch den hohen Vorfertigungsgrad verringert.

Gebäudetechnik

Eine bivalent betriebene Sole-Wärmepumpe erwärmt das Brauch- und Heizwasser und beheizt die Räume über eine Fußbodenheizung. Für die Lastspitzen wird ein Erdgas-Brennwertkessel eingesetzt. Das Brauchwasser wird über eine zentrale Frischwasserstation mit Wärmetauscher erwärmt.

Im Sommer wird das Solefeld der Wärmepumpe genutzt, um die Wohnungen über die Fußbodenheizung passiv zu kühlen. Somit wird im Sommer Wärme in

Abb. 14: Ansicht Süd-West

Abb. 15: Holz-Tafelbauelement

Abb. 16: Sonnenschutz, Südseite

das Erdreich um die Erdsonden eingetragen und im Winter wieder entzogen.

Wegen des hohen Lärmpegelbereichs der Landsberger Allee wurde zudem eine Alternative zur Fensterlüftung erforderlich und aus diesem Grund eine zentrale Lüftungsanlage auf dem Dach mit Wärmerückgewinnung (Zu- und Abluftanlage mit mindestens 85 % Rückgewinnungsgrad) eingebaut, die gleichzeitig den Heizwärmebedarf verringert.

Die an der Südfassade befindlichen Loggien erhielten in der Ebene der Brüstungen einen außen liegenden Sonnenschutz für den sommerlichen Hitzeschutz.

Klimafreundliche Besonderheiten

Der maximale Einsatz des Baustoffs Holz unter gleichzeitiger Minimierung des Baustoffs Beton führt zu einer klimafreundlichen Bilanz des Gebäudes. Insgesamt bindet das verbaute Holz 1.500 Tonnen CO_2

Auf eine Tiefgarage für Pkw wurde zugunsten einer Tiefgarage für Fahrräder verzichtet. Auf dem Grundstück stehen zwei Stellplätze für Carsharing-Autos zur Verfügung. Das Konzept hat, zusammen mit der guten Anbindung an den ÖPNV, viele Bewohner dazu gebracht, ihren eigenen Pkw abzuschaffen.

West- und Südfassade wurden zur Verbesserung des Mikroklimas begrünt, der Garten mit bienenfreundlichen Hecken- und Beetpflanzen bepflanzt.

Vorteile des Projekts

Dank der guten Zusammenarbeit mit den Fachplanern für Brandschutz (Eberl-Pacan Brandschutzplus), Akustik (ALB Akustiklabor Berlin), Tragwerksplanung (ifb), thermische Bauphysik und Energieberatung (Ingo Andernach) und Gebäudetechnik (Syrius) ist ein innovatives Projekt entstanden, das neue Standards im Holzbau setzt. Dafür wurde das Projekt vielseitig ausgezeichnet, u. a. als Gewinner des Deutschen HolzbauPlus-Preises und als Finalist für den Deutschen Nachhaltigkeitspreis 2020.

Die Baugemeinschaft ist während des Planungsprozesses dank der guten Begleitung durch die Projektsteuerer, MAUER Bauprojektmanagement, eng zusammengewachsen.

Der hohe Vorfertigungsgrad der Holzbauteile führte zu einer Verkürzung der Bauzeit.

Nachteile des Projekts

Der gesamte Planungszeitraum zog sich durch das parallel verlaufende Bebauungsplanverfahren über fünf Jahre hin.

Der Standort an der sehr lauten Straße erforderte einen großen Aufwand beim Schallschutz an der Straßenfassade sowie den Einbau einer Be- und Entlüftungsanlage.

Exkurs: Baugemeinschaften

Eine Baugemeinschaft ist ein Zusammenschluss von einzelnen Bauwilligen zu einer Gruppe, die gemeinsam ein Haus baut. Meist entstehen Baugemeinschaften in innerstädtischen Wohnvierteln, in denen keine Einfamilienhäuser, sondern Mehrfamilienhäuser gebaut werden können. Die Gruppe wird normalerweise von einem Projektsteuerer vertreten und gründet eine Gesellschaft bürgerlichen Rechts, kurz GbR, die die Verträge mit den an der Planung oder am Bau Beteiligten abschließt. Dabei haftet jede/-r Gesellschafter/-in üblicherweise mit dem eigenen Anteil. Die Baugemeinschaft gründet sich ganz am Anfang des Projekts und hat unter anderem die Aufgabe, die Grundstücksrechte zu sichern, weitere Gesellschafter zu gewinnen, die Planer zu beauftragen, Baurecht zu schaffen, die Baufirmen zu beauftragen und das Projekt am Ende in eine Wohnungseigentümergemeinschaft umzuwandeln. Der Planungs- und Bauprozess wird dabei als Gruppe begleitet, die fertigen Wohnungen sind jedoch Eigentumswohnungen.

Häufig bilden sich Baugemeinschaften an einem konkreten Projekt, zum Beispiel wenn ein geeignetes Grundstück ausgeschrieben wird. Der Vorteil ist, dass sich die Gruppe schon bei der Gründung über die Lage und Möglichkeiten des Grundstücks einig ist. Andere Gruppen gründen sich, bevor ein Grundstück gefunden wurde und machen sich gemeinsam auf die Suche. Der Vorteil ist hier, dass sich die Beteiligten bereits kennen und wissen, dass sie gemeinsam wohnen möchten.

Brandschutz im mehrgeschossigen Holzbau

„... es ist ratsam, frühzeitig Expertinnen und Experten mit Fachwissen im Holzbau einzuschalten“

REINHARD EBERL-PACAN Brandschutzsachverständiger, Brandschutz plus GmbH, www.brandschutzplus.de

Was müssen Bauherren eines Mehrfamilienhauses in Holzbauweise hinsichtlich des Brandschutzes beachten?

EBERL-PACAN: Die Anforderungen an den Brandschutz steigen mit zunehmender Größe und vor allem Höhe des Gebäudes deutlich an. Für Holzbauten der sogenannten Gebäudeklasse 1 bis 3 mit einer Höhe bis zu 7 m (hier ist die Oberkante des obersten Fußbodens gemeint) sind sie noch recht überschaubar. Das Baurecht fordert eine „feuerhemmende“ Bauweise, die wiederum einen Feuerwiderstand der Bauteile von 30 Minuten erfordert. Dafür können alle – auch brennbare Baustoffe wie Holz – eingesetzt werden.

Bei höheren Gebäuden steigen die Anforderungen an den Brandschutz insgesamt deutlich an. Hochfeuerhemmende (Feuerwiderstand 60 Minuten) bei Gebäudeklasse 4 mit dem obersten Fußboden über 7 Meter und feuerbeständige (Feuerwiderstand 90 Minuten) bei Gebäudeklasse 5 über 13 m, die hier erforderlich sind, können nur durch erfahrene Architekten, Fachplaner für Brandschutz und Holzbaufirmen kompetent und wirtschaftlich umgesetzt werden. Wichtig ist, dass diese bereits sehr früh beauftragt werden und im Team planen können. Das macht sich dann durch einen reibungslosen, zügigen und wirtschaftlichen Bauablauf bezahlt.

Sind die Rahmenbedingungen der Bauordnungen beim mehrgeschossigen Holzbau ohne Abweichungen einzuhalten? Wenn nicht, welche Abweichungen sind zu erwarten und wie sind diese zu erreichen?

Die Regelungen für Holzbauten in den höheren Gebäudeklassen (GK 4 und 5) sind so eng gestrickt, dass Abweichungen vom Baurecht für einen vertretbaren Materialaufwand und einen ungestörten Bauablauf unerlässlich sind. Es wäre sehr erfreulich, wenn es innerhalb der Bauordnungen und Richtlinien Erleichterungen für den Holzbau geben würde. Leider sind jedoch weder die Bauordnungen noch die Regeln für Abweichungen bundeseinheitlich geregelt und insgesamt verhältnismäßig streng gegenüber dem Baustoff Holz. Deshalb ist es ratsam, frühzeitig Expertinnen und Experten mit Fachwissen im Holzbau einzuschalten, vor allem, wenn es um Brandschutz geht.

Was sind die üblichen Brandschutzmaßnahmen im Holzbau und welche technischen Hilfsmittel kommen infrage, um möglichst viel Holz einzusetzen?

Der Brandschutz von Holzbauteilen funktioniert meistens über eine sogenannte Kapselung: Das Holz wird durch Gipsplatten bekleidet und kann so nicht in Brand gesetzt werden. Alle, die mit Holz bauen, wünschen sich si-

cherlich sichtbare Holzoberflächen. In höheren Gebäuden sind sie jedoch nur mit guter Planung und ausreichender Kompensation möglich. Beim Einsatz von Massivholz ist es beispielsweise möglich, über eine Überdimensionierung der tragenden Bauteile den Abbrand zu berücksichtigen. Das bedeutet, dass im Fall eines Brandes das Holz berechenbar abbrennt und ausreichend Querschnitt erhalten bleibt, um die Tragfähigkeit aufrechtzuerhalten. In diesem Fall können die Holzoberflächen sichtbar bleiben.
Im Wohnungsbau sollten technische Brandschutzmaßnahmen, die über die vorgeschriebenen Rauchwarnmelder hinausgehen, vermieden werden. Sie sind in der Anschaffung und auch später in der Wartung und Prüfung sehr aufwendig und teuer.

Was sind mögliche Aufbauten von Geschossdecken und Wohnungstrennwänden im mehrgeschossigen Holzbau (ab Gebäudeklasse 4)?
Bei Geschossdecken bieten sich entweder massive Holzdecken (Brettstapel-, Brettschichtholz- oder Brettsperrholzdecken) oder Holzbalkendecken – z. B. mit oberseitigen Schüttungen für den Schallschutz – an. Oft werden auch Holz-Beton-Hybrid-Decken – eine Kombination aus unterseitigen Holzdecken und einer oberen Betonschicht – eingebaut. Die Holzbauteile können dann unterseitig für einen Abbrand überdimensioniert und sichtbar gelassen werden.
Trennwände werden häufig – ähnlich wie Trockenbauwände – aus Holzrahmenelementen und beidseitiger Gipsbekleidung hergestellt. Alternativ bieten sich auch hier – vor allem, wenn Teile des Holzes sichtbar bleiben sollen – Holzmassivelemente an, die meist aus mehreren Holzschichten bestehen und für einen Abbrand überdimensioniert werden.

Wie können Fassaden mit Holzverkleidung und/oder normal entflammbaren Dämmstoffen wie Holzweichfaser brandsicher und genehmigungsfähig gemacht werden?
Generell unterscheidet man Baustoffe hinsichtlich ihres Brandverhaltens in brennbare und nicht brennbare Baustoffe. Bei den brennbaren Baustoffen können nur schwer und normal entflammbare Baustoffe verwendet werden. Leicht entflammbare Baustoffe wie Stroh dürfen nur im Ausnahmefall, zum Beispiel im Verbund mit anderen Baustoffen oder unter Einsatz von Flammschutzmitteln, eingesetzt werden.
Normal entflammbare Bekleidungen wie Holz und Dämmstoffe wie Holzweichfaser können bei niedrigeren Gebäuden bis Gebäudeklasse 3 verwendet werden und sind in den höheren Gebäudeklassen wiederum nur durch gute Planung durch Fachplaner einsetzbar. Dies gilt jedoch nicht nur für nachwachsende Rohstoffe, sondern auch für erdölbasierte Baustoffe wie EPS-Hartschaum (Styropor), XPS usw., sofern sie als normal entflammbar eingestuft werden. Diese bilden im Brandfall obendrein giftige Substanzen. Bei Holzweichfaserdämmstoffen gibt es bereits schwer entflammbare Produkte, die auch im mehrgeschossigen Wohnungsbau eingesetzt werden können.

Raumluftqualität

„... es laufen gerade wissenschaftliche Untersuchungen, um die bekannt positiven sensorischen Eigenschaften von Holz und Holzwerkstoffen nachzuweisen“

AHMED AL SAMARRAIE Bauökologe, Berater und Sachverständiger für Holzbau, Vorstandsmitglied Deutscher Holzfertigbauverband, Leiter des Arbeitskreises ökologischer Holzfertigbau

Was macht eine gute Raumluftqualität aus?

AHMED AL SAMARRAIE: Eine hohe Raumluftqualität wird durch sehr gute raumlufthygienische Bedingungen erzeugt. Hierzu gehören neben einer angenehmen Lufttemperatur, je nach Bedürfnis ca. zwischen 18 °C und 23 °C, und einer relativen Luftfeuchte zwischen 40 und 60 % auch ein niedriger CO_2-Gehalt von deutlich unter 1000 ppm, der mit einfachen CO_2-Messgeräten für den Hausgebrauch (zwischen 20 und 60 Euro) gemessen werden kann. Hinzu kommt eine möglichst niedrige Belastung durch Emissionen, wobei dies besonders für Schadstoffe gilt.

Welche Emissionen entstehen in Wohnräumen und welche Auswirkungen haben diese auf die Bewohner?

Emissionen in Wohnräumen können aus verschiedensten Quellen entstehen: Feinstäube kommen aus Öfen, Kaminen, Kerzen oder durch eine entsprechend hochbelastete Außenluft, die diese beim Lüften in den Innenraum mitbringt. Es können aber auch durch die Nutzenden verursachte Emissionen sein, aus Tabakrauch, Reinigungsmittel, aus der Einrichtung, sowie solche, die aus Wand- und Bodenoberflächen entweichen. Auch gibt es Inhaltsstoffe in Baustoffen, die langfristig oder auch nur kurzfristig entweichen.

Was sind flüchtige organische Verbindungen (VOC)?

Alle organischen Verbindungen, die meist schon bei Raumtemperatur emittieren und meist durch Geruch feststellbar sind. Unangenehm, wenn sie an der Tankstelle beim Tankvorgang z. B. als Benzole entweichen, oder angenehm, wenn man eine Orange schält. Genauso entweichen VOC (volatile organic compounds) beim Zwiebelschälen, den Blumen – dort als Duft wahrnehmbar–, aber auch aus Reinigungsmitteln, Rasierwasser oder Duftkerzen. Kurzum, es sind leichte „sich verflüchtigende“ organische Verbindungen, je nach Herkunft mit unterschiedlichen Wirkungen.

Gibt es auch Emissionen aus Holz und Holzwerkstoffen? Welcher Unterschied besteht zwischen reinem Holz und Holzwerkstoffen?

Ja, es gibt auch Emissionen aus Holz und Holzwerkstoffen, die meisten sind VOC. Vorwiegend sind es Terpene (z. B. aus Kiefern, Lärchen und anderen Nadelhölzern) aber auch organische Säuren (z. B. Eiche, Buche oder Birke) und Aldehyde, wie das natürlich vorkommende Formaldehyd aus Holz, aber auch Aldehyde aus Holzwerkstoffen, die durch den Herstellungsprozess – Zerspanung, thermische Behandlung, Verpressung und Verleimung – entstehen. Bei OSB dominiert z. B. das Aldehyd Hexanal, das durch den Herstellungsprozess verstärkt wird. Die meisten Leime in den heutigen Holzwerkstoffplatten sind nach dem Trocknen harmlos in ihrer Auswirkung auf die Raumluft.

Welche Auswirkung haben Holz und Holzwerkstoffe auf die Raumluftqualität, das Empfinden und die Gesundheit der Bewohner?

Wenn wir das Feuchteregulierungsvermögen von Holz- und Holzwerkstoffen ansehen, dann ist dies ein positiver Effekt auf die Raumluft. Auch die hohe, der Raumlufttemperatur ähnliche Oberflächentemperatur des raumseitigen Teils des Holzes hat einen positiven Effekt. Hinzu kommt der Geruch, der aus den VOC entsteht und wenn das Holz keine Oberflächenbehandlung erfahren hat, sich nach und nach verflüchtigt. Neueste wissenschaftliche Untersuchungen haben ergeben, dass von den Inhaltsstoffen von Holz und Holzwerkstoffen in der Regel keinerlei gesundheitlich relevanten Auswirkungen ausgehen. Im Gegenteil, es laufen gerade wissenschaftliche Untersuchungen, um die bekannt positiven sensorischen Eigenschaften von Holz und Holzwerkstoffen nachzuweisen.

Welche Materialien für den Innenausbau von Wohnräumen können Sie hinsichtlich Raumluftqualität und Wohlbefinden empfehlen?

Alle Materialien, die feuchteregulierend und durchlässig sind und aus natürlich nachwachsenden Rohstoffen bestehen. Dazu gehören Holz- und Holzwerkstoffe, Lehmmaterialien, Kalk- und Kaseinputze und die entsprechenden Farben auf Wasserbasis mit Auszügen aus natürlichen und mineralischen Grundstoffen. Keramische Bodenbeläge, besser noch Bodenbeläge aus Holz und Teppiche aus unbehandelter Baum- oder Schurwolle, Naturfasern und auch Kork.

8.5 Neubau Strohballenhaus in Laax

Architekten: Atelier Schmidt, Graubünden

Das Strohballenhaus in Laax perfektioniert den Gedanken des klimafreundlichen, energieautarken Bauens bei gleichzeitig hohem architektonischen Anspruch. Die klare Strukturierung des Gebäudes, die Wahl der Materialien, vor allem der 1,20 m starken Strohaußenwände und die Ausnutzung der örtlichen Gegebenheiten ermöglichen den fast vollständigen Verzicht auf die Beheizung der Räume und erreichen insgesamt eine sehr gute CO_2-Bilanz des Gebäudes. Trotz Fokussierung auf die energetische Optimierung des Gebäudes wurde auf hohe architektonische Qualität und großen Wohnkomfort Wert gelegt.

Abb. 1: Das Strohballenhaus in Laax im Dämmerlicht

Steckbrief

- Gebäudetyp: Zweifamilienhaus mit 1-Zimmer-Studio
- Baujahr: 2011
- Wohnfläche: 258 m² Wohnfläche plus 60 m² unbeheizte Nutzfläche
- Anzahl der Wohneinheiten: 3
- Bauweise: Lasttragende Strohballenbauweise in Kombination mit Holzmassivbau
- Dämmstandard: Außenwände 120 cm Strohballen, Boden und Dach jeweils 80 cm Strohballen
- Energiestandard: Passivhausstandard, jedoch kein Zertifikat, da die Auflagen hinsichtlich der Technik bewusst nicht eingehalten wurden, denn auf Lüftungstechnik wurde weitgehend verzichtet
- Haustechnik: Passive solare Wärmegewinne über die Südfassade, pro Wohnung ein Specksteinofen zum Beheizen der Wohnbereiche im Erdgeschoss, Obergeschoss passive Erwärmung über Luftaustausch mit EG und solare Wärmegewinne, thermische Solaranlage für Brauchwassererwärmung, Photovoltaik auf Scheunendach, eigene Kläranlage auf dem Grundstück
- Gemessener Verbrauch Heizwärme: 1 Raummeter Fichtenholz über ein Jahr, das entspricht ca. 1.600 kWh/Jahr bzw. ca. 6,2 KWh/m²a
- Besonderheiten: Lasttragende Strohballenbauweise und fast komplette Autarkie des Gebäudes durch große PV-Anlage, thermische Solaranlage, eigenen Brunnen, eigene Kläranlage, Holz aus dem eigenen Wald

Projektbeschreibung

In herrlichem Alpenpanorama im Schweizer Kanton Graubünden liegt der Galloway-Hof Laax, der biologisch produziertes Gourmet-Beef erzeugt.

Der gelernte Tourismusfachmann Giusep Gliott übernahm den Hof 2005 als Quereinsteiger von seinem verstorbenen Bruder, machte seinen Meister in Landwirtschaft und stellte den Michwirtschaftsbetrieb auf Galloway-Mutterkuhhaltung um. Dabei verlegte er den Standort des Hofes von der Ortsmitte im Dorf Laax auf die nördlich der Ortschaft gelegene Anhöhe, auf der der größte Teil des eigenen Landwirtschaftslandes liegt. Das 430-jährige Elternhaus im Dorf verkaufte er und baute stattdessen angrenzend an den neuen Laufstall ein autarkes Wohnhaus aus gesunden, biologischen Baumaterialien.

Das seit Jahrzehnten auf nachhaltiges und ökologisches Bauen spezialisierte Bündner Architekturbüro Atelier Schmidt plante für die Galloway-Bauern ein Wohnhaus in lasttragender Strohballenbauweise mit einer Hauptwohnung, einer Alterswohnung und einem kleinen Studio. Das zweigeschossige Wohngebäude mit rechteckigem Grundriss und einem flach geneigten Satteldach ist klar gegliedert. Im Süden öffnet sich die Fassade mit einer großen Glasfront und herrlicher Aussicht, um möglichst viel Sonnenlicht einzufangen

Abb. 2: Der Galloway-Hof Laax im Alpenpanorama

Abb. 3: Ansicht Süd-West mit Glasfassade und Terrasse

Abb. 4: Grandioser Ausblick vom Essplatz

und das Gebäude in der kalten Jahreszeit über passive Solarenergie zu erwärmen. Die drei restlichen Fassaden sind dick in Stroh gepackt und hoch wärmedämmend.

Grundrisse

Eine klare Zonierung des Gebäudes nutzt die klimatischen Gegebenheiten effektiv aus. Die Wohnräume auf der Südseite des Gebäudes profitieren vom Licht und der Wärme und nebenbei von der grandiosen Aussicht auf das Alpenpanorama. An der Nordfassade befinden sich die Treppen und Flure sowie die Küchen und Bäder. Nördlich angrenzend, außerhalb der wärmenden Hülle, jedoch geschützt unter dem auskragenden Dach, schließt sich ein Außenraum an, der die kalten Nebenräume für Technik und Lager sowie den ganzjährig auf etwa 5 °C temperierten Erdkeller für die eigene Gemüseernte mit dem Wohnhaus verbindet.

Im Westen befindet sich die große Wohnung der Galloway-Bauern, im Osten eine kleinere Wohnung,

Abb. 5: Südterrasse am Abend

die als Altersruhesitz gedacht ist und zwischenzeitlich als Ferienwohnung genutzt wird. Im oberen Geschoss wurde zudem ein kleines Wohnstudio für Mitarbeitende des Hofes integriert.

Jeweils im Erdgeschoss befinden sich die großen Wohn-/Esszimmer mit Küche und direktem Zugang zur vorgelagerten Terrasse, im darüber liegenden Geschoss die Schlafräume und Badezimmer.

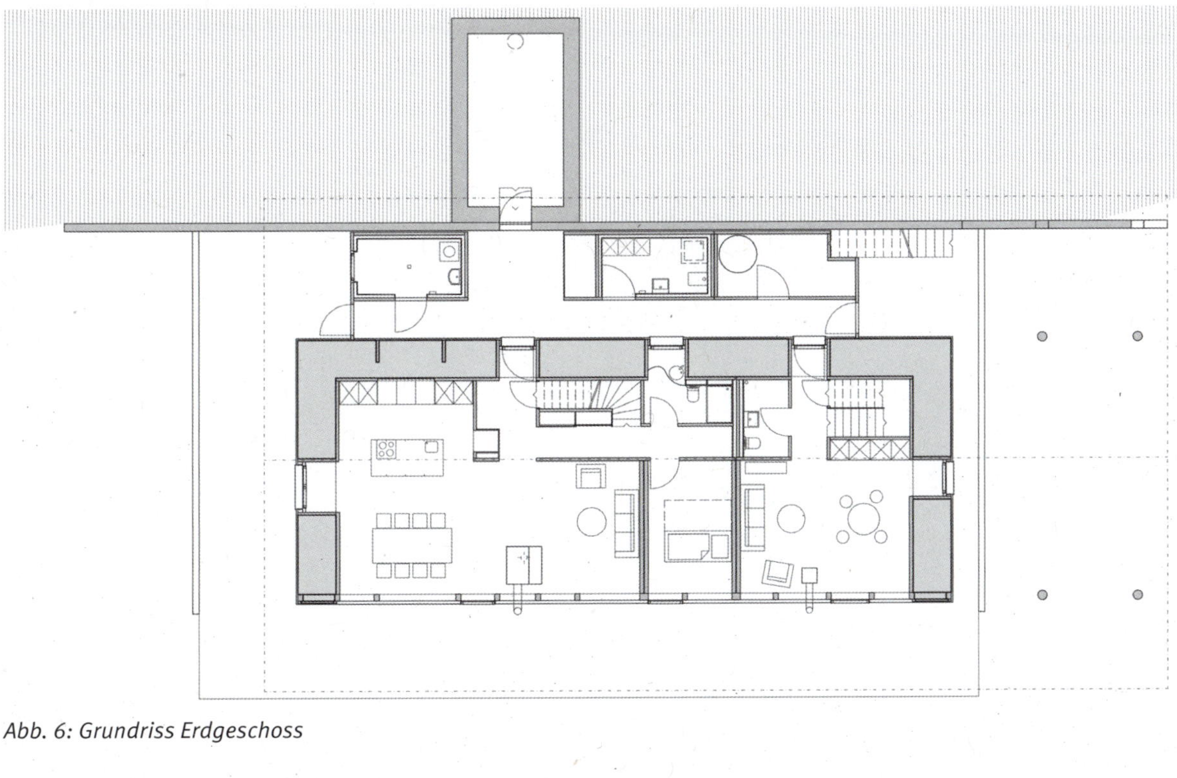

Abb. 6: Grundriss Erdgeschoss

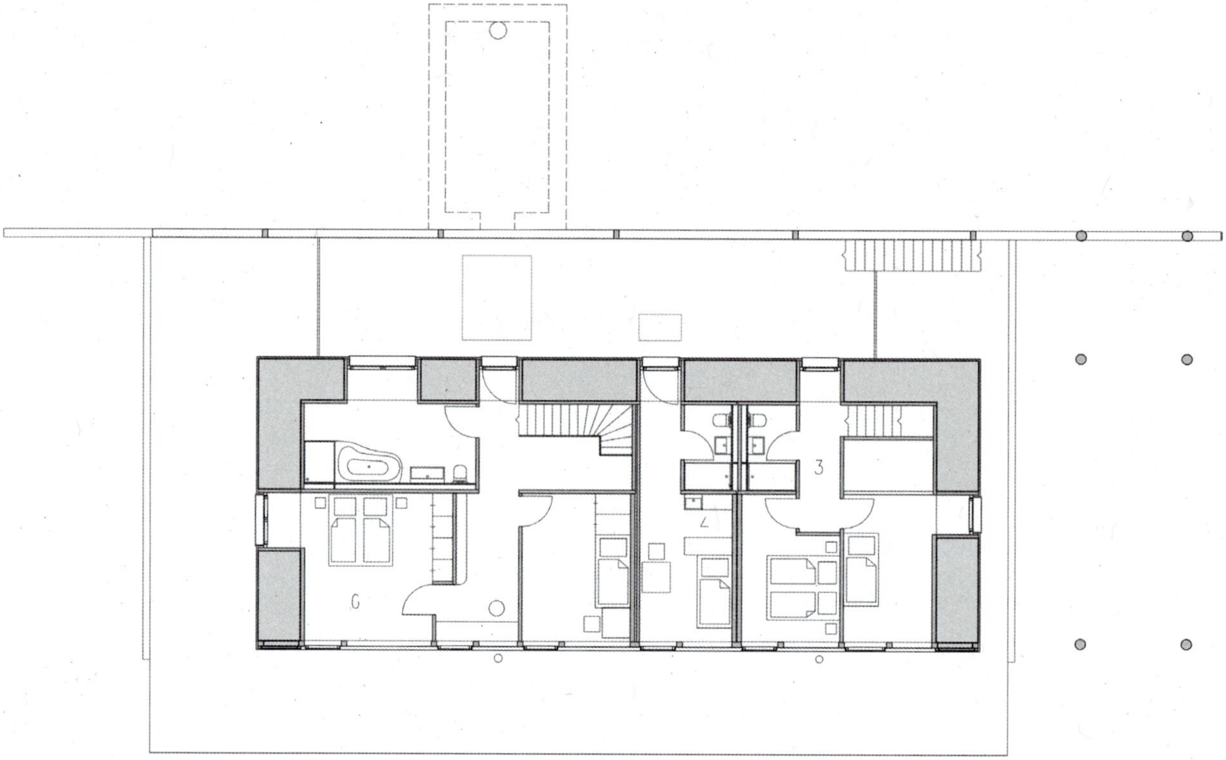

Abb. 7: Grundriss Obergeschoss

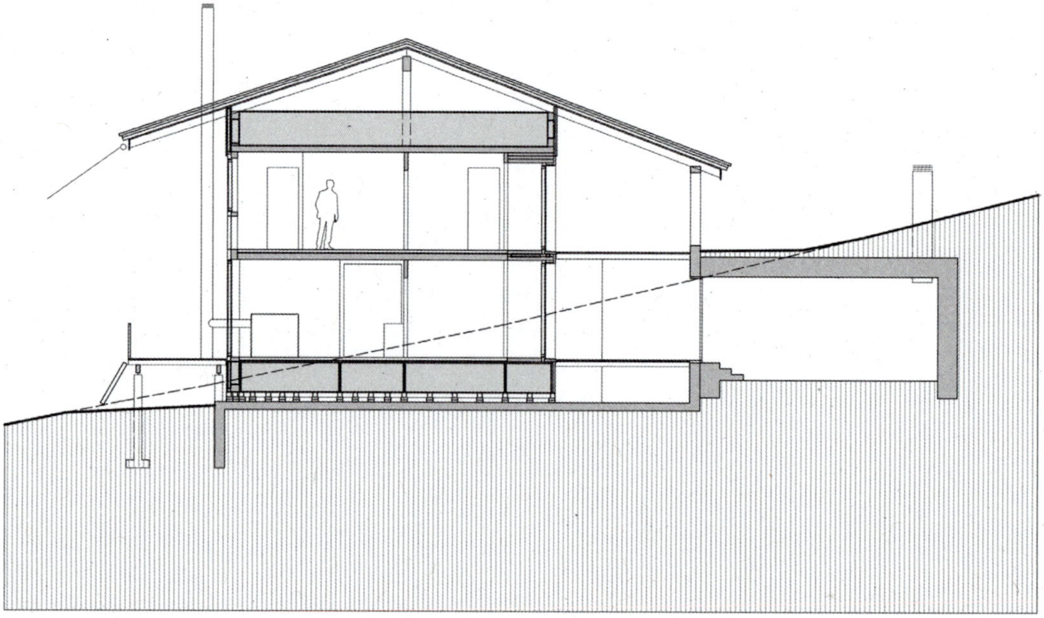

Abb. 8: Querschnitt

Gebäudehülle

Das Gebäude wurde an Nord-, Ost- und Westfassade sowie Boden und Decke dick in Strohballen eingepackt. Nur die Südfassade ist fast komplett verglast und ermöglicht eine gute Belichtung der Wohnräume und passive Nutzung der Solarenergie.

Zunächst wurden eine Bodenplatte und eine Stützmauer auf das am Hang gelegene Gelände betoniert. Darauf wurden Steine gemörtelt, die eine Luftzirkulation unter dem Wohnhaus ermöglichen. Darüber beginnt der Holzbau mit einer Bodenplatte, die mit 80 cm starken Strohballen ausgefüllt wurde.

Auf der Bodenplatte stehen die massive West-, Nord- und Ostfassade, die das Gebäude u-förmig umfassen. Diese drei Außenwände bestehen aus einer Hybridkonstruktion aus lasttragenden 1,20 m breiten Strohballen und mehrschichtigen, massiven Holz-Kreuzlagenplatten.

Die Strohballen aus langfaserigem Stroh wurden zwischen die Holzkonstruktion „gemauert" und tragen die Holzdecke und das Dach gemeinsam mit der Holzkonstruktion. Von außen wurde das Stroh mit Kalk dreilagig verputzt, von innen wurden als Wärmespeicher ungebrannte Lehmziegel vorgemauert oder die natürliche Holzoberfläche der Kreuzlagenplatten sichtbar gelassen. Siehe auch weitere Hinweise zum Strohbau auf den Seiten 227 und 230.

Abb. 9: Bauphase. Die lasttragenden Strohballen tragen gemeinsam mit den Innenwänden aus Massivholz die Holzdecken.

Abb. 10: Rohbau Ansicht Nord-West, die Strohwände werden von außen mit Kalk verputzt

Abb. 11: Dämmung der obersten Geschossdecke mit 80 cm dicken Strohballen

Das flach geneigte Sparrendach ist weit auskragend und schützt das Gebäude vor Niederschlag und Sonne. Die darunter liegende oberste Geschossdecke wurde mit 80 cm starken Strohballen gedämmt.

Innenausstattung

Der Boden besteht aus einem schwarz eingefärbten und versiegelten Sichtestrich, der ebenso wie die Lehmziegel als Wärmespeicher genutzt wird. Durch die dunkle Oberfläche wird in den kalten Monaten Sonnenenergie passiv aufgenommen und gespeichert.

Abb. 12: Innenansicht Küche mit Fenster in der Außenwand und Sichtfenster in die Strohwand

Abb. 13: Innenansicht Schlafzimmer mit luftgetrockneten Lehmziegeln, naturbelassener Oberfläche der Massivholzbauteile und eingefärbtem Estrich

Die Innenwände wurden aus Massivholzplatten erstellt. Zum größten Teil wurde die natürliche Oberfläche des Holzes sichtbar gelassen. Zusammen mit der Holzoberfläche der Massivholzdecke und den vorgemauerten Lehmziegeln entsteht dadurch ein warmer Raumeindruck.

Tipp

Weitere Hinweise zur Behaglichkeit in Räumen finden Sie hier: **www.schulungsstelle-traunstein.de/Energieberatung/background/5304029665089601f/530402966806ae302/index.html**

Hintergrund

Das Fichtenholz für die Öfen stammt aus dem eigenen Wald. Pro Jahr wird nur etwa ein Raummeter Holz verfeuert. Das Brauchwasser für die Duschen und Küchen wird vorrangig über eine thermische Solaranlage an der Südterrasse erwärmt und in einem Pufferspeicher zwischengespeichert.

Die große Dachauskragung sowie eine windfeste Markise sorgen dafür, dass die Glasfassade im Sommer verschattet und das Gebäude vor Überhitzung geschützt wird. Zudem sorgt eine Belüftung, ausgehend vom kühlen Außenraum auf der Nordseite, für eine gute Auskühlung des Gebäudes. Auf eine mechanische Lüftung wurde bewusst verzichtet, was trotz hervorragendem Wärmeschutz und sehr nachhaltigem Gebäudekonzept dazu geführt hat, dass die strengen Auflagen für die Effizienzhauszertifizierung in der Schweiz nicht erfüllt wurden.

Das Wohnhaus ist nicht an die öffentliche Kanalisation angeschlossen, sondern entwässert in die eigene Kläranlage. Das Frischwasser wird aus dem eigenen Brunnen gefördert.

Auf dem Dach der Scheune, also auf einem Nebengebäude, befindet sich eine große Photovoltaikanlage zur Stromproduktion, die einen großen Teil des Eigenbedarfs deckt und zusätzlich Strom ins Netz einspeist. Wäre noch eine ausreichend dimensionierte Batterieanlage angeschlossen, könnte sich der Hof komplett autark versorgen.

Gebäudetechnik

Beheizt wird im Winter über die passiven Solargewinne und nur bei Bedarf über den Specksteinofen, der jeweils im Wohnzimmer der beiden Wohnungen steht. Die restlichen Wohnräume werden über Wärmeübertragung aus den beheizten Räumen und Sonneneinstrahlung erwärmt. Durch die sehr gute Dämmwirkung der strohballengedämmten Fassaden wird ein deutlich besserer Standard (U-Wert Strohwand = 0.04 W/(m²·K)) als Passivhausstandard (U-Wert opake Bauteile = 0.15 W/(m²·K)) erreicht. Dabei profitiert das Wohnhaus von seiner Lage auf 1.400 m Höhe, in der auch im Winter häufig die Sonne scheint. Die dreifach verglaste Südfassade gewinnt mehr Energie, als sie verliert. Eine Stunde Sonneneinstrahlung reicht aus, um das Gebäude für fünf Tage zu erwärmen, dabei helfen auch die wärmespeichernden Lehmsteinwände und der dunkel eingefärbte Estrichboden. Nur sehr selten muss der Specksteinofen angefeuert werden. Selbst bei strengen Minustemperaturen sinkt die Temperatur in den Räumen nicht unter die Wohlfühltemperatur von 19 oder 20 °C. So richtet sich das Gebäude ganz nach den örtlichen Gegebenheiten. In einer Tallage mit viel Nebel müsste das Gebäude- und Heizkonzept angepasst werden.

Klimafreundliche Besonderheiten

Das Gebäude verbraucht durch die hervorragende Dämmung im Betrieb sehr wenig Energie, die über die PV-Anlage und das selbst produzierte Holz regenerativ erzeugt wird. Zudem hat das Gebäude durch die Materialwahl eine sehr gute CO_2-Bilanz. Stroh und Holz sind nachwachsende Rohstoffe, die mit wenig Energieaufwand für den Bau zur Verfügung gestellt werden können. Auch luftgetrocknete Lehmziegel sind energiearm herzustellen. Der Einsatz von zementhaltigen Produkten wurde auf ein notwendiges Minimum reduziert. Im Fall des Rückbaus sind die Materialien sortenrein trennbar und lassen sich wiederverwenden oder über Kompostierung in den biotischen Kreislauf zurückführen.

Vorteile des Projekts

Der Holz-Stroh-Rohbau konnte innerhalb weniger Wochen errichtet werden. Das Raumklima wird durch die natürlichen Materialien positiv beeinflusst. Das Haus profitiert auch von seiner Lage auf 1.400 m Höhe mit vielen Sonnenstunden im Winter und einem grandiosen Blick auf das Alpenpanorama.

Strohgebäude haben nachweislich die beste CO_2-Bilanz aller Bauweisen, sind prinzipiell sehr dauerhaft (so wie massive Ziegelbauten) und überwiegend kreislauffähig rückbaubar.

Nachteile des Projekts

Ein Strohballenhaus mit Passivhausstandard hat sehr dicke Wände von bis zu 150 cm und braucht deshalb Platz. Im Fall des Galloway-Hofs in Laax stellte dies jedoch kein Problem dar, da Platz ausreichend zur Verfügung stand.

Während der Bauphase ist Stroh brandgefährdet, erst nach dem beidseitigen Verputzen ist das Material brandsicher.

Exkurs: Fakten zum Strohbau

Lasttragender Strohballenbau ist in Deutschland noch nicht zugelassen, es ist immer die Zulassung im Einzelfall zu erwirken.

Für Deutschland gilt jedoch die Zulassung für Strohgebäude im Holzständerwerk. Dafür werden Kleinballen aus Stroh genutzt. Ein Passivhausstandard ist auch damit erreichbar. Die Kleinballen werden nach Vorschrift gepresst und haben Abmessungen von 46–50 cm Höhe x 36 cm Breite x 65–90 cm Länge). Je nach Einbaurichtung ergeben sich Wanddicken ohne Putz und Verkleidung von 36 bis 50 cm. Die Fassadengestaltung ist frei wählbar (z. B. Holzverkleidung, regionaltypische Verkleidung oder Putz und Anstrich). Beim Bau eines Strohballengebäudes können die Strohballen manuell auf der Baustelle in das Ständerwerk gestopft werden oder ganze Wände werden in einer Zimmerei komplett vorgefertigt.

Strohgebäude sind beim fachgerechten Einbau sehr langlebig. Ein Befall mit Nagern oder Insekten ist nicht zu befürchten, da das Stroh ausgedroschen ist und in der Regel keine Nährstoffe mehr enthält. Durch den Putz an allen offenen Seiten ist der Zugang für Schädlinge versperrt. Eine Feuchtebelastung oder das Verrotten von Stroh ist nicht zu befürchten. Als Naturfaserdämmstoff kann Stroh dampfförmige Feuchte gut aufnehmen und abgeben sowie sporadische Feuchteereignisse abpuffern.
Die Strohbaurichtlinie enthält weitere Informationen:
baustroh.de/pdf/SBR_2019.pdf

Exkurs: Strohballenbauweise in der Vorfertigung

Die Strohballenbauweise findet auch im Mehrfamilienhausbau Verwendung. Hier ist ein hoher Vorfertigungsgrad zur Kostenreduktion von Vorteil. Ein Beispiel hierfür ist das ebenfalls von Atelier Schmidt entworfene Gebäudeensemble auf dem Bombasei-Areal in dem Dorf Nänikon in der Schweiz (⇢ Seite 228/229).

Die Architekten entwickelten einen Gebäudekomplex in Holz/Stroh-Elementbauweise, der mit natürlichen Baustoffen und ökologischem Konzept durch die geschickte Ausnutzung der Fläche und den hohen Vorfertigungsgrad auch in wirtschaftlicher Hinsicht überzeugend war: Insgesamt 28 Wohneinheiten verteilen sich auf drei Baukörper, die sich um einen gemeinsamen Innenhof gruppieren.

Die Baukörper sind jeweils an drei Fassaden mit 0,80 m breiten Strohballen gedämmt. Nur die zu den Nachbargrundstücken hin orientierten Fassaden sind vollflächig verglast und bieten privaten Außenraum in Form von Balkonen und kleinen Gärten.

Die Bauteile für Boden, Wand und Dach wurden im Werk vorgefertigt. Dafür wurde die Holzkonstruktion bereits im Werk mit Strohballen gedämmt und die Elektroinstallation, Heizung und Sanitärinstallation in den Wandelementen installiert. Die fertigen Bauteile konnten dann innerhalb kurzer Zeit auf der Baustelle montiert werden (⇢ Seite 230).

Auch in Deutschland werden strohgedämmte Holzbauteile, die als wandgroße Bauelemente auf die Baustelle geliefert und wie im Baukastenprinzip aufgestellt werden können, gefertigt. Es sind bereits einige Häuser im Baustoff-Trio Holz-Stroh-Lehm erbaut worden.

Durch die Vorfertigung kann der Rohbau eines Einfamilienhauses einschließlich Dach innerhalb von 1 bis 2 Tagen errichtet werden. Beim Innenausbau wird viel Wert auf die Kombination von Holz und Lehm gelegt. Das schafft ein gutes Raumklima mit gleichmäßiger Luftfeuchte und annähernd schadstofffreier Luft.

Abb. 14: Luftbild der Strohballenhaussiedlung in Nänikon, Kanton Zürich

Abb. 15: Ansicht der strohballengedämmten Häuser mit großflächiger Verglasung an der nach außen gewandten Seite und fast geschlossenen, strohgedämmten Fassaden zum Inneren des Ensembles

Abb. 16: Innenansicht einer Wohnung mit Blick aus der voll verglasten Fassade und einem Fenster mit tiefer Laibung in strohgedämmter Wand

Abb. 17: Wohnraum unter dem strohgedämmten Satteldach

Abb. 18: Vorfertigung der strohgedämmten Fassaden im Werk

Abb. 19: Montage der vorgefertigten Raumeinheiten auf der Baustelle

9 Anhang

Glossar

Abluftanlage ⇢ Seite 161

Amortisationszeit: Ist die gewünschte Maßnahme auch wirklich rentabel? Auf Seite 108 finden Sie unser hilfreiches Berechnungsmodell. Und unsere Rechenhilfe unter www.ratgeber-verbraucherzentrale.de/haustechnik unterstützt Sie bei der Berechnung Ihrer eigenen Werte.

Autarkie, energieautark: Wenn in diesem Buch von Autarkie gesprochen wird, so bezieht sich dies lediglich auf die Selbstversorgung mit Energie und nicht beispielsweise mit Nahrungsmitteln.

Autarkiegrad: Der Autarkiegrad gibt an, welcher Anteil der im Haus benötigten Energie auf dem eigenen Grundstück erzeugt wird: Je höher der Autarkiegrad, umso weniger Energie müssen Sie zukaufen. Der Autarkiegrad kann sich auf die gesamte Energie beziehen oder nur auf Strom oder Wärme.

Betriebskosten, energetische: Zusätzlich zu den Brennstoffkosten entstehen Stromkosten zum Betrieb der Haustechnik, beispielsweise für die Umwälzpumpen, Kosten für Wartung und Schornsteinfeger. Auch sollte eine Rücklage für Reparaturen an der Haustechnik vorgesehen sein. Die Summe dieser Kosten pro Jahr sind dann die energetischen Betriebskosten.

Bivalente Anlage ⇢ Seite 131

Blockheizkraftwerk (BHKW) ⇢ Seite 94

Brauchwasser: Warmes Wasser für Dusche etc. Hier im Ratgeber wird der Begriff „Brauchwasserbereitung" benutzt. Normgemäß handelt es sich um die „Trinkwasser-Erwärmung".

Brennstoffzelle: Eine Brennstoffzelle erzeugt Strom durch die chemische Verbindung eines Brennstoffs (meist Gas) mit dem Sauerstoff aus der Luft. Es entsteht bei dieser „kalten" Verbrennung zwar keine Flamme, aber neben dem Strom wird auch Wärme produziert. ⇢ KWKG, Kraft-Wärme-Kopplung, Blockheizkraftwerk

Brennwert ⇢ Seite 113

Bundesförderung für effiziente Gebäude (BEG) ⇢ Seiten 28, 111, 112

Dämmstoffe: Es gibt unterschiedliche Arten und Ausführungen von Dämmstoffen: Sie können aus Naturfasern, geschäumten Kunststoffen, künstlichen Fasern oder aus mineralischen Materialien bestehen. Außerdem gibt es Sonderdämmstoffe und Wärmedämmputze. Die Dämmstoffgüte bemisst sich nach der Wärmeleitfähigkeit (je kleiner der Wert, desto besser). Aber auch der Umgang eines Dämmstoffs mit Feuchte, das Abfallaufkommen nach Rückbau und eine Kreislaufoption sind entscheidende Auswahlkriterien (⇢ ab Seite 73).

Eisspeicher: Wird Wasser vom flüssigen in den festen Zustand umgewandelt (zu Eis), kann pro Volumen eine sehr große Wärmemenge freigesetzt werden. Umgekehrt muss sehr viel Wärme aufgewendet werden, um das Eis zu schmelzen. Ein kleiner Eisspeicher ist so um ein Vielfaches effektiver als ein entsprechender Wasserspeicher. Er ist nur im Zusammenhang mit einer Wärmepumpe für die Raumheizung nutzbar. Näheres zu Eisspeichern für die Kurz- oder Langzeitüberbrückung im Ratgeber „Strom und Wärme" ⇢ www.ratgeber-verbraucherzentrale.de

Förderprogramme: Es gibt zahlreiche Förderprogramme, die Sie finanziell unterstützen. Einen aktuellen Überblick finden Sie zum Beispiel hier: www.verbraucherzentrale.nrw/wissen/energie/foerderprogramme

Frischwasserstation ⇢ Seite 142

Graue Energie ⇢ Seite 16

Heizungsunterstützungsanlage: Eine thermische Solaranlage, die neben der Brauchwasserbereitung auch Heizungswärme liefern kann. Sie benötigt eine größere Kollektorfläche und einen Speicher für das Heizungswasser. ⇢ Seite 142

Hybridsystem ⇢ Seite 152

Invertertechnik ⇢ Seite 129

IPCC – Intergovernmental Panel on Climate Change (Zwischenstaatlicher Ausschuss für Klimaänderungen): Im Deutschen oft als Weltklimarat bezeichnet, wurde der IPCC im November 1988 vom Umweltprogramm der Vereinten Nationen (UNEP) und der Weltorganisation für Meteorologie (WMO) als zwischenstaatliche Institution ins Leben gerufen, um für politische Entscheidungsträger den Stand der

Klimakrise festzustellen. Der neueste Bericht ist 2021 erschienen und stellt fest, dass nur noch wenige Jahre bleiben, um maßgeblichen Einfluss auf die Klimakrise nehmen zu können.

iSFP – individueller Sanierungsfahrplan: Der iSFP wird im Rahmen einer bundesgeförderten Vor-Ort Energieberatung (www.bafa.de) erstellt. Er stellt dar, mit welchen Maßnahmen ein Effizienzhaus erreicht werden kann und in welcher zeitlichen Reihenfolge diese sinnvollerweise durchgeführt werden. Bei im iSFP enthaltenen baulichen und einigen haustechnischen Maßnahmen – allerdings sind Heizungsaustauschmaßnahmen ausgeschlossen –, die Sie dann tatsächlich durchführen, können sie im Rahmen der BEG (→ Seite 112) eine höhere Förderung erhalten.

Jahresarbeitszahl (JAZ) → Seite 128

Kelvin: Das Kelvin ist die wissenschaftliche Einheit für die Temperatur. Ein Kelvin ist identisch mit einem Grad Celsius, wenn es um die Temperaturdifferenz geht. Allerdings ist der Nullpunkt ein anderer: Die Null der Kelvin-Skala beginnt beim absoluten Nullpunkt von minus 273 °C. Eine tiefere Temperatur gibt es nicht. 20 °C sind demnach 293 K.

Kreislaufwirtschaft → Seite 19

Kontrollierte Wohnraumlüftung: Die Räume eines Gebäudes werden durch eine Lüftungsanlage be- und entlüftet. In der Regel wird dabei ein Wärmetauscher genutzt, um die einströmende Luft vorzuwärmen (→ Seite 162).

KWK – Kraft-Wärme-Kopplung → Seite 94. Die gleichzeitige Erzeugung und Nutzung von Strom und Wärme. In Großkraftwerken wird lediglich der Strom genutzt und die entstehende Wärme über Kühltürme abgegeben. Bei KWK-Anlagen dagegen wird die Wärme für das Fernwärmenetz (→ Seite 122) oder direkt im Haus (→ Seite 94) genutzt.

KWKG → Seite 95. Das Kraft-Wärme-Kopplungsgesetz soll die Kraft-Wärme-Kopplung fördern Dazu wird für Strom, der von Blockheizkraftwerken erzeugt wird, eine zusätzliche Vergütung gezahlt.

Lebensdauer → Seite 108. Der durchschnittliche Zeitraum, in dem eine Maßnahme ohne größere Reparaturen auskommt. Die typische Lebensdauer von Heiztechnik liegt bei 15 bis 20 Jahren. Bauliche Maßnahmen können längere Lebensdauern bis zu 50 Jahren erreichen.

Lüftungsanlage mit Wärmerückgewinnung → Seite 162

Nahwärme → Seite 123

Nachhaltiges Gebäude → Seite 29.

Netzkopplung → Seite 98. Ein Photovoltaikmodul produziert Gleichstrom. Um diesen im Netz nutzen zu können, ist ein Wechselrichter notwendig, der aus Gleichstrom Netzwechselstrom macht. Die meisten Wechselrichter können dies nur, wenn Sie mit dem öffentlichen Stromnetz verbunden sind (netzgekoppelt) und das öffentliche Netz nicht ausgeschaltet ist. Das ist aus Sicherheitsgründen so vorgeschrieben. Es gibt auch Anlagen, die ein eigenes Netz unterhalten können (Inselanlagen). Dabei muss die Anlage vom öffentlichen Netz abgetrennt sein.

Passivhaus → Seite 54

Photovoltaik → Seite 98

Primärenergiebedarf → Seite 16

Pufferspeicher → Seite 117

Qualitätssiegel Nachhaltiges Gebäude (QNG) → Seite 29

Referenzhaus: Ihr Gebäude mit vorgegebenem baulichen Wärmeschutz und vorgegebener Haustechnik.

Rücklauf: Ein Begriff aus der Haustechnik, er benennt die Rohre, die an der kalten Seite des Heizkessels, der Wärmepumpe oder des Sonnenkollektors angebracht sind und das in den Heizkörpern oder der Flächenheizung abgekühlte Heizungswasser zum Wärmeeerzeuger zurückleiten bzw. zum Kollektor bringen. Die Temperatur im Rücklauf hängt von der Vorlauftemperatur ab und sollte mindestens 10 °C darunterliegen. Ansonsten sollte die Heizungsanlage optimiert werden (→ Seite 110).

Siphon: Ein Bogen in einer Rohrleitung, der unerwünschte Strömungen verhindert. Beispielsweise kann ein Siphon zwischen dem Warmwasserspeicher und der Warmwasserleitung verhindern, dass warmes Wasser aufgrund der Schwerkraft (warmes Wasser ist leichter als kaltes) im Rohr nach oben strömt, dabei eine ungewollte Zirkulation durchführt und dem Warmwasserspeicher Wärme entzieht. Andere Siphons, beispielsweise am Waschbecken, dienen als Geruchsverschluss gegen die Gase im Abwasserrohr.

Sonnenhaus → Seiten 144, 149. Das Sonnenhausinstitut bezeichnet ein Gebäude als „Sonnenhaus“, das seine Energie für Heizung und Warmwasser mindestens zur Hälfte aus der Sonne gewinnt, entweder mit thermischen Solaranlagen oder mit Photovoltaik und Wärmepumpe.

Thermische Solaranlage → Seite 140. Andere Begriffe sind Solarthermie, solarthermische Anlage oder Kollektoranlage.

Die Sonneneinstrahlung erhitzt in den Sonnenkollektoren eine Flüssigkeit, meist ein Wasser-Frostschutzmittel-Gemisch. Diese Flüssigkeit wird zum Wärmetauscher im Solarspeicher gepumpt und gibt dort die Wärme ans Speicherwasser ab. Aus dem Speicher wird je nach Anlagentyp das warme Duschwasser oder zusätzlich Heizungswasser für Flächenheizung oder Heizkörper entnommen.

Treibhauseffekt und Treibhauspotenzial ⟶ Seite 13

U-Wert = Wärmedurchgangskoeffizient oder Wärmedämmwert ⟶ Seite 74. Der U-Wert gibt an, wie gut der Wärmeschutz eines Bauteils mit allen Schichten bzw. Details ist (zum Beispiel Fenster, Außenwände, Dach, Kellerdecke).

„VOC" (Volatile Organic Compounds) ⟶ Seite 23. VOC sind flüchtige organische Verbindungen, die in die Raumluft ausgasen.

Vorlauf: Ein Begriff aus der Haustechnik. Die Rohre, die an der heißen Seite des Heizkessels, der Wärmepumpe oder des Sonnenkollektors austreten und die Wärme zu den Heizkörpern oder der Flächenheizung beziehungsweise dem Warmwasserspeicher leiten. Die Temperatur an dieser Stelle ist die Vorlauftemperatur. Je kleiner die Heizfläche, umso größer muss die Vorlauftemperatur sein. Flächenheizungen benötigen nur niedrige Vorlauftemperaturen.

Wärmebrücke: Ein Schwachpunkt im baulichen Wärmeschutz. An dieser Stelle ist die Oberflächentemperatur niedriger als an anderen Stellen der Wandinnenseite. Es gibt geometrische Wärmebrücken (zum Beispiel ist die Oberflächentemperatur in einer Raumecke niedriger als auf der Wand daneben, weil wenig Fläche innen Wärme aufnehmen kann, aber eine größere Fläche außen die Wärme abgibt). Und es gibt konstruktive Wärmebrücken (zum Beispiel leitet die durchgegossene Betonplatte des Balkons die Wärme besser nach draußen als die Wand daneben, weil Beton eine wesentlich höhere Wärmeleitfähigkeit besitzt). Wärmebrücken sind die ersten Stellen, an denen es zu Problemen mit Feuchtigkeit und Schimmel kommen kann (⟶ Seiten 21, 161).

Wärmeleitfähigkeit oder λ-Wert: Bauphysikalischer Zahlenwert zur Beschreibung der Dämmfähigkeit eines Materials. Je kleiner der **λ**-Wert, umso besser ist die Dämmfähigkeit (⟶ Seite 74).

Wärmeleitgruppen (WLG): veraltet für Wärmeleitstufen

Wärmeleitstufen (WLS): Kennzeichnung der Dämmstoffe im Handel entsprechend der Wärmeleitfähigkeit (⟶ Seite 79).

Wärmequelle: Eine Wärmepumpe (⟶ Seite 127) nutzt die Wärme der Wärmequelle (Grundwasser, Erdwärme, Luft) zum Heizen. Günstig ist eine Wärmequelle mit ganzjährig möglichst hohen Temperaturen.

Wärmesenke: Wärmepumpen geben die Wärme an eine Wärmesenke ab. Das kann das Heizsystem (möglichst mit Flächenheizung, Heizkörper sind auch möglich) oder ein Warmwasserspeicher sein. Günstig ist eine möglichst niedrige Temperatur der Wärmesenke.

Wärmetauscher: Ein Bauteil in vielen haustechnischen Anlagen. Ein Wärmetauscher wird immer dann gebraucht, wenn Wärme von einem Stoff auf einen anderen übertragen werden soll, sich die Stoffe aber nicht mischen dürfen. Beispiel: Im Sonnenkollektor (⟶ Seite 142) befindet sich Frostschutzmittel, im Brauchwasserspeicher Trinkwasser. Die Wärme des Sonnenkollektors wird nun mit einem Rohrbündel (dem Wärmetauscher), das im Speicher eingebaut ist, auf das Speicherwasser übertragen. Andere Wärmetauscher übertragen die Wärme der heißen Brenngase im Heizkessel auf das Brauchwasser für Heizung oder Warmwasser, oder in einer Lüftungsanlage die Wärme der Abluft auf die Zuluft.

Wärmeübertragung: Es gibt drei Formen der Übertragung: Wärmeleitung, Wärmeströmung und Wärmestrahlung.

Wassertasche: Der Wärmetauscher in einem Holzofen, der vom Heizungswasser durchflossen wird.

Wiederverwendung: Die Baustoffe oder Bauteile werden beim Rückbau unbeschädigt ausgebaut und ohne Recyclingstufen in einem anderen Gebäude wiederverwendet.

Wiederverwertung: Die Baustoffe werden beim Rückbau getrennt gelagert und nach verschiedenen Zwischenschritten (mechanische Trennung, Zerkleinerung, Recycling) einer untergeordneten Bestimmung zugeführt (z. B. Beton- und Ziegelbruch im Straßenunterbau).

Wohngesundheit ⟶ Seite 20

Zertifizierungsstelle ⟶ Seite 29

Zirkuläres Bauen oder C2C: siehe Kreislaufwirtschaft ⟶ Seite 19

Zirkulation ⟶ Seite 139

Adressen

Verbraucherzentralen

Verbraucherzentrale Baden-Württemberg e.V.
Tel. 07 11/66 91-10
www.verbraucherzentrale-bawue.de

Verbraucherzentrale Bayern e.V.
Tel. 0 89/5 52 79 4-0
www.verbraucherzentrale-bayern.de

Verbraucherzentrale Berlin e.V.
Tel. 0 30/2 14 85-0
www.verbraucherzentrale-berlin.de

Verbraucherzentrale Brandenburg e.V.
Tel. 03 31/2 98 71-0
www.verbraucherzentrale-brandenburg.de

Verbraucherzentrale Bremen e.V.
Tel. 04 21/1 60 77-7
www.verbraucherzentrale-bremen.de

Verbraucherzentrale Hamburg e.V.
Tel. 0 40/2 48 32-0
www.vzhh.de

Verbraucherzentrale Hessen e.V.
Tel. 0 69/97 20 10-900
www.verbraucherzentrale-hessen.de

Verbraucherzentrale Mecklenburg-Vorpommern e.V.
Tel. 03 81/208 70-50
www.verbraucherzentrale-mv.eu

Verbraucherzentrale Niedersachsen e.V.
Tel. 05 11/9 11 96-0
www.verbraucherzentrale-niedersachsen.de

Verbraucherzentrale Nordrhein-Westfalen e.V.
Tel. 02 11/38 09-0
www.verbraucherzentrale.nrw

Verbraucherzentrale Rheinland-Pfalz e.V.
Tel. 0 61 31/28 48-0
www.verbraucherzentrale-rlp.de

Verbraucherzentrale des Saarlandes e.V.
Tel. 06 81/5 00 89-0
www.verbraucherzentrale-saarland.de

Verbraucherzentrale Sachsen e.V.
Tel. 03 41/69 62 90
www.verbraucherzentrale-sachsen.de

Verbraucherzentrale Sachsen-Anhalt e.V.
Tel. 03 45/2 98 03-29
www.verbraucherzentrale-sachsen-anhalt.de

Verbraucherzentrale Schleswig-Holstein e.V.
Tel. 04 31/5 90 99-0
www.verbraucherzentrale.sh

Verbraucherzentrale Thüringen e.V.
Tel. 03 61/5 55 14-0
www.vzth.de

Verbraucherzentrale Bundesverband e.V.
Tel. 0 30/2 58 00-0
www.vzbv.de

Stichwortverzeichnis

Bildnachweis

Kapitel 1

Abb. 1 Eva Riks, Witzenhausen; Quelle: Vortrag „Schlussbericht – Kriterien für nachhaltigen Wohnungsbau in Berlin“, weberbrunner Berlin, Gesellschaft von Architekten mbH 2021
Abb. 2 statista
Abb. 3 Rumi Benecke, Düsseldorf
Abb. 4 nhm Werbung, Emden

Kapitel 2

Abb. 1–3 Eva Riks, Witzenhausen
Abb. 4 Stefan Schön, Quelle: IKZ-Energy, 1/2015, Seite 50–57
Abb. 5–6 Eva Riks, Witzenhausen, eigene Berechnungen
Abb. 7 Bundesministerium für Wirtschaft und Klimaschutz 2022
Abb. 8–13 Eva Riks, Witzenhausen
Abb. 14 RAL gGmbH, Bonn
Abb. 15 RAL gGmbH, Bonn
Abb. 16 natureplus e.V., Internationaler Verein für zukunftsfähiges Bauen und Wohnen, Neckargemünd
Abb. 17 Holz von Hier gGmbH, Creußen
Abb. 18 Gutes Holz Service GmbH, Freiburg
Abb. 19 PEFC Deutschland, Stuttgart

Kapitel 3

Abb. 1 Anne Raupach, auf der Grundlage: Vortrag „Schlussbericht – Kriterien für nachhaltigen Wohnungsbau in Berlin“, weberbrunner Berlin, Gesellschaft von Architekten mbH
Tabelle 1 Vortrag „Schlussbericht – Kriterien für nachhaltigen Wohnungsbau in Berlin“, weberbrunner Berlin, Gesellschaft von Architekten mbH
Abb. 2 Anne Raupach, auf der Grundlage: Vortrag „Nachhaltiger Wohnungsbau in der Praxis“, weberbrunner Berlin, Gesellschaft von Architekten mbH, 2022
Abb. 3–5 Eva Riks, Witzenhausen
Abb. 6 Tonia de Lamor Selles
Abb. 7 werk.um architekten, Darmstadt
Abb. 8 Anne Raupach, Kaufungen
Abb. 9 Bundesverband der Deutschen Ziegelindustrie e.V., Berlin (Erlus, Jacobi-Walther, Wienerberger)
Abb. 10–14 Eva Riks, Witzenhausen

Kapitel 4

Abb. 1–6 Eva Riks, Witzenhausen
Abb. 7 Norbert Quast, Kassel
Abb. 8 Eva Riks, Witzenhausen
Abb. 9 Thomas Ott, Mühtal
Abb. 10 Mats Holst, Projektentwicklung: E Eiendorn AS, Architekturbüro: R21
Abb. 11 Eva Riks, Witzenhausen
Abb. 12–13 Kai Kühlborn, Holzbau Kühlborn GmbH, Spangenberg
Abb. 14–15 Eva Riks, Witzenhausen

Kapitel 5

Abb. 1 Fachagentur nachwachsende Rohstoffe
Abb. 2 Anja Neubauer, Witzenhausen
Abb. 3–9 Eva Riks, Witzenhausen
Abb. 10 Projekt „Upstraw“, Lorenz Märtl
Abb. 11–12 Eva Riks, Witzenhausen

Kapitel 6

Abb. 1, 6 Johannes Spruth, Unna
Abb. 2, 3 Verbraucherzentrale NRW, Düsseldorf
Abb. 4 Energie.Agentur NRW, Düsseldorf
Abb. 5 Prof. Dr. Jochen Twele, HTW Berlin

Kapitel 7

Abb. 1, 13, 18, 19 Horst Lünser, Berlin
Abb. 2 Hans Hartmann, Technologie- und Förderzentrum im Kompetenzzentrum für Nachwachsende Rohstoffe (TFZ)
Abb. 3 Johannes Spruth, Unna
Abb. 4 Verbraucherzentrale NRW, Düsseldorf
Abb. 5 Energie.Agentur NRW, Düsseldorf
Abb. 6–9 Bundesverband Wärmepumpe e.V. (BWP), Berlin
Abb. 10 Evelyn Hillebrand, Düsseldorf
Abb. 11 Dominique VERNIER/fotolia.de
Abb. 12 Hubertus Pieper, Soest
Abb. 14 Energie.Agentur NRW, Düsseldorf
Abb. 15 my-PV GmbH, Neuzeug (Österreich)
Abb. 16 Sonnenhaus Institut e.V., Freising.
Abb. 17 Viessmann, Allendorf
Abb. 20 Energie.Agentur NRW, Düsseldorf
Abb. 21–23 Verbraucherzentrale NRW, Düsseldorf; A. Titze

Kapitel 8.1

Abb. 1–27 Anne Raupach, Kaufungen

Kapitel 8.2

Abb. 1, 2, 4, 7, 8 Jan Bitter, Berlin
Abb. 3, 5, 6 Farid Scharabi, Berlin

Kapitel 8.3

Abb. 1, 3, 4, 6, 7, 8, 9 Udo Geisler, Essen
Abb. 5, 7 Christian Stolz, Hamburg
Abb. 10 INKEK GmbH, Lohfelden

Kapitel 8.4

Abb. 1, 2, 4, 5, 7, 8, 9, 10, 11, 12, 13, 14, 16 Jan Bitter, Berlin
Abb. 3, 6, 15 Andreas Meichsner, Berlin

Kapitel 8.5

Abb. 1, 4, 12	Lucia Degonda, Pfäffikon (Schweiz)
Abb. 2, 3, 5, 13	Mathias Kunfermann, Thusis (Schweiz)
Abb. 6–11	Atelier Schmidt, Trun (Schweiz)
Abb. 14, 15, 17	Beat Brechbühl, Luzern (Schweiz)
Abb. 16, 18, 19	Damian Poffet, Bern-Liebefeld (Schweiz)

Weitere Fotos

Seite 134	Jennifer Sobiech-Wolf, Münster
Seite 144	Carsten Körnig, Bundesverband Solarwirtschaft e.V.
Seite 150, unten	Matthias Hüttmann, Deutsche Gesellschaft für Sonnenenergie e.V.
Seite 155	Bernd Molitor, Renergie Ruhr-Hellweg e.V., Fröndenberg
Seite 179, oben	Stephan Oelsner, Greifswald
Seite 181, 214	Reinhard Eberl-Pacan, Berlin
Seite 191	Philipp Dittus, Berlin
Seite 202	INKEK GmbH, Lohfelden
Seite 216	Deutscher Holzfertigbauverband, Ostfildern

Weitere Innenfotos

Seite 11, 17, 91	Halfpoint – stock.adobe.com
Seite 41, 55	goodluz – stock.adobe.com
Seite 73	Hamik – stock.adobe.com
Seite 109	simona – stock.adobe.com
Seite 165	Udo Geisler, Essen
Seite 231	Blue Jean Images – stock.adobe.com

Umschlagfoto
Udo Geisler, Essen

---

1. Auflage, Februar 2023

ISBN 978-3-86336-168-6

Printed in Germany

Impressum

Herausgeber
Verbraucherzentrale
Nordrhein-Westfalen e.V.
Mintropstraße 27, 40215 Düsseldorf
Telefon: 02 11/38 09-555
ratgeber@verbraucherzentrale.nrw
www.verbraucherzentrale.nrw

Autorinnen und Autoren
Anne Raupach, Kaufungen, ist Dipl.-Ing. Architektin mit dem Schwerpunkt nachhaltiges und ökologisches Bauen. Sie hat das Kapitel 8 verfasst.
www.anneraupach.com
Eva Riks, Witzenhausen, ist Dipl.-Ing. für Werkstoffentwicklung und arbeitet als Referentin zum Bauen und Dämmen mit nachwachsenden Rohstoffen. Sie hat die Kapitel 1 bis 5 geschrieben.
Dr. Johannes Spruth, Unna, ist Dipl.-Physiker und langjähriger Energieberater der Verbraucherzentrale NRW. Er hat die Kapitel 6 und 7 verfasst.

Lektorat
Christina Seitz, Düsseldorf
www.christina-seitz.de

Fachliche Betreuung
Christian Handwerk, Düsseldorf
Stephanie Kallendrusch, Düsseldorf

Koordination
Frank Wolsiffer

Layout und Satz
Petra Soeltzer Kommunikationsdesign, Düsseldorf
www.petrasoeltzer.de

Umschlaggestaltung
Ute Lübbeke, Köln
www.LNT-design.de

Druck
optimal media GmbH, Röbel/Müritz

Dieses Buch wurde auf Recyclingpapier aus 100 % Altpapier gedruckt. Druck und Weiterverarbeitung erfolgen ausschließlich in Deutschland. So schonen wir Ressourcen und begrenzen die CO_2-Emissionen durch kurze Transportwege.

Redaktionsschluss: Januar 2023